新世纪劳动技能与劳动力转移培训教材

就业 立业 创业

数控车工快速提高

主 编 陈朝阳

副主编 曾锡琴

北京理工大学出版社

BEIJING INSTITUTE OF TECHNOLOGY PRESS

内容简介

本书内容包括数控车床操作工职业技能鉴定标准、数控车床的基础知识、FANUC系统数控车床的编程与操作、SIEMENS系统数控车床的编程与操作等知识，数控车床自动编程软件实训操作、数控车床高级工试题库（包含应知和应会）并附有答案、数控车工考工模拟试卷样例并附答案。书中所讲的编程指令均有编程实例讲解、其编程参数的选择均为经验数值。内容上力求简洁、实用、即学即用、学以致用。

本书特别适用于企业培训部门、职业技能鉴定培训机构、再就业和农民工培训机构的教材用书。也可作为高级技工学校、技师学院、中职、高职院校培训考工的教材用书。

图书在版编目(CIP)数据

数控车工快速提高/陈朝阳主编. —北京：北京理工大学出版社，2010.1

ISBN 978-7-5640-2340-9

Ⅰ. 数…　Ⅱ. 陈…　Ⅲ. 数控机床：车床-车削　Ⅳ. TG519.1

中国版本图书馆CIP数据核字(2009)第097953号

出版发行 / 北京理工大学出版社
社　　址 / 北京市海淀区中关村南大街5号
邮　　编 / 100081
电　　话 / (010)68914775(办公室)　68944990(批销中心)　68911084(读者服务部)
网　　址 / http:// www.bitpress.com.cn
经　　销 / 全国各地新华书店
印　　刷 / 北京地质印刷厂
开　　本 / 880毫米×1230毫米　1/32
印　　张 / 11
字　　数 / 286千字
版　　次 / 2010年1月第1版　　2010年1月第1次印刷
印　　数 / 1～4000册
定　　价 / 19.00元

责任校对 / 陈玉梅
责任印制 / 边心超

图书出现印装质量问题，本社负责调换

新世纪劳动技能与劳动力转移培训教材编委会

编写单位

江苏省劳动和社会保障厅

江苏城市职业学院武进校区

江苏技术师范学院

江苏工业学院

常州信息职业技术学院

常州轻工职业技术学院

常州纺织技术学院

常州机电职业技术学院

常州高级技工学校

常州武进职业教育中心校

常州市劳动和社会保障局就业管理处

常州科教城现代工业中心

前言

当前，数控加工技术正在迅速发展并逐步普及，社会急需一大批熟练掌握数控车床编程、操作、维修的技能型人才。为了适应各类工种劳动力转移的需要，21世纪劳动技能与劳动力转移培训教材编委会组织编写了系列丛书。每个教材包含了中级（快速入门）、高级（快速提高）两部分。本书为快速提高篇，力求在快速入门的基础上，把深奥的知识讲得通俗易懂，每个知识点都配备了大量的实例。对于数控车工高级工的培训和数控技术人员的培训与提高都是很好的教材。

本书内容包括数控车床操作工职业技能鉴定标准、数控车床的基础知识、FANUC系统数控车床的编程与操作、SIEMENS系统数控车床的编程与操作等知识，数控车床自动编程软件实训操作、数控车床高级工试题库（包含应知和应会）并附有答案、数控车工考工模拟试卷样例并附答案。书中所讲的编程指令均有编程实例讲解、其编程参数的选择均为经验数值。内容上力求简洁、实用、即学即用、学以致用。

本书课题1由江苏广播电视大学武进学院曾锡琴编写。课题2～5及试题库、模拟试卷样例、答案部分均由常州轻工职业技术学院（国家级数控实训基地）陈朝阳（数控、模具高级技师、讲师、工程师）编著。编者多年来从事数控机床改造、数控编程操作生产、模具加工、数控车和加工中心编程和操作的培训教学、CAD/CAM培训教学等工作。书中知识点、实例均为编者的多年实践和教学培训经验的结晶。

由于编者水平有限，加上数控技术发展日新月异，书中的不足之处在所难免，恳请读者批评指正。

编　者

目录

课题 1

数控车床操作工职业技能鉴定标准

【知识要点】

了解数控车床的职业技能鉴定标准；重点掌握数控车床高级工应知知识和应会技能要点。了解数控车床的安全操作规程；了解数控车床的维护和保养；掌握数控车床常见的操作故障地解决方法。

数控车床又称 CNC（计算机数字控制）车床，其主要用于对轴类或盘类零件的内外圆柱面、任意角度的圆锥面、圆弧面、复杂回转内外曲面和圆柱、圆锥螺纹等切削加工，并能进行切槽、钻孔、扩孔、铰孔及镗孔等工作。

与普通车床相比，数控车床具有加工精度稳定性好、加工灵活、通用性强、生产率高、自动化程度高、劳动强度低、经济效益好，有利于现代化管理的特点。故数控车床能适应多品种、小批量生产自动化的要求，特别适合加工形状复杂的轴类或盘类零件。

第1节　数控车床操作工的国家职业技能鉴定标准

一、基本情况

（一）职业等级

职业等级共设五个等级，分别为：初级（职业资格五级）、中级（职业资格四级）、高级（职业资格三级）、技师（职业资格二级）、高级技师（职业资格一级）。

（二）基本文化程度

初中毕业。

（三）培训要求

1. 培训期限

全日制职业学校教育，根据其培养目标和教学计划确定。晋级培训期限：初级不少于500标准学时；中级不少于400标准学时；高级与技师不少于300标准学时；高级技师不少于200标准学时。

2. 培训教师

培训初、中、高级车工的教师应具有本职业技师以上职业资格证书或相关专业中级以上专业技术职务任职资格；培训技师的教师应具有本职业高级技师职业资格证书或相关专业高级专业技术职务任职资格；培训高级技师的教师应具有本职业高级技师职业资格证书2年以上或相关专业高级专业技术职务任职资格。

（四）鉴定要求

1. 适用对象

从事或准备从事本职业的人员。

2. 申报条件

（1）初级（具备以下条件之一者）。

1）经本职业初级正规培训达规定标准学时数，并取得毕（结）

业证书。

2）在本职业连续见习工作2年以上。

3）本职业学徒期满。

（2）中级（具备以下条件之一者）。

1）取得本职业初级职业资格证书后，连续从事本职业工作3年以上，经本职业中级正规培训达规定标准学时数，并取得毕（结）业证书。

2）取得本职业初级职业资格证书后，连续从事本职业工作5年以上。

3）连续从事本职业工作7年以上。

4）取得经劳动保障行政部门审核认定的、以中级技能为培养目标的中等以上职业学校本职业（专业）毕业证书。

（3）高级（具备以下条件之一者）。

1）取得本职业中级职业资格证书后，连续从事本职业工作4年以上，经本职业高级正规培训达规定标准学时数，并取得毕（结）业证书。

2）取得本职业中级职业资格证书后，连续从事本职业工作7年以上。

3）取得高级技工学校或经劳动保障行政部门审核认定的、以高级技能为培养目标的高等职业学校本职业（专业）毕业证书。

4）取得本职业中级职业资格证书的大专以上本专业或相关专业毕业生，连续从事本职业工作2年以上。

（4）技师（具备以下条件之一者）。

1）取得本职业高级职业资格证书后，连续从事本职业工作5年以上，经本职业技师正规培训达规定标准学时数，并取得毕（结）业证书。

2）取得本职业高级职业资格证书后，连续从事本职业工作8年以上。

3）取得本职业高级职业资格证书的高级技工学校本职业（专业）毕业生和大专以上本专业或相关专业毕业生，连续从事本职业工作满2年。

（5）高级技师（具备以下条件之一者）。

1）取得本职业技师职业资格证书后，连续从事本职业工作 3 年以上，经本职业高级技师正规培训达规定标准学时数，并取得毕（结）业证书。

2）取得本职业技师职业资格证书后，连续从事本职业工作 5 年以上。

3. 鉴定方式

分为理论知识考试和技能操作考核。理论知识考试采用闭卷笔试方式，技能操作考核采用现场实际操作方式。理论知识考试和技能操作考核均实行百分制，成绩皆达 60 分以上者为合格。技师、高级技师鉴定还须进行综合评审。

4. 考评人员与考生配比

理论知识考试考评人员与考生配比为 1∶15，每个标准教室不少于 2 名考评人员；技能操作考核考评员与考生配比为 1∶5，且不少于 3 名考评人员。

5. 鉴定时间

理论知识考试时间不少于 120 min；技能操作考核时间为：初级不少于 240 min，中级不少于 300 min，高级不少于 360 min，技师不少于 420 min，高级技师不少于 240 min；论文答辩时间不少于 45 min。

6. 鉴定场所设备

理论知识考试在标准教室里进行；技能操作考核在配备必要的车床、工具、夹具、刀具、量具、量仪以及机床附件的场所进行。

二、基本要求

（一）职业道德要求

职业道德基本知识

（二）基本知识要求

1. 基础理论知识要求

（1）识图知识（看懂图纸，机械制图知识）。

（2）公差与配合。

（3）常用金属材料及热处理知识。

（4）常用非金属材料知识。

2. 机械加工基础知识

（1）机械传动知识。

（2）机械加工常用设备知识（分类、用途）。

（3）金属切削常用刀具知识。

（4）典型零件（主轴、箱体、齿轮等）的加工工艺。

（5）设备润滑及切削液的使用知识。

（6）工具、夹具、量具使用与维护知识。

3. 钳工基础知识

（1）画线知识。

（2）钳工操作知识（錾、锉、锯、钻、铰孔、攻螺纹、套螺纹）。

4. 电工知识

（1）通用设备常用电器的种类及用途。

（2）电力拖动及控制原理基础知识。

（3）安全用电知识。

5. 安全文明生产与环境保护知识

（1）现场文明生产要求。

（2）安全操作与劳动保护知识。

（3）环境保护知识。

6. 质量管理知识

（1）企业的质量方针。

（2）岗位的质量要求。

（3）岗位的质量保证措施与责任。

7. 相关法律、法规知识

（1）劳动法相关知识。

（2）合同法相关知识。

三、工作要求

此标准对初级、中级、高级、技师、高级技师的技能要求依次递进，高级别包括低级别的所有要求。表1-1为初级要求；表1-2为中级要求；表1-3为高级要求；表1-4为技师要求；表1-5为高级技师要求。

表1-1　数控车床工初级职业技能鉴定标准

职业功能	工作内容	技能要求	相关知识
一、工艺准备	（一）读图与绘图	能读懂轴、套和圆锥、螺纹及圆弧等简单零件图	简单零件的表达方法，各种符号的含义
	（二）制定加工工艺	1. 能读懂轴、套和圆锥、螺纹及圆弧等简单零件的机械加工工艺过程 2. 能制定简单零件的车削加工顺序（工步） 3. 能合理选择切削用量 4. 能合理选择切削液	1. 简单零件的车削加工顺序 2. 车削用量的选择方法 3. 切削液的选择方法
	（三）工件定位与夹紧	能使用车床通用夹具和组合夹具将工件正确定位与夹紧	1. 工件正确定位与夹紧的方法 2. 车床通用夹具的种类、结构与使用方法
	（四）刀具准备	1. 能合理选用车床常用刀具 2. 能刃磨普通车刀及标准麻花钻头	1. 车削常用刀具的种类与用途 2. 车刀几何参数的定义、常用几何角度的表示方法及其与切削性能的关系 3. 车刀与标准麻花钻头的刃磨方法
	（五）设备维护保养	能简单维护保养普通车床	普通车床的润滑及常规保养方法

续表

职业功能	工作内容	技能要求	相关知识
二、工件加工	（一）轴类零件的加工	1. 能车削3个以上台阶的普通台阶轴，并达到以下要求： （1）同轴度公差：0.05 mm （2）表面粗糙度：Ra3.2 μm （3）公差等级：IT8 2. 能进行滚花加工及抛光加工	1. 台阶轴的车削方法 2. 滚花加工及抛光加工的方法
	（二）套类零件的加工	能车削套类零件，并达到以下要求： （1）公差等级：外径IT7，内孔IT8 （2）表面粗糙度：Ra3.2 μm	套类零件钻、扩、镗、铰的方法
	（三）螺纹的加工	能车削普通螺纹、英制螺纹及管螺纹	1. 普通螺纹的种类、用途及计算方法 2. 螺纹车削方法 3. 攻、套螺纹、前螺纹底径及杆径的计算方法
	（四）锥面及成形面的加工	能车削具有内、外圆锥面的工件及球类工件、曲线手柄等简单成形面，并进行相应的计算和调整	1. 圆锥的种类、定义及计算方法 2. 圆锥的车削方法 3. 成形面的车削方法

续表

职业功能	工作内容	技能要求	相关知识
三、精度检验及误差分析	（一）内外径、长度、深度、高度的检验	1. 能使用游标卡尺、千分尺、内径百分表测量直径及长度 2. 能用塞规及卡规测量孔径及外径	1. 使用游标卡尺、千分尺、内径百分表测量工件的方法 2. 塞规和卡规的结构及使用方法
	（二）锥度及成形面的检验	1. 能用角度样板、万能角度尺测量锥度 2. 能用涂色法检验锥度 3. 能用曲线样板或普通量具检验成形面	1. 使用角度样板、万能角度尺测量锥度的方法 2. 锥度量规的种类、用途及涂色法检验锥度的方法 3. 成形面的检验方法
	（三）螺纹检验	1. 能用螺纹千分尺测量三角螺纹的中径 2. 能用三针测量螺纹中径 3. 能用螺纹环规及塞规对螺纹进行综合检验	1. 螺纹千分尺的结构、原理及使用、保养方法 2. 三针测量螺纹中径的方法及千分尺读数的计算方法 3. 螺纹环规及塞规的结构及使用方法

表 1-2　数控车床工中级国家职业技能鉴定标准

职业功能	工作内容	技能要求	相关知识
一、工艺准备	（一）读图与绘图	1. 能读懂主轴、蜗杆、丝杠、偏心轴、两拐曲轴、齿轮等中等复杂程度的零件工作图 2. 能绘制轴、套、螺钉、圆锥体等简单零件的工作图 3. 能读懂车床主轴、刀架、尾座等简单机构的装配图	1. 复杂零件的表达方法 2. 简单零件工作图的画法 3. 简单机构装配图的画法

续表

<table>
<tr><th>职业功能</th><th>工作内容</th><th colspan="2">技能要求</th><th>相关知识</th></tr>
<tr><td rowspan="3">一、工艺准备</td><td rowspan="2">（二）制定加工工艺</td><td>普通车床</td><td>1. 能读懂蜗杆、双线螺纹、偏心件、两拐曲轴、薄壁工件、细长轴、深孔件及大型回转体工件等较复杂零件的加工工艺规程
2. 能制定使用四爪单动卡盘装夹的较复杂零件、双线螺纹、偏心件、两拐曲轴、细长轴、薄壁件、深孔件及大型回转体零件等的加工顺序</td><td>使用四爪单动卡盘加工较复杂零件、双线螺纹、偏心件、两拐曲轴、细长轴、薄壁件、深孔件及大型回转体零件等的加工顺序</td></tr>
<tr><td>数控车床</td><td>能编制台阶轴类和法兰盘类零件的车削工艺卡。主要内容有：
（1）能正确选择加工零件的工艺基准
（2）能决定工步顺序、工步内容及切削参数</td><td>1. 数控车床的结构特点及其与普通车床的区别
2. 台阶轴类、法兰盘类零件的车削加工工艺知识
3. 数控车床工艺编制方法</td></tr>
<tr><td>（三）工件定位与夹紧</td><td colspan="2">1. 能正确装夹薄壁、细长、偏心类工件
2. 能合理使用四爪单动卡盘、花盘及弯板装夹外形较复杂的简单箱体工件</td><td>1. 定位夹紧的原理及方法
2. 车削时防止工件变形的方法
3. 复杂外形工件的装夹方法</td></tr>
</table>

续表

职业功能	工作内容	技能要求		相关知识
一、工艺准备	（四）刀具准备	普通车床	1. 能根据工件材料、加工精度和工作效率的要求，正确选择刀具的形式、材料及几何参数 2. 能刃磨梯形螺纹车刀、圆弧车刀等较复杂的车削刀具	1. 车削刀具的种类、材料及几何参数的选择原则 2. 普通螺纹车刀、成型车刀的种类及刃磨知识
		数控车床	能正确选择和安装刀具，并确定切削参数	1. 数控车床刀具的种类、结构及特点 2. 数控车床对刀具的要求
	（五）编制程序	数控车床	1. 能编制带有台阶、内外圆柱面、锥面、螺纹、沟槽等轴类、法兰盘类零件的加工程序 2. 能手工编制含直线插补、圆弧插补二维轮廓的加工程序	1. 几何图形中直线与直线、直线与圆弧、圆弧与圆弧的交点的计算方法 2. 机床坐标系及工件坐标系的概念 3. 直线插补与圆弧插补的意义及坐标尺寸的计算 4. 手工编程的各种功能代码及基本代码的使用方法 5. 主程序与子程序的意义及使用方法 6. 刀具补偿的作用及计算方法

续表

职业功能	工作内容		技能要求	相关知识
一、工艺准备	（六）设备维护保养	普通车床	1. 能根据加工需要对机床进行调整 2. 能在加工前对普通车床进行常规检查 3. 能及时发现普通车床的一般故障	1. 普通车床的结构、传动原理及加工前的调整 2. 普通车床常见的故障现象
一、工艺准备	（六）设备维护保养	数控车床	1. 能在加工前对车床的机、电、气、液开关进行常规检查 2. 能进行数控车床的日常保养	1. 数控车床的日常保养方法 2. 数控车床操作规程
二、工件加工	普通车床	（一）轴类零件的加工	能车削细长轴并达到以下要求： （1）长径比：L/D≥25～60 （2）表面粗糙度：$Ra3.2\ \mu m$ （3）公差等级：IT9 （4）直线度公差等级：IT9～IT12	细长轴的加工方法
二、工件加工	普通车床	（二）偏心件、曲轴的加工	能车削两个偏心的偏心件、两拐曲轴、非整圆孔工件，并达到以下要求： （1）偏心距公差等级:IT9 (2)轴颈公差等级:IT6 (3)孔径公差等级:IT7 (4)孔距公差等级:IT8 （5）轴心线平行度：0.02/100 mm （6）轴颈圆柱度：0.013 mm （7）表面粗糙度：$Ra1.6\ \mu m$	1. 偏心件的车削方法 2. 两拐曲轴的车削方法 3. 非整圆孔工件的车削方法

续表

职业功能	工作内容		技能要求	相关知识
二、工件加工	普通车床	（三）螺纹、蜗杆的加工	1. 能车削梯形螺纹、矩形螺纹、锯齿形螺纹等 2. 能车削双头蜗杆	1. 梯形螺纹、矩形螺纹及锯齿形螺纹的用途及加工方法 2. 蜗杆的种类、用途及加工方法
		（四）大型回转表面的加工	能使用立车或大型卧式车床车削大型回转表面的内外圆锥面、球面及其他曲面工件	在立车或大型卧式车床上加工内外圆锥面、球面及其他曲面的方法
	数控车床	（一）输入程序	1. 能手工输入程序 2. 能使用自动程序输入装置 3. 能进行程序的编辑与修改	1. 手工输入程序的方法及自动程序输入装置的使用方法 2. 程序的编辑与修改方法
		（二）对刀	1. 能进行试切对刀 2. 能使用机内自动对刀仪器 3. 能正确修正刀补参数	试切对刀方法及机内对刀仪器的使用方法
		（三）试运行	能使用程序试运行、分段运行及自动运行等切削运行方式	程序的各种运行方式
		（四）简单零件的加工	能在数控车床上加工外圆、孔、台阶、沟槽等	数控车床操作面板各功能键及开关的用途和使用方法

续表

职业功能	工作内容	技能要求	相关知识
三、精度检验及误差分析	（一）高精度轴向尺寸、理论交点尺寸及偏心件的测量	1. 能用量块和百分表测量公差等级 IT9 的轴向尺寸 2. 能间接测量一般理论交点尺寸 3. 能测量偏心距及两平行非整圆孔的孔距	1. 量块的用途及使用方法 2. 理论交点尺寸的测量与计算方法 3. 偏心距的检测方法 4. 两平行非整圆孔孔距的检测方法
	（二）内外圆锥检验	1. 能用正弦规检验锥度 2. 能用量棒、钢球间接测量内、外锥体	1. 正弦规的使用方法及测量计算方法 2. 利用量棒、钢球间接测量内、外锥体的方法与计算方法
	（三）多线螺纹与蜗杆的检验	1. 能进行多线螺纹的检验 2. 能进行蜗杆的检验	1. 多线螺纹的检验方法 2. 蜗杆的检验方法

表 1-3 数控车床工高级国家职业技能鉴定标准

职业功能	工作内容	技能要求	相关知识
一、工艺准备	（一）读图与绘图	1. 能读懂多线蜗杆、减速器壳体、三拐以上曲轴等复杂畸形零件的工作图 2. 能绘制偏心轴、蜗杆、丝杠、两拐曲轴的零件工作图 3. 能绘制简单零件的轴测图 4. 能读懂车床主轴箱、进给箱的装配图	1. 复杂畸形零件图的画法 2. 简单零件轴测图的画法 3. 读车床主轴箱、进给箱装配图的方法

续表

职业功能	工作内容		技能要求	相关知识
一、工艺准备	（二）制定加工工艺		1. 能制定简单零件的加工工艺规程 2. 能制定三拐以上曲轴、有立体交叉孔的箱体等畸形、精密零件的车削加工顺序 3. 能制定在立车或落地车床上加工大型、复杂零件的车削加工顺序	1. 简单零件加工工艺规程的制定方法 2. 畸形、精密零件的车削加工顺序的制定方法 3. 大型、复杂零件的车削加工顺序的制定方法
	（三）工件定位与夹紧	普通车床	1. 能合理选择车床通用夹具、组合夹具和调整专用夹具 2. 能分析计算车床夹具的定位误差 3. 能确定立体交错两孔及多孔工件的装夹与调整方法	1. 组合夹具和调整专用夹具的种类、结构、用途和特点以及调整方法 2. 夹具定位误差的分析与计算方法 3. 立体交错两孔及多孔工件在车床上的装夹与调整方法
		数控车床	1. 能使用、调整三爪自定心卡盘、尾座顶尖及液压高速动力卡盘并配置软爪 2. 能正确使用和调整液压自动定心中心架 3. 能正确选择、使用、调整刀架	1. 三爪自定心卡盘、尾座顶尖及液压高速动力卡盘的使用、调整方法 2. 液压自动定心中心架的特点、使用及安装调试方法 3. 刀架的种类、用途及使用、调整方法

续表

职业功能	工作内容		技能要求	相关知识
一、工艺准备	（四）刀具准备	普通车床	1. 能正确选用及刃磨群钻、机夹车刀等常用先进车削刀具 2. 能正确选用深孔加工刀具，并能安装和调整 3. 能在保证工件质量及生产效率的前提下延长车刀寿命	1. 常用先进车削刀具的用途、特点及刃磨方法 2. 深孔加工刀具的种类及选择、安装、调整方法 3. 延长车刀寿命的方法
		数控车床	能正确选择刀架上的常用刀具	刀架上常用刀具的知识
	（五）编制程序	数控车床	能手工编制较复杂的、带有二维圆弧曲面零件的车削程序	较复杂圆弧与圆弧的交点计算方法
	（六）设备维护保养	普通车床	能判断车床的一般机械故障	车床常见机械故障及排除办法
		数控车床	1. 能阅读编程错误、超程、欠压、缺油等报警信息，并排除一般故障 2. 能完成机床定期维护保养	1. 数控车床报警信息的内容及解除方法 2. 数控车床定期维护、保养的方法 3. 数控车床液压原理及常用液压元件

续表

职业功能	工作内容		技能要求	相关知识
二、普通车床	普通车床	（一）套、深孔、偏心件、曲轴的加工	1. 能加工深孔并达到以下要求： （1）长径比：$L/D \geqslant 10$ （2）公差等级：IT8 （3）表面粗糙度：$Ra3.2\ \mu m$ （4）圆柱度公差等级：≥IT9 2. 能车削轴线在同一轴向平面内的三偏心外圆和三偏心孔，并达到以下要求： （1）偏心距公差等级：IT9 （2）轴径公差等级：IT6 （3）孔径公差等级：IT8 （4）对称度：0.15 mm （5）表面粗糙度：$Ra1.6\ \mu m$	1. 深孔加工的特点及深孔工件的车削方法、测量方法 2. 偏心件加工的特点及三偏心工件的车削方法、检测方法
		（二）螺纹、蜗杆的加工	能车削三线以上蜗杆，并达到以下要求： （1）精度：9级 （2）节圆跳动：0.015 mm （3）齿面粗糙度：$Ra1.6\ \mu m$	多线蜗杆的加工方法
		（三）箱体孔的加工	1. 能车削立体交错的两孔或三孔 2. 能车削与轴线垂直且偏心的孔 3. 能车削同内球面垂直且相交的孔 4. 能车削两半箱体的同心孔	1. 车削及测量立体交错孔的方法 2. 车削与回转轴垂直且偏心孔的方法

续表

职业功能	工作内容		技能要求	相关知识
二、普通车床	普通车床	（三）箱体孔的加工	以上4项均达到以下要求： （1）孔距公差等级：IT9 （2）偏心距公差等级：IT9 （3）孔径公差等级：IT9 （4）孔中心线相互垂直：0.05 mm/100 mm （5）位置度：0.1 mm （6）表面粗糙度：*Ra*1.6 μm	3. 车削与内球面垂直且相交的孔的方法 4. 车削两半箱体的同心孔的方法
	数控车床	较复杂零件的加工	能加工带有二维圆弧曲面的较复杂零件	在数控车床上利用多重复合循环加工带有二维圆弧曲面的较复杂零件的方法
三、精度检验及误差分析	复杂、畸形机械零件的精度检验及误差分析		1. 能对复杂、畸形机械零件进行精度检验 2. 能根据测量结果分析产生车削误差的原因	1. 复杂、畸形机械零件精度的检验方法 2. 车削误差的种类及产生原因

表1-4　数控车床工技师国家职业技能鉴定标准

职业功能	工作内容	技能要求	相关知识
一、工艺准备	（一）读图与绘图	1. 能根据实物或装配图绘制或拆画零件图 2. 能绘制车床常用工装的装配图及零件图	1. 零件的测绘方法 2. 根据装配图拆画零件图的方法 3. 车床工装装配图的画法

续表

职业功能	工作内容		技能要求	相关知识
一、工艺准备	（二）制定加工工艺		1. 能编制典型零件的加工工艺规程 2. 能对零件的车削工艺进行合理性分析，并提出改进建议	1. 典型零件加工工艺规程的编制方法 2. 车削工艺方案合理性的分析方法及改进措施
	（三）工件定位与夹紧		1. 能设计、制作装夹薄壁、偏心工件的专用夹具 2. 能对现有的车床夹具进行误差分析并提出改进建议	1. 薄壁、偏心工件专用夹具的设计与制造方法 2. 车床夹具的误差分析及消减方法
	（四）刀具准备	普通车床	能推广使用镀层刀具、机夹刀具、特殊形状及特殊材料刀具等新型刀具	新型刀具的种类、特点及应用
		数控车床	能根据有关参数合理选择刀具	刀具参数的设定方法
	（五）编制程序	数控车床	1. 能用计算机软件编制车削程序 2. 能用计算机软件编制车削中心程序	1. CAD/CAM 软件的使用方法 2. 车削中心的原理及编程方法
	（六）设备维护保养	普通车床	1. 能进行车床几何精度及工作精度的检验 2. 能分析并排除普通车床常见的气路、液路、机械故障	1. 车床几何精度及工作精度检验的内容和方法 2. 排除普通车床液（气）路机械故障的方法

续表

职业功能	工作内容		技能要求	相关知识
一、工艺准备	（六）设备维护保养	数控车床	1. 能根据数控车床的结构、原理，诊断并排除液压及机械故障 2. 能进行数控车床定位精度和重复定位精度及工作精度的检验 3. 能借助词典看懂进口数控设备相关外文标牌及使用规范的内容	1. 数控车床常见故障的诊断与排除方法 2. 数控车床定位精度和重复定位精度及工作精度的检验方法 3. 进口数控设备常用标牌及使用规范英汉对照表
二、工件加工	普通车床	（一）大型、精密轴类工件的加工	能车削精密机床主轴等大型、精密轴类工件	大型、精密轴类工件的特点及加工方法
		（二）偏心件、曲轴的加工	1. 能车削三个偏心距相等且呈120°分布的高难度偏心工件 2. 能车削六拐以上的曲轴 以上两项均达以下要求： （1）偏心距公差等级：IT9 （2）直径公差等级：IT6 （3）表面粗糙度：$Ra1.6\ \mu m$	1. 高难度偏心工件的车削方法 2. 六拐曲轴的车削方法
		（三）复杂螺纹的加工	能在普通车床上车削渐厚蜗杆及不等距蜗杆	渐厚蜗杆及不等距蜗杆的加工方法
		（四）复杂套件的加工	能对5件以上的复杂套件进行零件加工和组装，并保证装配图上的技术要求	复杂套件的加工方法

续表

职业功能	工作内容	技能要求	相关知识
二、工件加工	数控车床　复杂工件的加工	能对适合在车削中心加工的带有车削、铣削、磨削等工序的复杂工件进行加工	1. 铣削加工和磨削加工的基本知识 2. 车削加工中心加工复杂工件的方法
三、精度检验及误差分析	误差分析	能根据测量结果分析产生误差的原因，并提出改进措施	车削加工中消除或减少加工误差的知识
四、培训指导	（一）指导操作	能指导本职业初级、中级、高级工进行实际操作	培训教学的基本方法
	（二）理论培训	能讲授本专业技术理论知识	
五、管理	（一）质量管理	1. 能在本职工作中认真贯彻各项质量标准 2. 能应用全面质量管理知识，实现操作过程的质量分析与控制	1. 相关质量标准 2. 质量分析与控制方法
	（二）生产管理	1. 能组织有关人员协同作业 2. 能协助部门领导进行生产计划、调度及人员的管理	生产管理基本知识

表1－5　数控车床工高级技师国家职业技能鉴定标准

职业功能	工作内容	技能要求	相关知识
一、工艺准备	（一）读图与绘图	1. 能绘制车床复杂工装的装配图 2. 能读懂常用车床的原理图及装配图	1. 车床复杂工装装配图的画法 2. 常用车床的原理图及装配图的画法

续表

职业功能	工作内容	技能要求	相关知识
一、工艺准备	（二）制定加工工艺	1. 能编制复杂、精密零件机械加工的工艺 2. 能手工编制复杂零件的数控加工程序 3. 能对复杂、精密零件的机加工工艺方案进行合理性分析，提出改进意见并参与实施	1. 复杂、精密零件机械加工工艺的系统知识 2. 数控车床原理及手工编程的方法
	（三）工件定位与夹紧	1. 能独立设计车床用的复杂夹具 2. 能对车床常用夹具进行误差分析，提出改进方案，并组织实施	复杂车床夹具的设计及使用知识
	（四）刀具准备	能根据工件要求设计成形车刀及其他专用车刀，并提出制造方法	成形车刀及其他专用车刀的设计与制造知识
	（五）设备维护保养	能借助词典看懂进口设备的图样和技术标准等相关的外文资料	常用进口设备主要外文资料英汉对照表
二、工件加工	（一）高难度、高精度工件的加工	能解决高难度、高精度工件车削加工的技术问题，并制定工艺措施	高难度、高精度的典型零件的加工方法
	（二）技术攻关与工艺改进	解决技术攻关与工艺改进中的技术难题	解决技术难题的思路和方法
	（三）畸形工件的加工	1. 能解决十字座类、连杆类、叉架类等畸形工件的加工难题 2. 能在车床上实现镗削、铣削、磨削等特殊加工	1. 畸形工件的加工方法 2. 在车床上进行镗削、铣削及磨削的方法

续表

职业功能	工作内容	技能要求	相关知识
三、精度检验及误差分析	质量诊断	1. 能全面准确地分析质量问题产生的原因 2. 能提出全方位解决质量问题的具体方案	在机械加工全过程中影响质量的因素及提高质量的措施
四、培训指导	（一）指导操作	能指导本职业初级、中级、高级工和技师进行实际操作	培训讲义的编制方法
	（二）理论培训	能对本职业初级、中级、高级工和技师进行技术理论培训	

第2节　数控车床的维护和保养

一、数控车床安全操作规程

数控车床操作工操作数控车床时必须严格按照数控车床操作规程去操作数控车床，具体的规程如下：

（1）数控车床操作工必须熟悉机床说明书上的有关资料，如主要的技术参数、传动原理、主要结构、润滑部位及维护保养等一般知识。要严格按机床使用说明书的要求正确、合理地操作机床。

（2）开机前应对数控机床进行全面、细致地检查，确认无误后方可操作。

（3）机床通电后，检查各开关、按钮和键是否正常、灵活、机床有无异常现象。

（4）检查电压、气压、油压是否正常，有手动润滑的部位要进行手动润滑。

（5）机床空转15 min以上，使机床达到热平衡状态。

（6）加工前应先完成各轴的返回参考点操作（手动回机床原点）。

（7）程序输入后，应认真核对，要确保无误，其中要对代码、指令、地址、数值、正负号、小数点及语法进行查对。

（8）手动对刀时，应注意选择合适的进给速度；手动换刀时，刀架距工件要有足够的转位距离避免发生碰撞。

（9）正确测量和计算工件坐标系值，并对所得结果进行验证和验算。

（10）将工件坐标系值输入到偏置页面，并对坐标、坐标值、正负号、小数点进行认真核对。

（11）未装工件以前，空运行一次程序，看程序能否顺利执行，刀具长度的选取和夹具的安装是否合理，有无超程现象。

（12）刀具补偿值（位置、半径）输入偏置页面后，要对刀补号、补偿值、正负号、小数点进行认真地核对。

（13）加工零件一定要进行首件试切，单段试切时，快速倍率开关必须打到最低挡。

（14）程序运行中，要观察数控系统上的坐标显示，了解目前刀具运动点在机床坐标系及工件坐标系中的位置；了解程序段的位移量，还剩余多少位移量等。

（15）试切和加工中，刃磨刀具和更换刀具后，一定要重新测量刀长并修改好刀补值和刀补号。

（16）程序修改后，对修改部分一定要仔细计算和认真校对。

（17）手摇进给和手动连续进给操作时，必须检查各种开关所选择的位置是否正确，弄清正、负方向，认准按键，然后再进行操作。

（18）操作中出现工件跳动、打抖、异常声响等情况时必须立即按下“急停”按钮，停机处理。

（19）自动加工过程中，不允许打开机床防护门。

（20）严禁盲目操作或误操作。工作时应穿好工作服、安全鞋，戴好工作帽、防护镜，不可以戴手套、领带等操作机床。

（21）一批零件加工完成后，应该对程序、偏置数值、调整卡及工艺中的刀具号、刀补值，并作必要的整理、记录。

（22）加工完成后，应做好机床卫生清扫工作，擦干净导轨面上的切削液，润滑机床导轨、防止导轨生锈，并做好机床的清洁保养工作。

（23）关机时，应依次关闭机床操作面板上的电源开关和总电源开关。

（24）数控机床的使用一定要有专人负责，严禁其他人员随意动用数控设备。也不得随意更改数控系统内部制造厂设定的参数，并注意对参数及时做好备份。

二、数控车床的日常维护及保养

（一）每日维护

（1）擦净机床丝杆和导轨的外露部分，用轻质油洗去污物和切屑。

（2）擦净全部外露限位开关的周围区域，仔细擦净各个传感器的齿轮、齿条、连杆和检测头。

（3）检查润滑油箱和液压油箱及油压、油温、油雾和油量。

（4）检查电气系统和液压系统各个参数是否正常，气压压力是否正常，有无泄漏。

（5）空运转使各运动部件得到充分润滑防止卡死。

（6）检查刀架转位、定位情况。

（二）每月维护

（1）清理控制柜内部。

（2）检查、清洗或更换通风系统的空气过滤器。

（3）检查按钮及指示灯是否正常。

（4）检查全部电磁铁和限位开关是否正常。

（5）检查并紧固全部电线接头，看有无腐蚀和破损。

（6）全面检查安全防护设施是否完整牢固。

（三）半年维护

（1）更换液压油箱的油，疏通油路，清洗或更换滤油器。

（2）检查机床工作台水平，检查锁紧螺钉及调整垫铁是否锁紧，并按要求调整水平。

（3）检查镶条、滑块的调整机构，调整间隙。

（4）检查并调整全部传动丝杆负荷，清洗滚动丝杆并涂新油。

（5）拆卸。清扫电动机，加注润滑油脂，检查电动机轴承，并予以更换。

（6）清扫电气柜、数控柜及电路板，更换维持 RAM 内容的失效电池。

三、数控系统的日常维护

数控系统各不相同，其使用、维护方法，在所带的说明书中一般都有明确的规定。总结归纳以下几点：

（1）制定严格的设备管理制度，定岗、定人、定机，严禁无证人员随便开机。

（2）制定数控系统的日常维护的规章制度。

（3）严格执行机床说明书中的通/断电顺序。

（4）应尽量少开数控柜和强电柜的门。

（5）定时清理数控装置的散热通风系统。

（6）数控系统的输入/输出装置的定期维护。

（7）经常监视数控装置用的电网电压。

（8）存储器电池的定期更换。

（9）数控系统长期不用时要经常给系统通电。

第 3 节　数控车床的常见故障及其诊断

数控车床的故障种类繁多，有电气、机械、系统、液压、气动等部件的故障，产生的原因也比较复杂，但很大一部分故障是由于操作人员操作机床不当引起的。

一、数控车床常见的操作故障

（1）防护门未关，机床不能运转。

（2）数控机床没有回零点。

（3）进给修调 F%或主轴修调 S%开关设为空挡。

（4）回零时离零点太近或回零速度太快，引起超程。

（5）刀具补偿测量设置错误。

（6）刀具换刀位置不正确（换刀点离工件太近）。

（7）程序中使用了非法代码。

（8）刀具半径补偿方向搞错。

（9）切入、切出方式不当。

（10）切削用量太大。

（11）对刀位置不正确，工件坐标系设置错误。

（12）机床处于报警状态。

（13）断电后或报过警的机床，没有重新回零。

遇到上述故障时应针对具体故障原因进行排除。

二、数控车床常见故障的诊断方法和排除原则

数控机床故障诊断过程中，要充分利用数控系统的自诊功能。另掌握一定的诊断方法如交换法、隔离法。在诊断时应遵循原则有：

1. 先外部后内部

数控机床发生故障多数原因是外部原因，数控系统相对来讲还是较稳定的。

2. 先机械后电气

数控机床故障原因有很大部分是机械动作失灵引起的。

3. 先静后动

先分析故障原因，再动手检查。先处理排除危险后，再通电运动；进行动态检查。

4. 先全局后局部

先查公用性的部分，再查专用性部分。

5. 先简单后复杂

故障产生有时是多个相互交织掩护。这时先排除简单容易的，最后，分析复杂故障时，也就变得单一容易些。

6. 先一般后特殊

故障常出现的情况，分析时应考虑其最常见的可能原因，然后再分析很少发生的特殊原因。如数控车在车螺纹时，发现烂牙，常见原因应该是丝杠是否有窜动，编码器、联轴器是否有松动。这些原因排除后再检查编码器、位置控制等元件是否损坏。

三、数控车床常见故障的处理方法

1. 数控系统开机后显示画面无任何画面显示

（1）检查显示屏电缆是否有连接不良，如果有应重新连接。

（2）检查显示屏电压是否正常。

（3）检查直流电源电路。

（4）无报警，机床不动，可能是电路板或控制的 ROM 板有问题。

（5）无显示，但机床仍能动作，说明数控系统控制部分正常，仅是显示电路连接或印制的电路板出了问题。

2. 数控机床不能动作

原因一可能是机床的复位按钮始终是接通状态，数控系统处于紧急停止状态。原因二是屏幕有坐标移动说明机床处于锁住状态。原因三是进给速度指定有误，系统处于报警状态。

3. 机床回不了参考点

原因是编码器连线有故障，或行程开关或接近开关出了问题。

4. 面板显示值与机床实际进给值不符

应检查位置检测元件。

5. 系统开机后死机或无法正常启动

重新开机，如仍无法排除，应重新装入机床参数。

6. 刀架不动或乱动

发信盘接线，或电源线短路，或霍尔元件烧坏，更换元件即可。

7. 刀架松动，夹不紧，工作不稳定

检查刀架机械部件，清除配合部分的脏物。

8. 超程处理

机床超程（第一重软限位、第二重行程限位），手动将机床超程坐标轴移动到安全行程内，然后按复位键解除报警。

9. 报警处理

查机床维修手册报警信息表，找出故障原因，采取相应措施进行排除。

数控机床故障原因很多，在此只列出了一些常见的简单故障的排除。数控维修是一门专业性很强的学科。需要的是复合型的人才。对操作者来说应侧重于数控机床的应用。出现故障，一般还应联系专业维修人员进行维修，没有这方面的知识不能强求。但对于一般性操作故障，要求数控车床操作高级工要能掌握排除方法，进行解除故障处理。

课题 2

数控车床基础知识

【知识要点】

了解数控车床的特点；了解数控车床的一般机械结构；熟练掌握数控车削加工工艺分析过程；掌握数控车床车刀的合理选用；了解数控车削用夹具系统；要会合理选择切削用量；重点理解掌握机床坐标系统、工件坐标系统筹基本概念；掌握数控程序的组成；一般工件的编程方法；运用刀具补偿功能的编程方法。掌握数控车床的对刀方法。

数控车床基础知识是操作数控车床工必须掌握的知识点。对于数控车床操作工高级要求会更高，一般这些知识要点，操作者在多年的数控车床操作过程中或多或少都已经接触了。问题的关键要善于总结，找出规律，总结归纳把经验数据上升为操作者自己的理论知识。

第 1 节　数控车床概述

一、数控车床的特点

(一) 数控机床的工作原理及基本组成

1. 数控机床的工作原理

相对于普通车床，数控机床在加工零件时，是将加工零件的几何信息和工艺信息编制成加工程序，通过输入部分（手动或自动传输）送入数控装置（CNC 装置），经过数控装置的处理、运算，按照各个坐标轴的分量送到各轴的驱动电路，经过伺服系统转换、放大后驱动伺服电动机，带动各个轴运动，并进行反馈控制，使刀具按照加工程序规定的顺序、轨迹和参数工作，辅助工作由数控装置将信息传给 PLC 进行同步控制，从而加工出所需要的零件。

2. 数控机床的基本组成

数控机床大体由程序载体、输入装置、数控装置、伺服系统、位置检测和反馈装置以及机床本体组成。

（1）程序载体。储存有零件加工程序的载体，如穿孔带、录音磁带、软盘或硬盘等。

（2）输入装置。将程序载体内的有关加工信息读入数控装置的设备。数控机床还可以不用任何程序载体，通过数控机床操作面板上的键盘，用手工将工件加工程序输入数控装置。

（3）数控装置。数控装置是数控机床的核心。它根据输入的程序和数据，完成数值计算、逻辑判断、输入和输出控制等。数控装置一般由专用计算机、输入/输出接口板及可编程序控制器等组成。

（4）伺服系统。伺服系统包括伺服控制线路、功率放大线路、伺服电动机等执行装置，它接收数控装置发出的各种动作命令，驱动数控机床进给传动系统运动。

（5）位置检测和反馈系统。位置反馈系统的作用是通过位置传感器将伺服电动机的角位移或机床执行机构的直线位移转换成电信号，输送给数控装置，使之与指令信号进行比较，并由数控装置发出指令，纠正所产生的误差，使数控机床按工件加工程序要求的进给位置和速度完成加工。

（6）机床本体。机床包括：主传动系统、进给系统以及辅助装置等。对于加工中心，还有刀库、自动换刀装置（ATC）和自动托盘交换装置等。

数控车床本体的组成基本同普通车床的结构形式，其结构上仍然是由床身、主轴箱、刀架、进给系统、尾座、液压系统、冷却系统、润滑系统、排屑器等部分组成。

（二）数控机床的特点

数控机床具有以下的特点：

（1）具有广泛的适应性和较高的灵活性。

（2）加工精度高，质量稳定。

（3）加工生产率高。

（4）可获得良好的经济效益。

故数控机床在应用方面，特别适应于下面零件的加工：

（1）多品种、单件、小批量生产的零件。

（2）几何形状复杂的零件。

（3）需要频繁改形的零件 。

（4）贵重的、不允许报废的关键零件。

（5）必须严格控制公差的零件。

二、数控车床的机械结构

数控车床大体上与普通车床的结构形式相同，由主轴箱、刀架、进给系统、床身以及液压、冷却、润滑系统等部分组成。

但是，数控车床的进给系统与普通车床的进给系统在结构上存在着本质的差别。普通车床的进给运动是经过挂轮架、进给箱、溜板箱传到刀架实现纵向和横向进给运动的。而数控车床是采用伺服电机经滚珠丝杠传到滑板和刀架，实现 Z 向（纵向）和 X 向（横向）进给运动，其结构较普通车床大为简化。这样，提高了传动效率，减少了中间环节。

国内各中、小型企业很多都采用了普通车床数控化改造。简单的方法就是在普通车床上加上数控装置，将原来的传动链断开，纵向和横向进给两个方向运动分别由两台电动机（伺服电机或步进电机）驱动，为了保证传动精度，可将纵向和横向传动的梯形丝杠换成传动精度较高的滚珠丝杠螺母副。

近年来，随着数控技术的发展，数控机床一般都有了其自身的结构设计，数控车床大都采用了机、电、液、气一体化布局，全封闭或半封闭防护。主轴部件具有传递功率大、刚度高、抗震性好及热变形小等优点。进给伺服传动都采用了滚珠丝杠副、直线滚动导轨副等高性能传动件，具有传动链短、结构简单、传动精度高等特点。较高档数控车床，有较完善的刀具自动交换和管理系统。工件在车床上一次安装后，能自动地完成工件的多道加工工序。

三、数控车床的分类

（一）按数控系统功能分类

按数控系统功能，数控车床可以分为：经济型数控车床、全功能型数控车床、车削中心。

经济型数控车床一般有单显CRT，程序储存和编辑功能，属于中档次数控车床。多采用开环或半闭环控制。它的主电动机仍采用普通三相异步电动机，所以它的显著缺点是没有恒线速度切削功能。

全功能（或多功能）型数控车床主轴一般采用能调速的直流或交流主轴控制单元来驱动，进给采用伺服电动机，半闭环或闭环控制，属于较高档次的数控车床。多功能数控车床具备的功能很多，特别是具备恒线速度切削和刀尖圆弧半径自动补偿功能。

车削中心是在数控车床上增加刀库和 C 轴控制，除了能车削、镗削外，还能对端面和圆周面上任意部位进行钻、铣、攻丝等加工；而且还能铣削曲面。车削加工中心可进行四轴（X、Y、Z、C）控制，而一般的数控车床只能两轴（X、Z）控制。

（二）按数控车床的主轴位置分类

按数控车床主轴位置数控车床可以分为：数控立式车床、数控卧式车床。

数控立式车床的主轴垂直于水平面，并有一个直径很大的圆形工作台，供装夹工件用。这类数控机床主要用于加工径向尺寸较大、轴向尺寸较小的大型复杂零件。

数控卧式车床的主轴轴线处于水平位置，它的床身和导轨有多种布局形式，是应用最广泛的数控车床。

第2节　数控车床的加工工艺

数控车削加工工艺实际上就是采用数控车床加工零件的一种方法，一般还是以普通车削加工工艺为基础，结合数控车床的特点，综合运用多方面的知识解决数控车削加工过程中面临的工艺问题，其内容包括了金属切削原理、刀具、夹具、加工工艺等方面的基础知识，故望学员掌握上述的知识点。本节简单介绍。

一、数控车削加工工艺的主要内容

数控车削加工工艺内容较多，总的来说包括以下几方面：

1. 分析零件图样，确定加工方案

分析零件数控加工的内容，根据需要来选择合适的数控加工机床。

2. 确定工件的定位与装夹

明确加工内容和技术要求，划分和安排加工工序，选择合理的定位基准，设计或选择合适的夹具。完成工件的装夹和找正。

3. 刀具的选择与安装

根据零件材料的加工工艺性和零件的结构工艺性，选择合适的刀具材料和种类。合理选择对刀点、换刀点的位置，将刀具参数信息正确输入系统。

4. 确定各工序的加工余量、计算工序尺寸和公差，制定出合理的确定走刀路线

5. 确定切削用量

6. 编制数控加工程序

根据走刀路线，把零件的加工信息通过数控指令编制成数控系统程序，通过手动输入或电脑传输到数控系统。

7. 首件试切削、试运行以检验数控加工程序

先空运行程序，校验其轨迹和指令的正确性，再进行首件切削加工，验证数控程序的正确和合理性，修善程序。

8. 数控加工

通过校验的程序可以进行小批量生成。

9. 工件验收与质量误差分析

将零件检验入库，针对误差进行分析，找出原因进行纠正和排除。将程序归档。

数控车削加工中安排零件的加工顺序要遵循下面的原则：基准面先行原则、先粗后精原则、先主后次原则、先近后远原则。

在确定走刀路线时，主要遵循下列原则：保证被加工零件的精度和表面粗糙度要求；缩短走刀路线，减少刀具空行程时间；简化编程计算，减少程序段和编程工作量。

数控车削加工中工序的划分方法有：按所用刀具划分；按安装次数划分；按粗、精加工划分；按加工部位划分。划分方法是依据不同的对象来判别的。具体根据哪个对象就要求学员视具体情况来定，可以说几种划分方法侧重点不同，划分时均可参照。

二、数控车床上夹具系统

（一）零件定位基准的选择

使工件在机床上或夹具中占有正确位置的过程称为定位。在工件

的机械加工工艺过程中，合理地选择定位基准对保证工件的尺寸精度和相互位置精度起重要的作用。

定位基准有粗基准和精基准两种。以未加工表面定位称为粗基准；用已加工的表面作为定位基准称为精基准。

1. 粗基准的选择原则

尽量选择不加工的表面作为粗基准；选择加工余量最小的表面为粗基准；选择工件上强度、刚性好的表面作为粗基准；粗基准不能重复使用。

2. 精基准的选择原则

尽可能采用设计基准或装配基准作为定位基准；尽可能使定位基准和测量基准重合；尽可能使基准统一；选择精度较高、形状简单和尺寸较大的表面作为精基准。

（二）数控车床常用的夹具

数控车床最常用的夹具是三爪卡盘。三爪卡盘装夹工件时可自动定心，不需找正，特别适合夹持横截面为圆形、正三角形、正六边形等工件。但该卡盘夹持力小，只适合装夹中、小型工件。

另外常用夹具还有软爪、双顶尖、定位心轴、花盘和角铁等。

数控车床上还有四爪单动卡盘，这种卡盘不但能夹持横截面为圆形的工件，还能夹持其他各种规则和不规则截面的工件，且夹紧力较大，可用于车削偏心工件。但该卡盘不能自动定心，需操作人员仔细进行找正。数控车床操作工高级要求会使用四爪卡盘装夹和找正工件。

三、数控车刀的类型与选择

（一）数控车削刀具的分类

1. 按加工内容和基本用途分类

根据不同的车削加工内容，常用的车刀可分为外圆车刀、端面车刀、切断刀、内孔车刀、圆头刀、螺纹车刀等。见图 2－1 为常用的车刀类型。

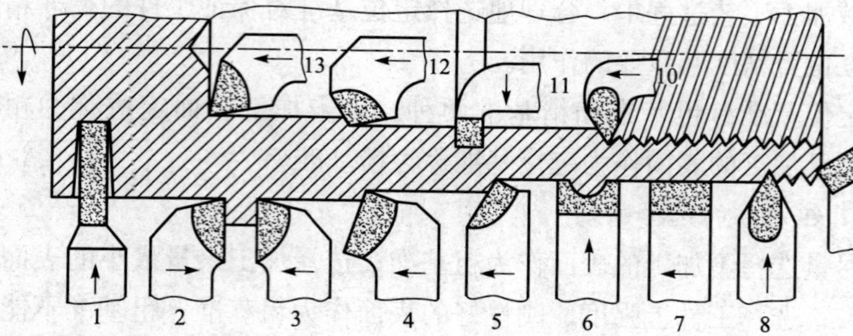

图 2-1 常用车刀的种类、形状和用途

1—切槽（断）刀；2—90°反（左）偏刀；3—90°正（右）偏刀；4—弯头车刀；5—直头车刀；6—成形车刀；7—宽刃精车刀；8—外螺纹车刀；9—端面车刀；10—内螺纹车刀；11—内切槽车刀；12—通孔车刀；13—盲孔车刀

2. 按车刀形状分类

数控车床车刀的形状分为三类，即尖形车刀、圆弧形车刀和成形车刀。

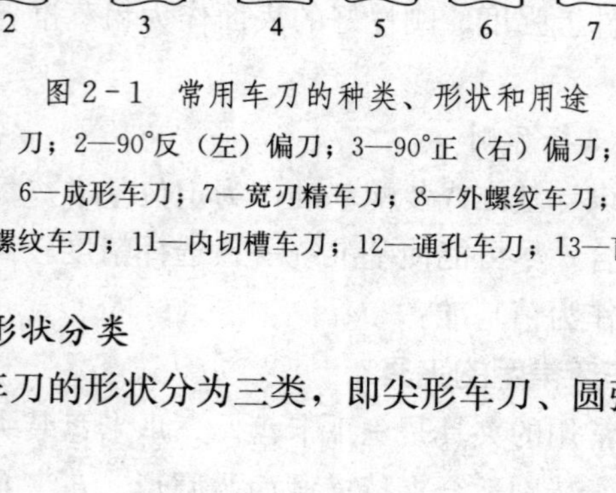

图 2-2 尖形车刀

（1）尖形车刀。如图 2-2 所示为尖形车刀，这种以直线形切削刃为特征的车刀一般称为尖形车刀。这类车刀的刀尖（同时也为其刀位点）由直线形的主、副切削刃构成，如 90°内外圆车刀，左右端面车刀，切断（车槽）车刀以及刀尖倒棱很小的各种外圆和内孔车刀。

（2）圆弧形车刀。如图 2-3 所示圆弧形车刀，圆弧形车刀是较为特殊的数控加工用车刀，构成主切削刃的刀刃形状为一圆度误差很小的圆弧，该圆弧刃每一点都是圆弧形车刀的刀尖，因此，刀位点不在圆弧上，而在该圆弧的圆心上，圆弧形车刀用于车削内、外表面，特别适宜车削各种光滑连接的成型面。使用圆弧车刀的数控车床必须具备刀具半径补偿功能。一般刀片都有铸造圆角 $R0.1 \sim R2$，使用时，应注意运用刀具半径补偿功能，否则会造成零件轮廓轨迹线的偏差。

(3) 成形车刀。如图 2-4 所示成形车刀，成形车刀又叫样板车刀，其加工零件的轮廓形状完全由车刀刀刃的形状和尺寸决定。数控加工中，应尽量少用外形成形车刀来完成外形的加工。

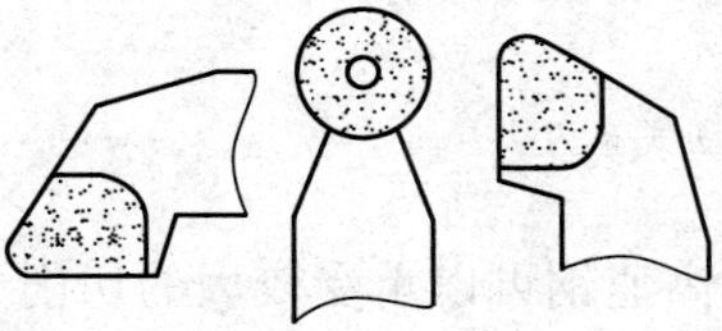

图 2-3 圆弧形车刀

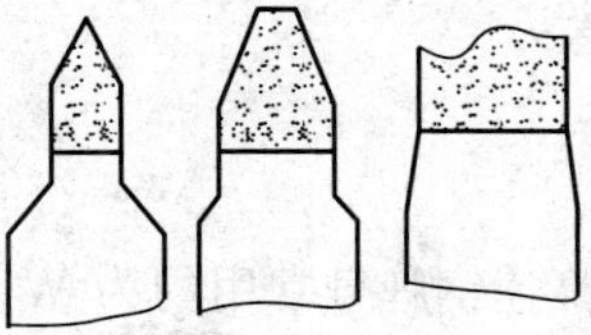

图 2-4 成形车刀

3. 按车刀结构分类

车刀按结构分为整体式车刀、焊接式车刀和机械夹固式车刀。

(1) 整体式车刀主要是整体式高速钢车刀。通常用于小型车刀、螺纹车刀和形状复杂的成形车刀。具有抗弯强度高、冲击韧性好、制造简单和刃磨方便、刃口锋利等优点。

(2) 焊接式车刀是将硬质合金刀片用焊接的方法固定在刀体上，经刃磨而成。这种车刀结构简单，制造方便，刚性较好，但抗弯强度低、冲击韧性差，切削刃不如高速钢车刀锋利，不易制作复杂刀具。

(3) 机械夹固式车刀是数控车床上用的比较多的一种车刀，它是将标准的硬质合金可转位刀片通过机械固定方式安装在刀杆上的一种车刀，如图 2-5 所示为机械夹固式车刀。这种刀片与刀杆的夹紧方式是采用杠杆压紧式的，另外还有复合压紧式、螺钉压紧式等结构。

4. 按车刀材料分类

车刀刀片的材料主要有高速钢刀具、硬质合金刀具、涂层硬质合金刀具、陶瓷刀具、立方氮化硼刀具和金刚石刀具等。其中，高速钢刀具、硬质合金刀具、涂层硬质合金刀具在数控车削刀具中应用较广。

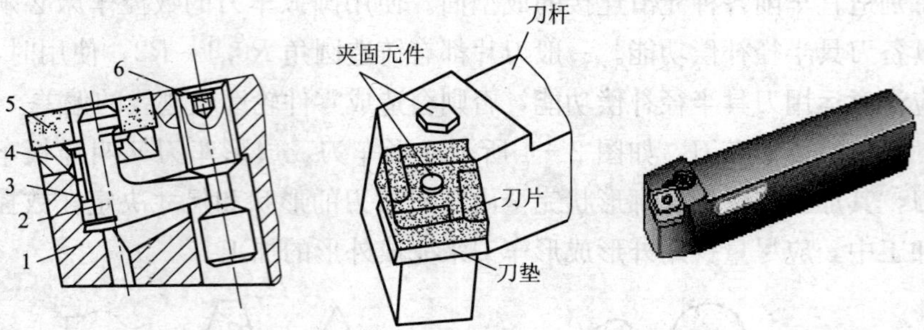

图 2-5　机械夹固式车刀

高速钢牌号常用的为 W18Cr4V。高速钢可以承受较大的切削力和冲击力。可进行锻造，刃口较锋利，故又称“锋钢”、“白钢”，适合做成形刀具和螺纹刀具。它的熔点低，一般在 500 ℃。切削时需要冷却液冷却。

硬质合金为三种牌号：YG 钨钴类硬质合金（K）、YT 钨钛类硬质合金（P）、YW 通用硬质合金（M）。常用的牌号有：YG3、YG6、YG8、YT5、YT15、YT30、YW1、YW2 等。钨钴类硬质合金（YG）适用于加工铸铁及有色金属材料。YG3 含钴量少用于精加工。YG8 含钴量多用于粗加工。钨钛钴类硬质合金（YT）适用于加工钢料。YT30 含钛量多、钴量少用于精加工。YT5 含钛量少、钴量多用于粗加工。YT15 可以用于粗、精加工。通用硬质合金（YW），既可以加工钢料又可以加工铸铁及有色金属材料。

硬质合金具有高硬度、熔点高（1 000 ℃以上）、热稳定性好等特点。故其有较高的切削效率（是高速钢刀具的 5～10 倍）。它是刀具的主流材料。较多的刀具采用硬质合金作为刀具材料。

陶瓷刀具具有更高的硬度和耐磨性，可以加工淬火硬度达 65HRC 左右的钢和其他难加工材料。

在数控车床加工中应用最多的是硬质合金和涂层硬质合金刀片。常用的可转位的车刀刀片形状及角度如图 2-6 所示。刀片形状有三角形、正方形、六边形、菱形和多边形。

数控加工过程中刀具的选择是保证质量和提高生产效率的重要环节。合理选择数控刀具需要综合考虑机床的自动化的自动化程度、工序加工内容、零件材料的切削性能等因素。

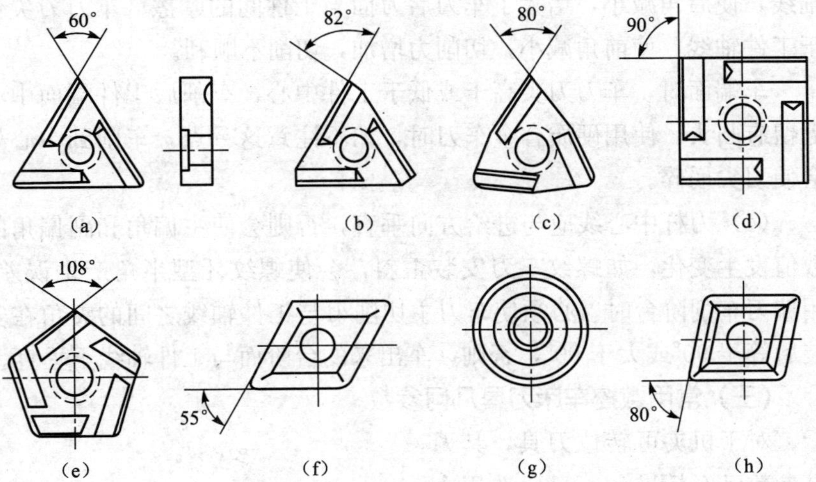

图 2-6　常用可转位车刀刀片

(a) T形；(b) F形；(c) W形；(d) S形；(e) P形；(f) D形；(g) R形；(h) C形

目前数控车床最常用的是各种机夹可转位刀具。普遍采用的是硬质合金涂层刀片。但由于条件的限制，焊接硬质合金刀具还在数控车床上应用，这就需要操作者对刀具的刃磨技术熟练掌握。

(二) 数控车床刀具的安装

加工所需要的各种切削刀具（各种车刀、钻头、镗刀等）是通过刀柄座、镗刀座、刀柄套、定位环等刀具辅具装夹在回转刀架上的。车刀安装得正确与否，将直接影响切削能否顺利进行和工件的加工质量。安装车刀时，应注意下列几个问题：

(1) 车刀安装在刀架上，伸出部分不宜太长，伸出量一般为刀杆高度的 1～1.5 倍。伸出过长会使刀杆刚性变差，切削时易产生振动，影响工件的表面粗糙度。

(2) 垫铁要平整，数量要少，垫铁应与刀架对齐。车刀至少要用两个螺钉压紧在刀架上，并逐个轮流拧紧。

（3）刀尖应与工件轴线等高。否则会因基面和切削平面的位置发生变化，而改变车刀工作时的前角和后角的数值。车刀刀尖高于工件轴线，使后角减小，增大了车刀后刀面与工件间的摩擦；车刀刀尖低于工件轴线，使前角减小，切削力增加，切削不顺利。

车端面时，车刀刀尖高于或低于工件中心，车削后工件端面中心处留有凸头，使用硬质合金车刀时，如不注意这一点，车削到中心处会使刀尖崩碎。

（4）刀杆中心线应与进给方向垂直，否则会使主偏角和副偏角的数值发生变化，如螺纹车刀安装歪斜，会使螺纹牙型半角产生误差。用偏刀车削阶台时，必须使车刀主切削刃与工件轴线之间的夹角在安装后等于90°或大于90°，否则，车出来的台阶面与工件轴线不垂直。

（三）常用数控车床刀具几何参数

对于机夹可转位刀具，其刀具参数已经标准化，只要选用合适的几何参数刀具即可，对于焊接刀具需要手工刃磨的，在刃磨中要注意保证刀具的几何参数。如图2-7所示为一把外圆刀的几何参数示意图，具体的角度定义方法可以参阅有关的切削手册。在表2-1中，给出了硬质合金刀具切削碳素钢时的角度参数参考值。

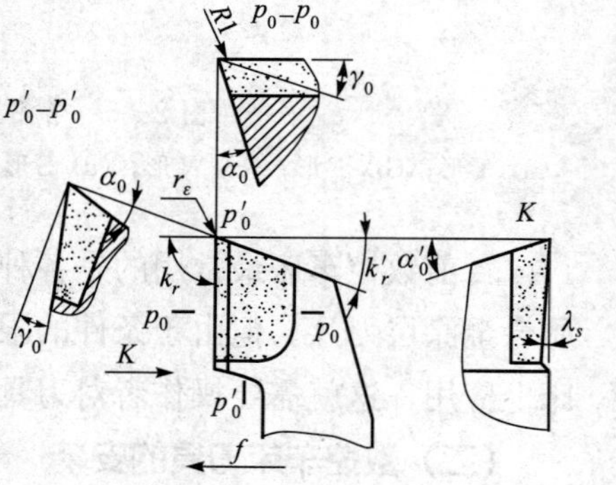

图2-7 数控车床刀具几何参数

表2-1 常用硬质合金车刀切削碳素钢时角度参考值

角度 刀种类	前角 γ_0/(°)	后角 α_0/(°)	副后角 α'_0/(°)	主偏角 k_r/(°)	副偏角 k_r'/(°)	刃倾角 λ_s/(°)	刀尖半径 γ_ε/mm
外圆粗车刀	0～10	6～8	1～3	60～75	6～8	0～3	0.5～1
外圆精车刀	15～30	6～8	1～3	90～93	2～6	3～8	0.1～0.3

续表

角度 / 刀种类	前角 γ_0/（°）	后角 α_0/（°）	副后角 α'_0/（°）	主偏角 k_r/（°）	副偏角 k_r'/（°）	刃倾角 λ_s/（°）	刀尖半径 γ_ε/mm
外切槽刀	15～20	6～8	1～3	90	1～1.5	0	0.1～0.3
三角螺纹车刀	0	4～6	2～3	—	—	0	0.12 P
通孔镗孔车刀	15～20	8～10	1～3	60～75	15～30	-6～-8	1～2
盲孔镗孔车刀	15～20	8～10	1～3	90～93	6～8	0～2	0.5～1

四、数控车床车削用量的选用

切削用量包含三要素，它是指背吃刀量 a_p（单边切削深度）、主轴转速或切削速度 V_c（用于恒线速切削）、进给速度或进给量 f。

1. 切削用量选择原则

确定三要素的基本原则：根据切削要求先确定背吃刀量 a_p，再查表得到进给量 f，然后再经过查表通过公式计算出主切削速度 V_c。

在许多场合我们可以通过经验数据来确定这三要素的值。

2. 切削用量选取方法

实践证明合理切削用量的选择与机床、刀具、工件及工艺等多种因素有关。合理选择加工用量的方法如下：

粗加工时，主要要保证较高的生产效率，故应选择较大的背吃刀量 a_p，较大的进给量 f，切削速度 V_c 选择中低速度。

精加工时，主要保证零件的尺寸和表面精度的要求，故选择较小的背吃刀量 a_p，较小的进给量 f，切削速度 V_c 选择较高速度。

粗加工时，一般要充分发挥机床潜力和刀具的切削能力。半精加工和精加工时，应重点考虑如何保证加工质量，并在此基础上尽量提高生产率。在选择切削用量时应保证刀具能加工完成一个零件或保证刀具的耐用度不低于一个工作班，最少也不低于半个工作班的工作时间。具体数值应根据机床说明书中的规定、刀具耐用度及实践经验选取。

（1）背吃刀量 a_p 的选择。背吃刀量的选择要根据机床、夹具、刀具和工件的刚度以及机床的功率来确定。在工艺系统允许的情况下，尽可能选取较大的背吃刀量。除留给以后工序的余量外，其余的粗加工余量尽可能一次切除，以使走刀次数最少。

通常在中等功率机床上，粗加工的背吃刀量为 8～10 mm（单边）。半精加工背吃刀量为 0.5～5 mm；精加工时背吃刀量为 0.2～1.5 mm。

（2）进给量 f 的确定。进给量是指在单位时间内刀具沿进给方向移动的距离。确定进给速度的原则是：当工件的质量要求能够保证时，为提高生产率，可选择较高的进给速度。切断、车削深孔或精车时，宜选择较低的进给速度。进给速度应与主轴转速和背吃刀量相适应。粗加工时，进给量 f 的选择受切削力的限制。

粗车时进给量 f 一般取为 0.3～0.8 mm/r，精车时常取 0.1～0.3 mm/r，切断时常取 0.05～0.2 mm/r。

（3）主轴转速 n（切削速度 V_c）的确定。主轴转速的确定应根据被加工部位的直径，并按零件和刀具材料及加工性质等条件所允许的切削速度来确定。切削速度可通过计算、查表和实践经验获取。

一般情况下在 a_p 和 f 选定后，再根据规定达到的合理的刀具寿命 T（min），就可以确定切削速度 V_c（m/min）。一般硬质合金刀片切削中碳钢的切削速度为 100 m/min 左右，涂层硬质合金刀片切削中碳钢的切削速度为 300 m/min 左右。切削速度确定后，再用下式计算主轴转速S，并以此主轴转速编程。

$$S=\frac{1\ 000\ v}{\pi d}$$

式中：S——主轴转速，r/min；

v——切削速度，m/min；

d——待加工工件表面直径，mm。

3. 数控车床车削用量推荐值

在实际的生产中，切削用量一般都是根据经验并通过查表得到的。在表 2-2 中给出了常用的刀具材料切削不同材料时切削用量的推荐值。

表 2-2 数控车床车削用量推荐表

工件材料	加工方式	背吃刀量/mm	切削速度/(m·min)	进给量/($mm\cdot r^{-1}$)	刀具材料
碳素钢 $\sigma_b>600$ MPa	粗加工	5～7	60～80	0.2～0.4	YT类
	半精加工	2～3	80～120	0.2～0.4	
	精加工	0.2～0.3	120～150	0.1～0.2	
	车螺纹		70～100	导程	W18Cr4V
	中心孔		500～800 r/min		
	钻孔		～30	0.1～0.2	
	切断（宽度<5 mm）		70～110	0.1～0.2	YT类
合金钢 $\sigma_b=1\ 470$ MPa	粗加工	2～3	50～80	0.2～0.4	YT类
	精加工	0.1～0.15	60～100	0.1～0.2	
	切断（宽度<5 mm）		40～70	0.1～0.2	
铸铁 200 HBS 以下	粗加工	2～3	50～70	0.2～0.4	YG类
	精加工	0.1～0.15	70～100	0.1～0.2	
	切断（宽度<5 mm）		50～70	0.1～0.2	
铝	粗加工	2～3	600～1 000	0.2～0.4	YG类
	精加工	0.2～0.3	800～1 200	0.1～0.2	
	切断（宽度<5 mm）		600～1 000	0.1～0.2	
黄铜	粗加工	2～4	400～500	0.2～0.4	YG类
	精加工	0.1～0.15	450～600	0.1～0.2	
	切断（宽度<5 mm）		400～500	0.1～0.2	

第3节　数控车床编程基础

一、数控机床的坐标系统

1. 机床坐标轴的命名

数控机床国际标准统一规定采用右手直角笛卡儿坐标系对机床的坐标系进行命名。用X、Y、Z表示直线进给坐标轴，X、Y、Z坐标轴的相互关系由右手法则决定，如图2-8所示，图中大拇指指向为X轴的正方向，食指指向为Y轴的正方向，中指指向为Z轴的正方向。

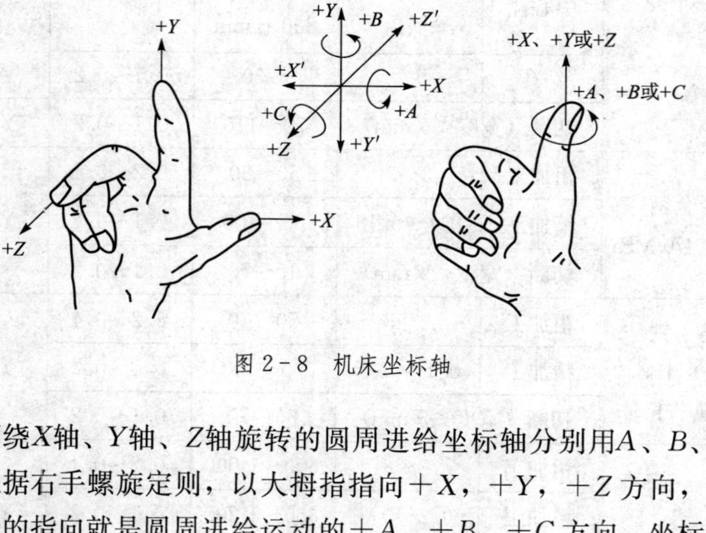

图2-8　机床坐标轴

围绕X轴、Y轴、Z轴旋转的圆周进给坐标轴分别用A、B、C表示，根据右手螺旋定则，以大拇指指向＋X，＋Y，＋Z方向，则其余四指的指向就是圆周进给运动的＋A，＋B，＋C方向。坐标轴正方向一律是指假定工件不动，刀具相对于工件做进给运动的方向。

2. 数控车床坐标轴确定方法

数控车床坐标轴的确定，Z轴与主轴轴线重合，沿着Z轴正方向移动将增大零件和刀具间的距离。X轴垂直于Z轴，如图2-9为平床身车床的坐标轴的确定，把离开三爪卡盘的方向定义成Z轴和X轴的正方向。

二、机床坐标系、工件坐标系

1. 机床坐标系

机床坐标系是指由机床原点为坐标原点建立的直角坐标系。

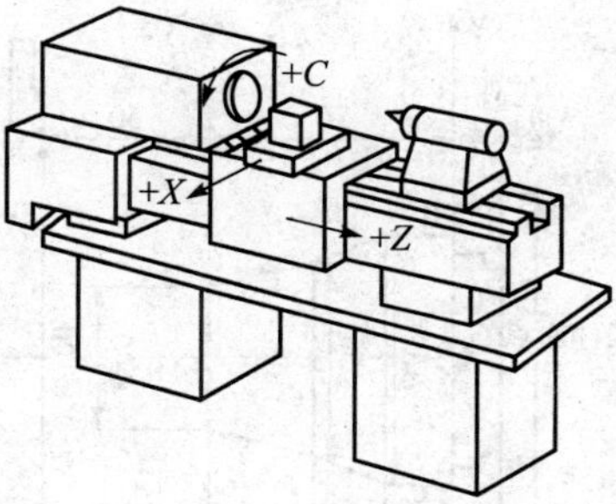

图 2-9 车床坐标轴及其方向

机床原点，也是机床零点，它是机床上的一个固定点，也是机床上的一个极限点，此点一般靠近电动机轴端。数控机床开机后回参考点即为机床的零点。通常在每个坐标轴设置一个机床参考点，机床参考点可以与机床零点重合，也可以不重合，通过参数指定机床参考点到机床零点的距离。机床各坐标轴回到了参考点位置，也就找到了机床零点位置，建立起了机床坐标系，如图 2-10 所示。

2. 工件坐标系

工件坐标系是由工件原点为坐标原点建立的坐标系。

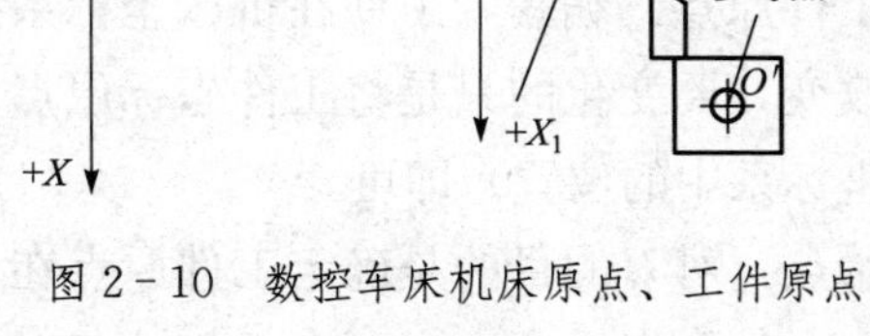

图 2-10 数控车床机床原点、工件原点和机床参考点

工件原点：工件上有特征的点。这个点也是编程的零点。为了方便编程，选择工件上的某一已知点为原点，即工件原点（编程零点），此点为编程的零点参考。所有的坐标数值都由工件坐标系零点确定。

工件原点选择要尽量满足编程简单，尺寸换算少，引起的加工误差小等条件，工件原点一般选在设计基准或定位基准上。

3. 工件坐标系的建立方法及作用

数控车床工件原点（编程零点）通常选在主轴轴线与工件的前端

面的交点上或主轴轴线与三爪卡盘卡爪前端面的交点上，如图 2-11 所示。

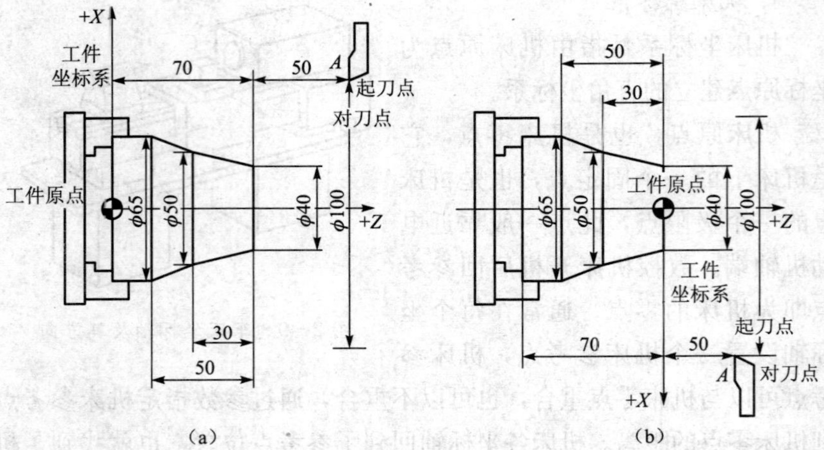

图 2-11　工件坐标系

(a) 斜床身；(b) 平床身

工件坐标系的建立是为了编程方便而建立的。虽然机床坐标系可以确定刀具在机床工作台中的确切位置。但是，工件在机床工作台上的装夹位置是变化的，这样零件上的轮廓节点随零件在机床中的位置而变化，编程很困难。编制的程序不能通用。工件装夹位置变化了，程序也要随之变化，这样很不方便。工件坐标系相当于机床坐标系的平行移动。这样以工件上的点（工件原点）编程，工件在机床坐标系中位置变化了，但程序就不需要改变，要变化的只是将工件坐标原点重新输入新值（工件原点在机床坐标系中的位置）即可。

对刀点是零件程序加工的起始点，对刀的目的是确定工件原点在机床坐标系中的位置，对刀点可与工件原点重合，也可在任何便于对刀的位置，但该位置与工件原点之间必须有确定的坐标联系。一般通过对工件的试切或通过刀具、寻边器与工件某些表面接触来实现对刀。

图 2-11 把对刀点 A 设置在工件外面和起刀点重合，该点的位置

可由 G50、G92、G54 等指令设定，通常把设定该点的过程称“对刀”，或建立工件坐标系。

（1）用 G50 和 G92 指令来建立工件坐标系。这种建立方法称为浮点坐标设定，机床关机，此点无记忆功能。FANUC 系统车床用 G50（国产系统多用 G92）指令来建立工件坐标系。该指令一般作为第一条指令放在整个程序的最前面。其程序段格式为：　G50（G92）　X_ Z_

X、*Z* 分别为刀尖的起始点距工件原点的距离。执行 G50（G92）程序后，系统内部即对（*X*、*Z*）进行记忆并显示在显示器上，这就相当于在系统内部建立了一个以工件原点为坐标原点的工件坐标系。

如图 2－11（a）所示，若选工件左端面为坐标原点时，则工件坐标系建立指令为“G50（G92）X100.0 Z120.0”；若选工件右端面为坐标原点时，如图 2－11（b）所示，则工件坐标系建立指令为“G50（G92）X100.0 Z50.0”。

上述 G50 和 G92 为浮点坐标系统，其使用时只有把刀具的刀位点（刀尖）放在 G50 和 G92 所设定的机床坐标点上才能执行程序，程序结束后一定要回到 G50 和 G92 所设定的机床坐标点。即起点又是终点。一旦机床上刀架移动位置或机床重新启动，此点自动消失。再执行程序前必须重新对刀使其移动到 G50 和 G92 所设定的机床坐标点。

（2）用 G54～G59 指令来建立工件坐标系。这种方法建立的坐标系相当于机床坐标系的平移，具有记忆功能，机床开机只要回参考点后，此点一直可以被使用。

用 G54～G59 指令来建立工件坐标系，就是把工件的原点的机床坐标值输入指定的工件坐标系指令 G54～G59 的寄存器里（通俗说为地址单元，可以想象为放东西的房间），编程时只要写上 G54（房间号）即可。程序自动执行时系统会从 G54（房间号）里取出工件的原点机床位置坐标与实际工件坐标相加或相减，计算出刀具应走到的实际机床坐标位置，指令刀具运动。因为一般车刀是从右端向左端车削，所以将工件原点设在工件的右端面要比设定在工件左端面换算尺寸方便，所以推荐采用图 2-11（b）的方案，将工件原点设定在工件右端面的中心。

车床刀架的换刀点是指刀架转位换刀时所在的位置。换刀点的位置可以是固定的，也可以是任意一点。它的设定原则是以刀架转位时不碰撞工件和机床上其他部件为准则，通常和刀具起始点重合。

三、数控加工程序的格式与组成

1. 数控加工程序的定义及编程方法

数控加工程序概念是按规定的格式描述零件几何形状和加工工艺的数控指令集。

数控编程方法可分为手工编程和自动编程两种。利用规定的代码和格式，人工制定零件的加工程序，称为手工编程。手工编程适合于形状简单的零件。在编程时应使所编程序尽可能短，要充分利用数控系统提供的固定循环指令来编程。

自动编程是指计算机辅助编程，也是计算机辅助制造（CAM）技术。这种编程是将零件的二维或三维（CAD）信息进行采集，通过 CAM 软件来生成一定的刀具轨迹文件，再根据所使用的数控系统，选择相应的后处理文件来生成相应的数控系统所使用的数控程序。

这种编程技术需要特定的 CAM 软件，也需要操作者对软件使用熟练掌握，并且需要具备一定的切削加工工艺知识。目前，此类流行的软件包括：适合制造的中、小型软件有 MasterCAM、Cimatron-CAD/CAM，大型软件系统有 UG、Pro/Engineer 、CATIA，国产优秀软件，如 CAXA－ME 制造工程师等。

2. 数控加工程序的编程规则

（1）绝对坐标与增量坐标。数控车床编程可以采用绝对值编程、增量值编程和混合编程。绝对值编程是根据已设定的工件坐标系计算出工件轮廓上各个点的绝对值进行编程的方法，使用 X 轴、Z 轴。增量值编程又称相对值编程，它是用相对前一个位置的坐标增量来表示坐标值的编程方法，使用 U 轴、W 轴，或用 G90 表示绝对值编程，用 G91 表示增量值编程。其正负由行程相对前一点方向决定，和工件坐标系轴方向一致为正，反之为负。混合编程是将绝对值编程和增量值编程混合起来进行编程的方法。

（2）直径编程和半径编程。车床车削工件为回转体零件，其横截面为圆形，故其尺寸有直径指定和半径指定两种方法。用直径指定时称为直径编程，用半径指定时称为半径编程。数控车床通常都采用直径编程，这符合操作和测量工件习惯。

（3）公制和英制编程。坐标功能字数量单位是米制还是英制是靠准备功能字来指定的。如 FANUC 系统采用 G21/G20 来指令米制、英制的切换，而 SIEMENS 系统是采用 G71/G70 来进行米制、英制的切换。

3. 数控车床的指令代码

数控车床加工程序所使用的指令代码有：程序号、程序段号、准备功能字、辅助功能字、坐标功能字、主轴转速功能字、进给功能字、刀具功能字、刀具补偿功能字、子程序号、循环次数、暂停功能字等。

（1）程序号。程序号就是程序的名称。主要是为了对程序进行管理，检索程序，修改程序，调用、模拟、执行程序等操作。程序号写在程序最前面，必须单独占一行。FANUC 系统采用 O×××× 命名。大写的 O 后跟四个数字组成，数值从 0～9999 共计 1 万条程序。SIEMENS802D/840D 采用字母或数字任意组成（例如：2009ABC. MPF），最多可以使用 18 个字符。

（2）程序段号。程序段号是指程序的顺序号，它采用 N×××× 表示。N 字母后跟数字组成。通常为了修改方便规定顺序号之间数字间隔为 5 或 10（如：N5～N10）。一段行结束后都有一个结束符，FANUC 系统采用“;”表示，SIEMENS 系统采用“LF”表示，三菱系统采用“*”表示。

（3）准备功能字。准备功能字 G，又称为 G 功能字或 G 指令，它是指定机床工作状态、设定机床工作方式、控制数控系统运动轨迹的一种命令。其表达方式为G××（G00～G99）。

G指令分为模态指令和非模态指令两大类。模态指令是指程序中一经使用后就一直有效，直到出现同组中的其他任意指令将其取代才失效的指令。也可以称为续效指令。绝大多数G指令都是模态指令。非模态指令是指只在其指令出现的程序段有效的指令（例如：G04、G28）。

（4）辅助功能字。辅助功能字又称M指令或M功能，它是用以指定数控机床中辅助装置的开关动作或状态。例如，主轴的开停，冷却液的开关，刀具的更换等。在数控系统中CNC处理M指令时就输送给PLC，让PLC去执行接触器的开合，使电机得电和断电。M指令形式，M××（M00～M99）。

（5）坐标功能字。坐标功能字主要是指定机床的刀具运动到达的坐标位置。坐标功能字又称坐标尺寸字，尺寸字是由规定的地址符及后续的带符号（＋、－）的小数十进制数组成。常用的坐标尺寸字有三种。一是X/Y/Z和U/V/W，用来指定到达点的坐标值或距离。二是A/B/C，用来指令到达的角度坐标。三是I/J/K，用来指令零件圆弧轮廓圆心点的坐标尺寸，如X100、A36、I－25.5等。

（6）进给功能字。进给功能字地址符F，又称F功能或F指令。其功能是指定切削速度。格式是F××××，字母F后跟数字表示。后面数字直接表示进给速度值。通常单位有两种，一种是转进给速度，单位mm/r（毫米每转）、in/r（英寸每转）。另一种是分进给速度，单位mm/min（毫米每分钟）、in/min（英寸每分钟）。进给速度的两种状态可以通过指令来指定。如，FANUC系统用G98/G99来指令，G99表示转进给速度，G98表示分进给速度。SIEMENS系列数控系统95/G94来指令，G95表示转进给速度，G94表示分进给速度。系统内部在螺纹加工时会采用转进给速度设定。

（7）主轴转速功能字。主轴转速功能字的地址符用S，又称S功能或S指令。它主要用来指定主轴的转速（r/min）或线速度（m/min）。格式S××××，字母S后跟整数表示。转速S用准备功能字G97指定如 G97S860 表示主轴的转速为 860 r/min。恒线速度 V 用 G96 指定如 G96S120 表示主轴的转速为每分钟 180 m。

线速度 v 与转速 n 之间关系可以相互换算，换算关系 $n=1\,000\,v/\pi d$。

（8）刀具功能字。刀具功能字的地址符用 T，又称 T 功能或 T 指令。它主要用来指令加工中所用刀具号和刀补号，刀补号内主要存的是刀具的刀位偏差或长度补偿及刀具半径补偿。格式 T××××，字母 T 后跟数字表示，通常 T 后跟四位数，前两位表示刀具号，后两位表示自动补偿的刀补号。例如，T0202 表示 2 号刀执行的是补偿编组号为 02 的补偿内容 。

4. 数控车床的程序组成

（1）程序的组成。一个完整的加工程序包括程序号、程序内容和程序结束三部分。例如：O1818；程序号

```
N10 T0101;                 选择刀具
N20 S860M3;                指令主轴转速
N30 G0X45Z2;               刀具走到轨迹起点
…           ;              程序内容,加工零件轮廓轨迹
N100 G0X100Z100M5;         回退刀换刀点,关闭主轴
N110 M30;                  程序结束
```

从程序结构体中可以看出，程序是一段一行的格式，程序需要先建立程序名。程序体包括开头部分，一般是指定刀具和刀补，建立工件坐标系，指定主轴转速，指定刀具的起始位置等。程序体中间部分就是零件加工程序的核心内容，它包括刀具切入轮廓的方式，刀具的半径补偿，刀具沿零件轮廓的运动轨迹描述，刀具切出轮廓，刀具半径补偿的取消等。程序结束部分包括刀具补偿值的取消，回换刀点，关主轴，程序结束等。

（2）程序的结构。加工程序的结构形式一般为统一的三段论方式。它是加工程序的主体结构，即主程序。但在编制程序时，程序中有许多轮廓重复的部分，为了程序书写简练，可以把重复部分独立出来写成另一个程序，这便是子程序。FANUC 系统调用子程序格式为 M98 P _ L _。式中，M98 为调用子程序指令，P 为被调用的子程序

名，L 为被调用程序的次数。例如：M98P3L2 则表示调用子程序 O3 程序两次。SIEMENS 系列数控区分主程序和子程序的标志是看程序名的后缀。例如，主程序 CZY. MPF，子程序 CY1. SPF 或 L12，子程序格式 L××为西门子系统子程序默认格式。SIEMENS 主程序调用子程序的格式将子程序名放在主程序要调用的位置即可，必须单独一行放置。

（3）程序段的组成。程序段格式在不同的数控系统中稍有区别，一般没有特别固定的格式，如表 2－3 给出一般通用的程序段格式。

表 2－3　程序段格式

1	2	3	4	5	6	7	8	9	10	11
N	G	X/U	Y/V	Z/W	I/J/K/R	F	S	T	M	LF/;
段号	准备功能	坐标尺寸字				进给功能	主轴转速	刀具功能	辅助功能	结束符号

四、手工编程中的数学处理

在数控编程加工过程中，要计算出刀具运动轨迹点的坐标值。构成零件轮廓的不同几何元素线的交点或切点成为基点。求轨迹点的坐标值实际上就是求基点的坐标值。常用的基点计算方法有列方程求解法、三角函数法、计算机绘图求解法等。

列方程求解法要求掌握直线和圆弧的方程式。如直线方程：一般式 $Ax+By+c=0$；斜线式 $y=kx+b$。圆的方程：$(x-a)^2+(y-b)^2=R^2$。将两个元素方程式联立方程组，求解得到的就为交点的坐标值。

三角函数计算法是利用三角函数定理来计算未知的元素交点或切点的值。三角函数定理包含了正弦定理和余弦定理。正弦定理为：$a/\sin A=b/\sin B=c/\sin C=2R$。余弦定理为：$c^2=a^2+b^2-2ab\cos C$。式中，$a$、$b$、$c$ 分别为角 A、B、C 所对的边的边长，R 为三角形外接圆半径。

计算机绘图求解法是利用计算机绘图软件把图形画出后，标出所求基点的坐标值。当前国内常用的 CAD 绘图软件有 Auto CAD 和 CAXA 电子图板、开目 CAD 等。Auto CAD 是当今最流行的绘图软件之一，具有强大的二维功能。该软件简便易学，广泛用于机械、电子、建筑、服装等各行业的工程制图设计。常用的版本有 Auto CAD 2000，Auto CAD 2004，Auto CAD 2007 等。

CAXA 电子图板软件是国产软件，该软件同样具有强大的二维绘图功能，还带有机械设计的零件库，特简单容易掌握，俗称“一天工程师”适用于计算机知识比较薄弱的技术工人学习。常用的版本有 CAXA EB 和 CAXA XP。

基点的计算需要学员会计算：

（1）直线与圆弧相切点的计算。通常需要会计算出两圆公切线的交点坐标。如图 2－12所示为两圆相切例图。

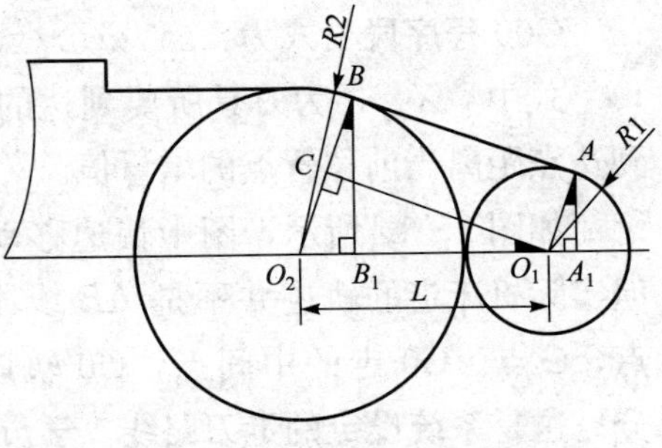

图 2－12　两圆相切线交点例图

计算方法是连接圆心到交点的连线 O_2B，O_1A。过小圆中心作公切线 AB 的平行线交 O_2B 与 C 点。在直角$\triangle O_1CO_2$ 中 O_1O_2 已知，$O_2C=O_2B-O_1A=R2-R1$ 故$\angle CO_1O_2$ 可以求得，而在直角$\triangle BB_1O_2$ 和直角$\triangle AA_1O_1$ 中$\angle BB_1O_2=\angle AA_1O_1=\angle CO_1O_2$，图示中的阴影部分的角。故可以分别求得 A 点和 B 点坐标。

（2）圆弧与圆弧相切点的计算（三圆相切）如图 2－13 所示为三圆弧相切。

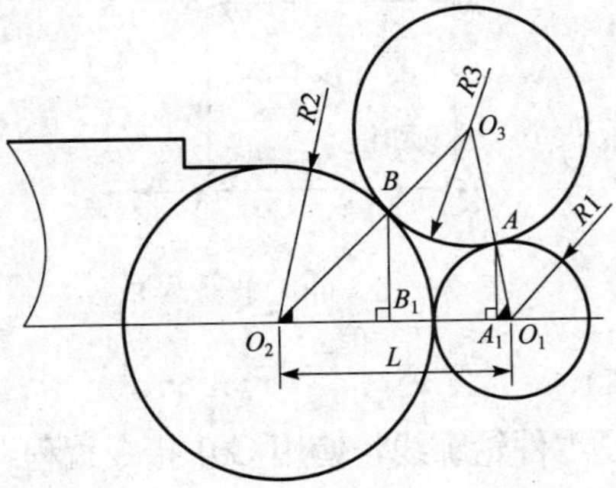

图 2－13　三圆相切交点例图

连接圆心到交点的连线 O_3O_2，O_3O_1 在任意$\triangle O_3O_2O_1$ 中已知三条边，即 O_1O_3 已知，$O_2O_3=R2+R3$，$O_1O_3=R_1+R_3$。利用余旋定律求出图示阴影处的角度$\angle O_3O_2O_1$ 和

$\angle O_3O_1O_2$ 在直角$\triangle BB_1O_2$ 和直角$\triangle AA_1O_1$ 中均已知三个条件，故 A 点、B 点坐标即可求得。

(3) 二次曲线或椭圆与圆相切点的计算：方法是利用联立方程求解，圆方程、椭圆方程和圆方程一阶导数等于椭圆方程一阶导数联立三次方程求出切点的坐标值。

五、一般工件的编程方法

1. 常用的 G 指令介绍

(1) 快速点定位指令 G00。G00 指令是指定刀具以点定位控制方式从刀具所在点快速运动到下一目标位置。其速度由系统指定。

G00 程序段格式为：G00 X(U)_ Z(W)_

式中：X、Z 为刀具所要到达的绝对坐标值；U、W 为刀具所要到达点距离当前位置点的增量值。

如图 2-14 所示，图中快速移动轨迹 AB 程序段：G0 X50 Z70；但实际机床走的轨迹并不是 AB 线段，而是走的 AC-CB 两段到达 B 点，C 点。G0 走的中间点，G0 轨迹是先走公共部分，再走剩余部分。这是系统设定的走刀路线，学员一定要注意。

(2) 直线插补指令 G01。

G01 指令是命令刀具在两坐标间以插补联动方式按指定的 F 进给速度作任意斜率的直线运动。

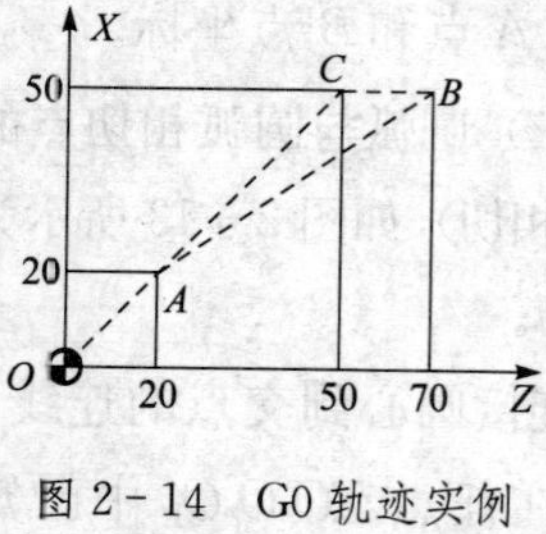

图 2-14 G0 轨迹实例

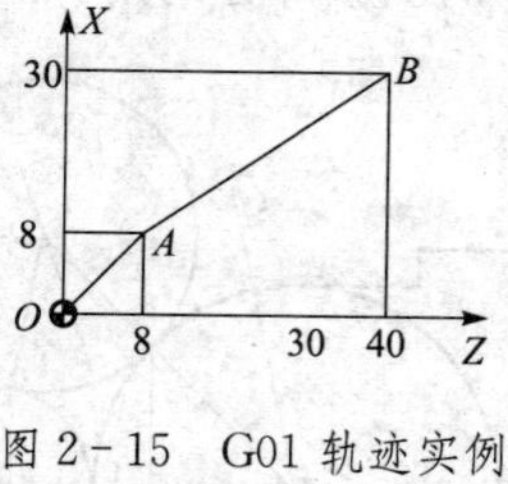

图 2-15 G01 轨迹实例

G01 程序段格式为：G01 X(U)_ Z(W)_ F

如图 2-15 所示，$O \to A \to B$ 走的是零件轮廓线，使用 G01 指令编程：

G01X8Z8F100（或 G01U8W8F100）；

G01 X30Z40（或 G01U22W32）；

（3）G02/G03 圆弧插补。

圆弧插补 G02/G03 指令使刀具相对工件以指定的速度从坐标当前点（起始点）向终点进行圆弧插补。

G02/G03 指令的程序段格式如下：

$$\begin{cases}G02\\G03\end{cases}\ X(U)\_\ Z(W)\_\ \begin{cases}I\_\_\_\_\quad K\_\_\_\_\quad F\_\_\_\_\\R\_\_\_\_\quad F\_\_\_\_\end{cases}$$

从格式中可以得到圆弧编程的两种方法：

一种是：G02/G03 X(U)_ Z(W)_ R_ F_；圆弧终点和圆弧半径。

一种是：G02/G03 X(U)_ Z(W)_ I_ K_ F_；圆弧终点和圆心相对于圆弧起点的增量坐标。

式中：R_——圆弧半径。在 SIEMENS 系统中，圆弧半径用符合“CR=”表示。当圆弧所对应的圆心角小于或等于 180°时，R 取正值，当所对应的圆心角大于 180°时，R 取负值。

I、*K*——圆心在 *X* 轴、*Z* 轴方向上相对起始点的坐标增量值，其值等于圆心坐标值减去圆弧起点的坐标值。

式中各个参数的含义见图 2 - 16，图 2 - 16（a）为斜床身车床，图 2 - 16（b）为平床身车床。

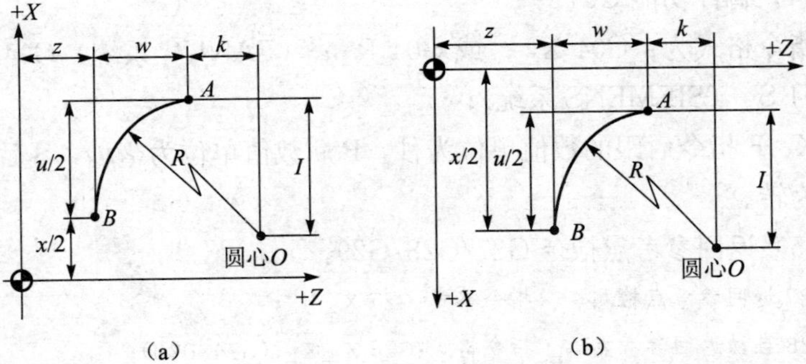

图 2 - 16　G02/G03 参数说明

(a) 斜床身车床；(b) 平床身车床

圆弧插补的顺逆判别是从垂直于圆弧所在平面（如 *XZ* 平面）的坐标轴的正方向向负方向看时，顺时针方向为 G02，逆时针方向为 G03。

如图 2－17 所示圆弧顺逆判别。如图 2－17（a）所示为斜床身机床圆弧。如图2－17（b）所示为平床身机床圆弧。无论哪种数控车床，从右向左车削工件，车外圆时凸圆弧为 G03，凹圆弧为 G02。镗孔时相反。

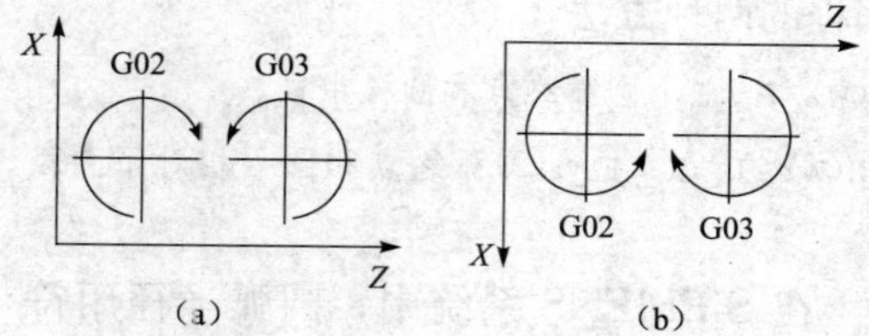

图 2－17　圆弧顺逆判别
（a）斜床身机床圆弧；（b）平床身机床圆弧

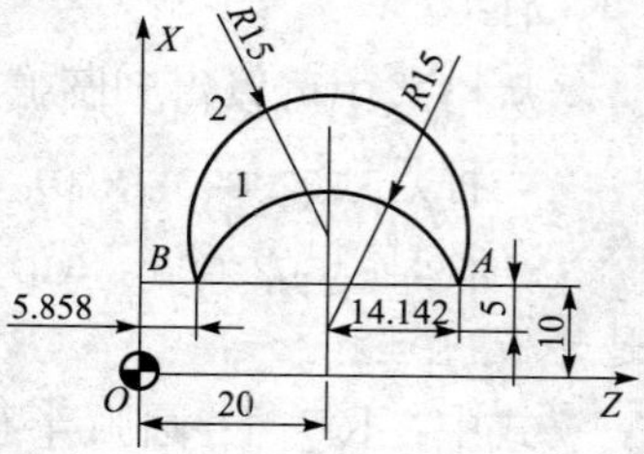

图 2－18　圆弧编程示例

如图 2－18 所示圆弧编程示例，轨迹 *AB* 线用圆弧指令编写的程序段如下：

```
AB1:G03X10Z5.858R15;G03X10Z5.858I- 5K- 14.142;
AB2:G03X10Z5.858R- 15;G03X10Z5.858I5K- 14.142;
```

（4）暂停功能 G04。

指令格式为：G04 X _；或 G04 P _；（FANUC 系统）G04 F _；或 G04 S _（SIEMENS 系统）；

X、F 指令后跟的数值单位为秒，P 后数值单位为毫秒，S 后数值单位为转。

（5）返回参考点指令 G27/G28/G29。

G27 返回参考点检测	指令格式：G27 X _ Z _；
G28 自动返回参考点	指令格式：G28 X _ Z _；(G74X0Z0)；
G29 从参考点返回	指令格式：G29 X _ Z _；

刀具回参考点指令必须是开机手动回参考点后，才能指令机床回到参考点。刀具从参考点经过 G28 指令的点运动到 G29 指定的点。

2. 常用的 M 指令介绍

数控系统中具有相同的意义的常用的 M 指令如表 2-4。

表 2-4　常用的 M 指令

序号	代码	功　能	序号	代码	功　能
1	M00	程序暂停	7	M07	外冷却液开启
2	M01	选择停止	8	M08	内冷却液开启
3	M02	程序结束	9	M09	冷却液关闭
4	M03	主轴正转	10	M98	调用子程序
5	M04	主轴反转	11	M99	子程序结束并返回
6	M05	主轴停止	12	M30	主程序结束并返回

（1）程序暂停指令：M0/M1。当数控系统执行到 M00 指令时，程序暂停，此时，机床的进给停止，而全部现存的模态信息保持不变，欲继续执行后续程序，重按操作面板上的“循环启动”键。M01 为条件选择暂停。当面板上的选择停按键按下，它的作用同 M00，如不按下则该指令在程序中无任何意义。程序暂停指令使机床暂停进给可以方便操作者进行刀具和工件的尺寸测量、工件调头、手动变速等操作。M01 一般用于调试程序之用。

（2）主轴状态指令：M3/M4/M5。M3 指令主轴正转，M4 指令主轴反转，M5 指令主轴停转。

（3）冷却液开停状态：M7/M8/M9。M7 指令为外冷却液开，M8 指令为内冷却液开，M9 指令为冷却液关。有的数控系统没有内冷却液，M7 和 M8 都可以开冷却液。一般数控系统多采用 M8 指令来开冷却液。

（4）调用子程序指令：M98/M99。FANUC 系统中规定 M98 用来调用子程序。M99 表示子程序结束并返回，执行 M99 时，程序接口返回到主程序。在 SIEMENS 系统中规定“M17”或“RET”为子程序结束指令。

（5）程序结束指令：M02/M30。M02 一般放在主程序的最后一个程序段中。当 CNC 执行到 M02 指令时，机床的主轴、进给、冷却液全部停止，加工结束。使用 M02 的程序结束后，若要重新执行该程序，就得重新调用该程序，然后再按操作面板上的“循环启动键”。M30 是指程序结束并返回到零件程序头的指令。M30 和 M02 功能基本相同，只是 M30 指令还兼有控制返回到零件程序头的作用。使用 M30 的程序结束后，若要重新执行该程序，只需再次按操作面板上的“循环启动”键。

3. 编程实例

试编写如图 2－19 所示工件的车加工精车程序（毛坯尺寸 ϕ45 mm×60 mm）。

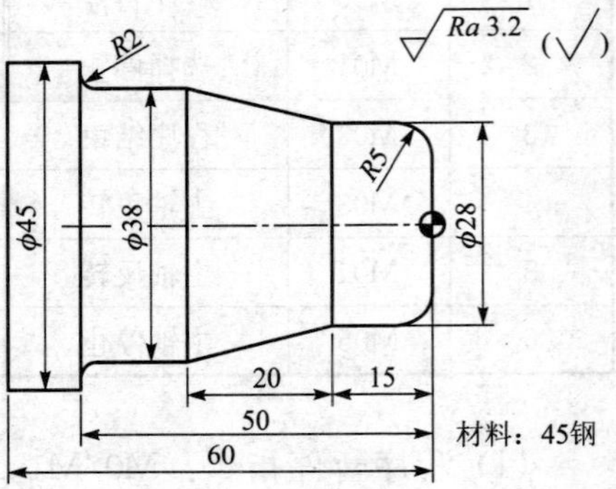

图 2－19　一般工件编程实例

本例题主要运用一般指令进行数控车床编程，表 2－5 为数控车加工参考程序，采用两种常用的数控系统编制。刀具采用 90°的 YT15 外圆刀。

表 2－5　数控车加工参考程序

<table>
<tr><td>FANUC 0i 系统程序</td><td>SIEMENS802D 系统程序</td><td>程序说明</td></tr>
<tr><td>O1</td><td>AA1. MPF</td><td>程序名</td></tr>
<tr><td>G98G21；</td><td>G90G94；</td><td>程序初始化</td></tr>
<tr><td>T0101；</td><td>T1D1；</td><td>选 1 号刀，取 1 号刀补</td></tr>
<tr><td colspan="2">M3 S800；</td><td>主轴正转，转速为 800 r/min</td></tr>
<tr><td colspan="2">G0 X100 Z100；</td><td>快速到达换刀点</td></tr>
<tr><td colspan="2">X0Z2；</td><td>快速到达起刀点</td></tr>
<tr><td colspan="2">G1Z0 F80；</td><td>切入工件</td></tr>
<tr><td colspan="2">X18 ；</td><td>轮廓轨迹编程</td></tr>
</table>

续表

FANUC 0i 系统程序	SIEMENS802D 系统程序	程序说明
G3X28Z－5R5；	G3X28Z－5CR＝5；	轮廓轨迹编程
G1Z－15；		轮廓轨迹编程
X38Z－35；		轮廓轨迹编程
Z－48；		轮廓轨迹编程
G2X42Z－50R2；	G2X42Z－50CR＝2；	轮廓轨迹编程
G1X46；		轮廓轨迹编程
G0 X100Z100M5；		快速返回到换刀点，主轴停转
M30；		程序结束

六、刀具补偿功能的编程方法

1. *刀具补偿功能*

（1）刀具补偿功能的定义。数控机床根据刀具的实际尺寸，自动改变机床坐标轴或刀具刀位点位置，使实际加工轮廓和编程轨迹完全一致的功能称为刀具补偿。简单讲就是指用来补偿刀具实际安装位置与理论编程位置之差的一种功能。刀具的补偿包括刀具的位置补偿和刀尖圆弧半径补偿。

（2）刀位点的概念。刀位点是指程序编制中，用于表示刀具特征的点，也是对刀和加工的基准点。对于各类车刀，其刀位点如图 2－20 所示。尖形车刀的刀位点通常是指刀具的刀尖，圆弧形车刀的刀位点是圆弧刃的圆心，成形刀具的刀位点也通常是指刀尖。

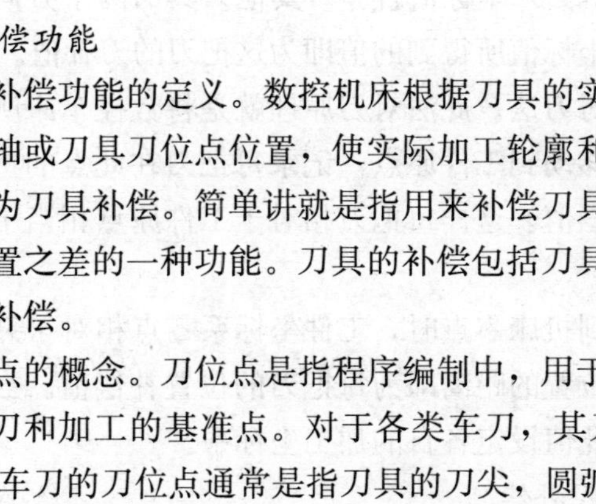

图 2－20　车刀的刀位点

2. 刀具位置补偿

刀具的位置补偿值就是刀具的几何形状补偿与刀具磨损补偿的数值之和。刀具的位置补偿功能的实现是通过设定对刀值来实现的。数控机床的对刀就是确定编程的原点和刀具刀位点的位置。

刀具装在刀架上，在执行程序前，调整每把刀的刀位点，使其全部重合与某一理想的基准点，这一过程称为对刀。对刀的目的是保证所有的刀具在换刀后所有的刀尖点重合。在加工程序调用刀具时，系统会自动补偿 X 轴、Z 轴的刀偏量，从而准确控制每把刀的刀尖轨迹。

数控车床上最常用的对刀法是试切对刀法。试切对刀又有两种方法：一种为基准（相对）对刀。另一种为非基准（绝对）对刀。现常用的是后者绝对对刀法。

（1）基准对刀法。基准对刀法就是选择一把刀作为基准刀，它的两个方向（X 和 Z）坐标值置零。其他刀具的两个方向值减去基准刀的两个方向的坐标值所得到的值即为这把刀的刀补值。

（2）绝对对刀法。此法对刀原理就是将数控车床所有的刀具的刀位点（刀尖）移动到工件原点，记录每把刀在此点的机床坐标值，即为每把刀的补偿值。这样每把刀相对于工件原点相当于都建立了坐标系（补偿值）。

当机床回到机床零点时，工件坐标系零点相对于刀架工作位置上各刀具的刀尖位置的距离即为每把刀的位置补偿值。当执行刀偏补偿时，各刀具以此值设定各自的加工坐标系。

3. 刀尖半径补偿

（1）刀尖圆弧半径补偿的定义。在实际加工中，车刀的刀尖会带有圆弧，加工时刀尖的圆弧的圆心（刀位点）运动轨迹不能与被加工工件的轮廓重合，而与工件轮廓轨迹偏置一个半径值，这种偏置称为刀尖圆弧半径补偿。

（2）刀尖圆弧半径补偿的指令。刀具半径补偿指令为 G41、G42，取消半径补偿为 G40。刀具半径补偿建立后，刀具中心在偏离工件轮廓的一个刀尖圆弧半径的等距线轨迹上运动。

G41 为刀尖半径左补偿指令，俯视切削平面，顺着刀具运动方向看，刀具在工件的左侧，称为刀尖半径左补偿；G42 为刀尖半径右补偿指令，俯视切削平面，顺着刀具运动方向看，刀具在工件的右侧，称为刀尖半径右补偿；如图 2-21 所示刀尖圆弧半径补偿偏置方向的判别。

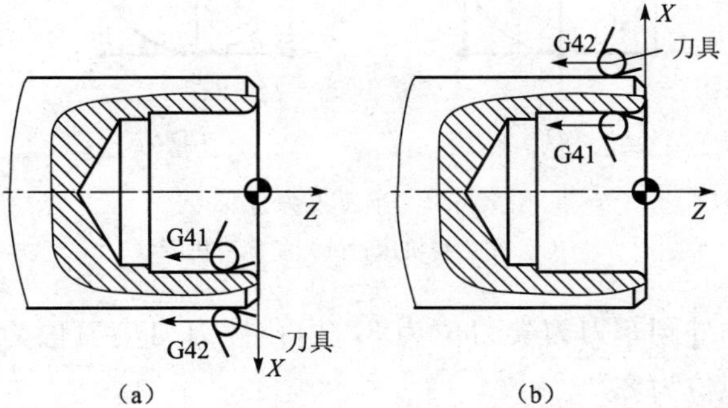

图 2-21　刀尖圆弧半径补偿偏置方向的判别

(a) 平床身机床；(b) 斜床身机床

G40 为刀尖半径补偿值的取消指令。取消半径补偿后，刀具的刀尖（刀位点）轨迹与编程轨迹重合。使用刀具半径补偿时应注意：G41/G42 不带参数。刀尖半径补偿的建立与取消只能用 G00 或 G01 直线指令，不能用 G02 或 G03 圆弧指令。在进行调用新刀具前或更改刀具补偿方向时，中间必须取消刀具半径补偿。否则，会引起加工误差或刀具干涉。

（3）刀尖圆弧半径补偿的过程。刀补的建立时刀具中心从编程轨迹重合过渡到与编程轨迹偏离一个偏移量的过程。刀补执行时，刀具中心始终与编程轨迹相距一个偏移量；刀补取消时，刀具离开工件，刀具中心轨迹要过渡到与编程轨迹重合的过程。所以刀补建立和取消是个过程。那编程时一定注意刀补的建立过程和取消过程。建立和取消都需要一定的移动距离让刀补偏移值进行过渡。

（4）刀尖方位的确定。刀尖圆弧半径补偿寄存器中，定义了车刀圆弧半径及刀尖的方向号。车刀刀尖的方向号定义了刀具刀位点与刀尖圆弧中心的位置关系，如图 2-22 所示车刀刀尖方位号。

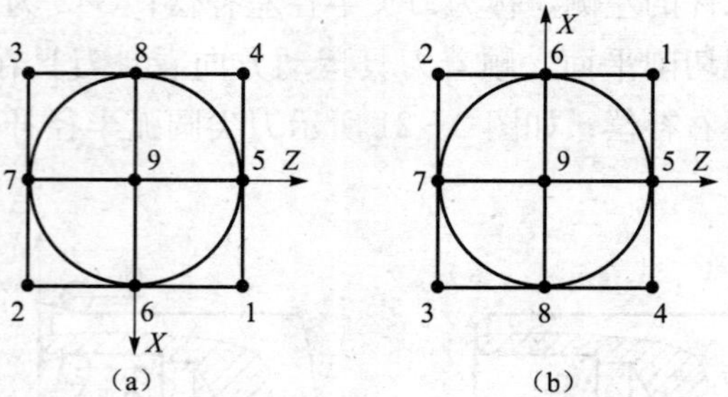

图 2-22 车刀刀尖方位号

(a) 平床身机床；(b) 斜床身机床

常用的外圆车刀刀尖刀位为 3，内孔镗刀刀尖刀位为 2，圆弧 R 车刀刀尖刀位为 8。

4. *刀尖半径补偿编程实例*

如图 2-23 所示零件为制造不锈钢管的铜滚轮成形模具。

本例题刀具采用 R 圆弧车刀完成外圆轮廓的精加工。零件粗加工已完成，在数控车床上采用内心轴装夹，心轴采用一夹一顶装夹。滚轮凹槽部分是由圆弧 *R*3、一段线段、圆弧 *R*20、圆弧 *R*15.19 及它们沿中心线对称图形组成，各个基点的计算过程（略），简单方法是运用 AutoCAD 软件画出轮廓线标出各个基点的坐标数值即可。

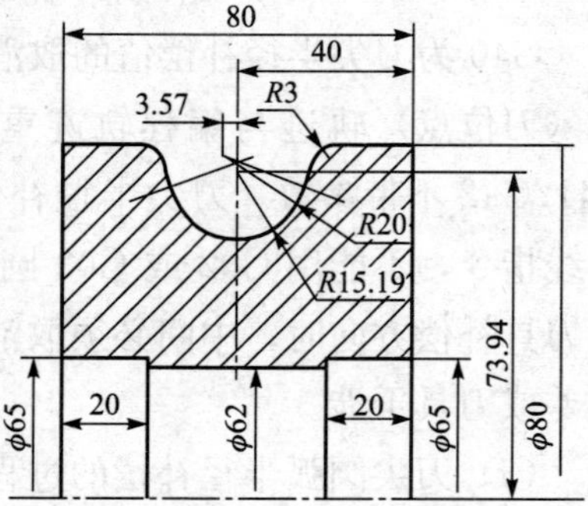

图 2-23 铜滚轮成型模具

表 2-6 为数控车精加工参考程序，采用两种常用的数控系统编制。

表 2-6　数控车精加工参考程序

FANUC 0i 系统程序	SIEMENS802D 系统程序	程序说明
O2	AA2. MPF	程序名
G98G21；	G90G94；	程序初始化
T0303；	T3D1；	选 3 号刀， 取 3 号刀补
M3 S800；		主轴正转，800 r/min
G0 X120 Z100；		快速到达换刀点
G0G42X80Z5D1；	G0G42X80Z5；	加入刀尖圆弧补偿
G1Z－19. 15 F80；		切入工件
G3X76. 06Z－21. 97R3；	G3X76. 06Z－21. 97CR＝3；	轮廓轨迹编程
G1X60. 64Z－24. 78；		轮廓轨迹编程
G2X47. 54Z－28. 72R20；	G2X47. 54Z－28. 72CR＝20；	轮廓轨迹编程
G2X37. 5Z－40R15. 19；	G2X37. 5Z－40CR＝15. 19；	轮廓轨迹编程
G2X47. 54Z－51. 28R15. 19；	G2X47. 54Z－51. 28CR＝15. 19；	轮廓轨迹编程
G2X60. 64Z－55. 22R20；	G2X60. 64Z－55. 22CR＝20；	轮廓轨迹编程
G1X76. 06Z－58. 03；		轮廓轨迹编程
G3X80Z－60. 85R3；	G3X80Z－60. 85CR＝3；	轮廓轨迹编程
G1Z－85；	G1Z－85；	切出工件
G0G40X100Z－90；		取消刀尖圆弧补偿
G0 X120Z100M5；		快速返回换刀点，主轴停转
M30；		程序结束

课题 3

FANUC 系统数控车床的编程与操作

【知识要点】

了解 FANUC - 0i 数控系统常用功能指令；掌握内、外圆固定循环指令，切槽固定循环指令的应用；掌握螺纹加工指令与螺纹切削固定循环指令的应用；掌握宏程序的编程；熟练掌握 FANUC - 0i 系统数控车床的操作。

FANUC 系统是我国数控车床上应用较多的系统之一，此系统较早进入我国市场，以简练、实用、易掌握的特点深受用户欢迎。目前车床上配置系统系列有 0、0i、18i 等，版本不同只是配置有所区别，但数控系统功能指令基本相同，本课题以 FANUC－0i 系统为主要版本介绍其常用的功能指令。

第 1 节　FANUC－0i 系统功能指令

一、准备功能 G 指令

表 3－1 列出了 FANUC－0i 数控车床系统常用的准备功能指令。

表 3－1　FANUC－0i 系统准备功能

序号	G 指令	组别	功　能
1	* G00	01	快速点定位
2	G01		直线插补
3	G02		顺时针圆弧插补
4	G03		逆时针圆弧插补
5	G04	00	暂停
6	G20	06	英制尺寸
7	* G21		米制尺寸
8	G27	00	回参考点检验
9	G28		返回参考点
10	G29		由参考点返回
11	G32	01	螺纹插补
12	G34		变螺距螺纹插补
13	G36	00	自动刀具补偿 X
14	G37		自动刀具补偿 Z
15	* G40	07	取消刀具半径补偿
16	G41		刀尖圆弧半径左补偿
17	G42		刀尖圆弧半径右补偿
18	G50	00	设定坐标系，设定主轴最高转速

续表

序号	G指令	组别	功　能
19	G52	12	局部坐标设定
20	G53	12	选择机床坐标系
21	* G54～G59	12	工件坐标系选择
22	G70	00	精车循环
23	G71	00	外圆粗车复合循环
24	G72	00	端面粗车复合循环
25	G73	00	固定形状粗加工复合循环
26	G74	00	端面切槽循环
27	G75	00	切槽循环
28	G76	00	多头螺纹切削复合循环
29	G80	10	固定循环取消
30	G83	10	钻孔循环
31	G84	10	攻丝循环
32	G85	10	正面镗孔循环
33	G87	10	侧钻孔循环
34	G88	10	侧攻丝循环
35	G89	10	侧镗孔循环
36	G90	01	内外径车削单一形状固定循环
37	G92	01	螺纹切削循环
38	G94	01	端面切削循环
39	G96	02	恒速切削控制有效
40	* G97	02	恒速切削控制取消
41	G98	05	进给速度按每分钟设定
42	* G99	05	进给速度按每转设定

注：(1) 带 * 号的G指令表示系统默认指令。

(2) 00组的G指令为非模态G指令，其他均为模态G指令。

(3) 在编程时，G指令中前面的0可省略，G00、G01、G02、G03、G04可简写为G0、G1、G2、G3、G4。

(4) 不同组的G指令在同一程序段中可以指令多个，但仅仅执行最后指定的G代码，如G1G90G34G2G3X20Z-10R3，执行的是G3X20Z-10R3。

二、辅助功能 M 指令

FANUC－0i 数控车床系统常用的辅助功能指令。见课题二 FANUC－0i 系统辅助功能指令。本节略。

三、FANUC－0i 系统其他功能指令

常用的功能指令有基本运动指令、状态指令、刀具功能指令、坐标系指令、回参考点指令、进给功能指令等。具体功能指令含义请参阅《数控车工快速入门》一书具体讲解。

第 2 节 内、外圆固定循环指令的应用

一、内、外圆单一固定循环指令（G90、G94）

1. 内、外圆切削循环指令 G90

该循环主要用于圆柱面和圆锥面的循环切削。

（1）指令格式。

G90 X(U)_ Z(W)_ F_；　　　圆柱切削循环

G90 X(U)_ Z(W)_ R_ F_；　　圆锥面切削循环

其中，X（U）_ Z（W）_ 表示循环切削终点处的坐标，X、Z 为圆柱面切削终点坐标值；U、W 为圆柱面切削终点相对循环起点的增量值。F 表示循环切削进给速度。*R* 为锥体大小端的半径差，采用编程时，应注意 R 的符号，确定的方法是：锥面起点坐标大于终点坐标时取正，反之取负，且要求$|R|\leqslant|U/2|$。

（2）指令说明。如图 3－1 所示，刀具的循环动作为从起点 *A*→*B*→*C*→*D*，然后以 G00 速度回到 *A* 点，准备下个动作。圆锥面切削循环的执行过程如图 3－2 所示，刀具循环动作与圆锥面切削循环类似，注意 *R* 值变化，起点半径小于终点半径时，*R* 为负值，反之为正值。

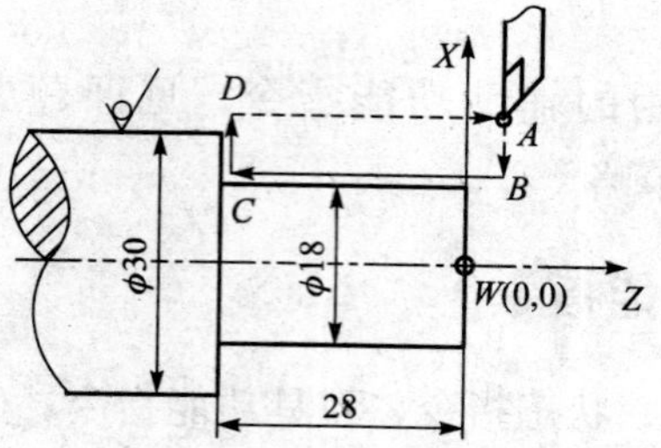

图 3-1　G90 圆柱面切削循环

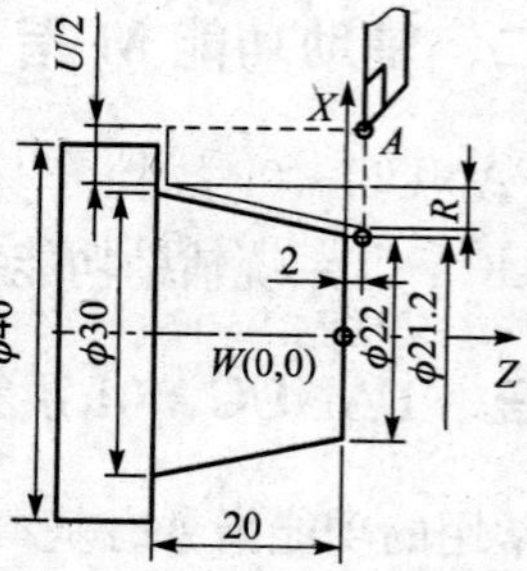

图 3-2　G90 圆锥面切削循环

（3）编程实例。试根据内、外圆切削循环指令 G90 编写图 3-3 所示的零件的数控车加工程序。刀具采用 90°硬质合金外圆刀。

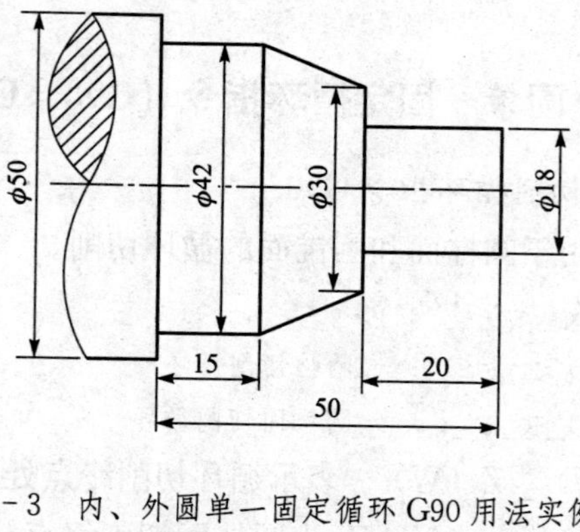

图 3-3　内、外圆单一固定循环 G90 用法实例图

内、外圆切削循环指令编程实例数控车床参考程序如下：

FANUC 0i 系统程序	程序说明
O31	程序名
G98 G21;	定义初始设置、分进给、米制编程
M3 S600;	主轴正转，转速为 600 r/min
T0101;	换 1 号外圆刀，导入刀具刀补
G0 X100 Z100;	绝对编程，快速到达换刀点
X52 Z2;	绝对编程，快速到达起刀点
G90 X47 Z-50 F100;	循环加工，背吃刀量为 3 mm，以 100 mm/min

	进给
X44;	继续进行循环加工,背吃刀量为 3 mm(直径值)
X42.5;	背吃刀量为 1.5 mm(直径值)
X42F60;	背吃刀量为 0.5 mm,精加工 ϕ42 外圆
X38Z-20F100;	G90 粗加工 ϕ18 外圆,精加工余量留 0.5 mm
X34;	
X30;	
X26;	
X22;	
X18.5;	
X18F60;	背吃刀量为 0.5 mm,精加工 ϕ18 外圆
G0X44Z-18;	快速到圆锥表面起点处
G90X50Z-35R-6.8F100;	G90 粗加工圆锥面,在圆锥外部进刀
X46;	注意 R 取值,R=(28.4-42)/2=-6.8
X42.5;	ϕ28.4 为 Z=-18 处锥面直径值
X42F60;	精加工圆锥表面
G0 X100Z100M5;	快速返回到换刀点,主轴停转
M30;	程序结束

2. 端面车削循环指令 G94

(1) 指令格式。

G94 X(U)__ Z(W)__ F__;切削平端面切削循环

G94 X(U)__ Z(W)__ R__ F__;切削锥端面切削循环

其中，X（U）__ Z（W）__表示循环切削终点处的坐标，X、Z为圆柱面切削终点坐标值；U、W 为圆柱面切削终点相对循环起点的增量值。F 表示循环切削进给速度。

(2) 指令说明：平端面切削循环的运动轨迹如图 3-4 所示，刀具从循环起点开始按矩形循环 $A \rightarrow B \rightarrow C \rightarrow D$，最后 G0 快速到达循环起点。锥端面切削循环的运动轨迹如图 3-5，与平端面切削循环的运动轨迹相似。R 为端面切削始点至终点位移在 Z 轴方向的坐标分量，图中轨迹方向是 Z 的负方向，R 值为负，反之为正。

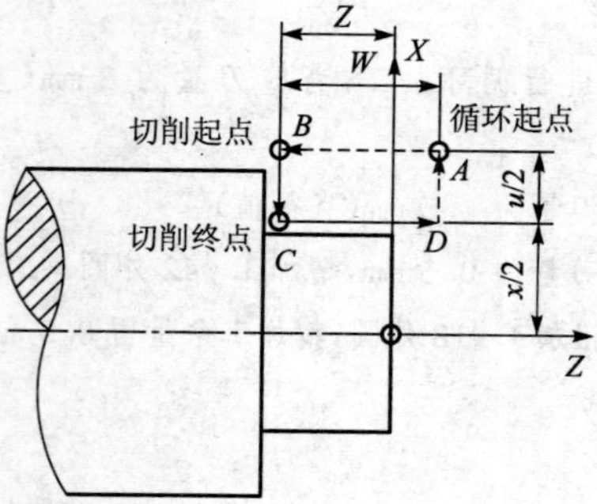

图 3-4　G94 平端面切削循环

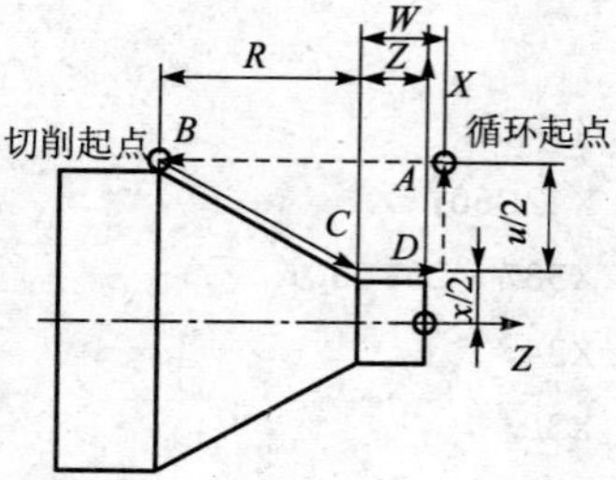

图 3-5　G94 锥端面切削循环

（3）编程实例。试根据端面切削循环指令 G94 编写图 3-6 所示的零件的数控车加工程序。

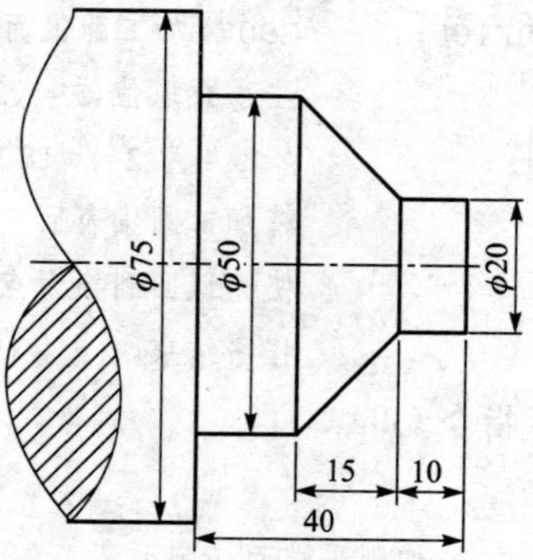

图 3-6　端面切削循环 G94 用法实例图

刀具采用硬质合金端面车刀。零件的数控车床参考程序为：

FANUC 0i 系统程序	程序说明
O32	程序名
G98 G21;	定义初始设置、分进给、米制编程
M3 S600;	主轴正转，转速为 600 r/min
T0101;	换 1 号端面车刀，导入刀具刀补
G0 X100 Z100;	绝对编程，快速到达换刀点
X85 Z10;	绝对编程，快速到达起刀点

G1Z5F200;	
G94 X50 Z-5 F100;	循环加工,每次 Z 轴进刀 5 mm,以 100 mm/min 进给
Z-10 ;	G94 车削平端面从 ϕ75 车到 ϕ50 端面长度 40 mm。
Z-15 ;	循环进刀加工,每次 Z 轴进刀 5 mm
Z-20;	
Z-25;	
Z-30;	
Z-35;	
Z-40;	
G1X55Z2F200;	进入斜端面循环切削的起点
G94X20Z0R-5F100;	G94 车削锥端面从 ϕ50 车到 ϕ20,锥面长度 15 mm。
Z-5;	注意 R 取值,R=-15-(-10)=-5,
Z-10;	
G0 X100Z100M5;	快速返回到换刀点,主轴停转
M30;	程序结束

3. 单一固定循环（G90、G94）的使用方法

可根据毛坯形状和零件形状，选择适当的固定循环，图 3-7 给出固定循环的选择示例。

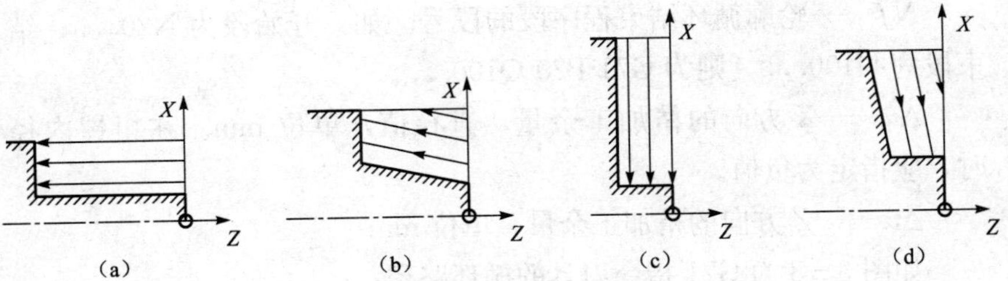

图 3-7 固定循环的选择

(a) 圆柱切削循环 G90；(b) 圆锥切削循环 G90；

(c) 平端面切削循环 G94；(d) 锥端面切削循环 G94

注意：(1) 固定循环指令 G90、G94 中的数据 X (U)、Z (W)、R 都是模态的。(2) 固定循环的程序段后面，如无移动指令，则重复此固定循环。(3) 固定循环状态中，如果指令了 M、S、T，固定循环功能可以同时进行，如果遇到移动指令取消了固定循环，那么，就需要重新指定固定循环指令。

二、复合型车削固定循环 (G71、G72、G73、G70)

1. 内、外径粗车循环指令 G71

G71 指令用于粗车圆柱棒料，以切除较多的加工余量。

程序段格式：

```
G0 Xα Zβ ;
G71 UΔd RΔe ;
G71 PNs QNf UΔu WΔw F__ S__ T__;
```

程序段中各地址的含义为：

α、β——粗车循环起刀点位置坐标。α 值确定切削的起始直径。α 值在圆柱毛坯料粗车外径时，应比毛坯直径稍大 1～2 mm；β 值应离毛坯右端面 2～3 mm。

Δd——循环切削过程中径向的背吃刀量，半径值，单位 mm。

Δe——循环切削过程中径向的退刀量，半径值，单位 mm。

Ns——轮廓循环开始程序段的段号。

Nf——轮廓循环结束程序段的段号。如：开始段为 N20...；结束段为 N100...，则为 G71 P20 Q100...。

Δu——X 方向的精加工余量，直径值，单位 mm。在粗镗内径时，应指定为负值。

Δw——Z 方向的精加工余量，单位 mm。

如图 3-8 为 G71 指令刀具的循环路径：

注意：

(1) G71 指令内部循环体的速度粗车时无效，循环体外参数有效。

(2) 在顺序号 Ns 的程序段内不能有 Z 轴移动。

(3) 循环体内零件轮廓必须是单调增大或减小的图形。

(4) 在顺序号 Ns 到 Nf 的程序中不能再调用子程序。

(5) 顺序号 Ns 到 Nf 的程序必须是完整的轮廓轨迹，从切入点到退出点。

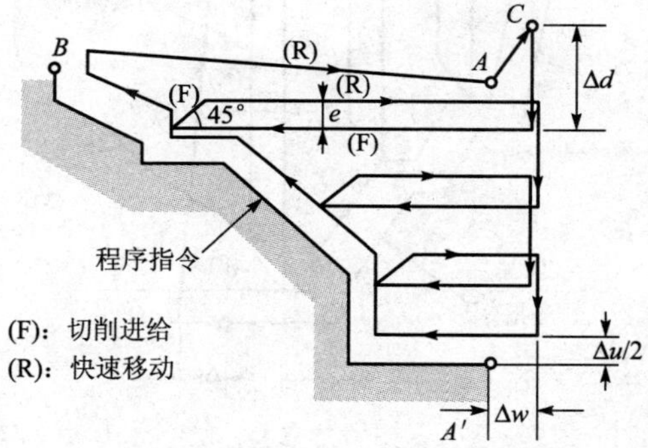

图 3－8　G71 外圆粗车加工循环

(6) X 向和 Z 向精加工余量 U 和 W 的符号如图 3－9 所示。

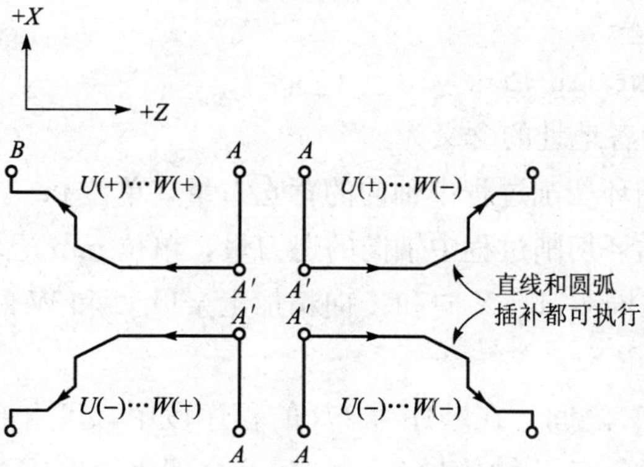

图 3－9　G71 指令循环中的 U 和 W 的符号

2. 端面粗车循环指令 G72

端面粗车循环指令含义与 G71 相似，不同之处是刀具平行于 X 轴方向进刀切削，它是从外径方向往轴心方向切削端面的粗车循环。

如图 3-10 所示其端面切削路径。

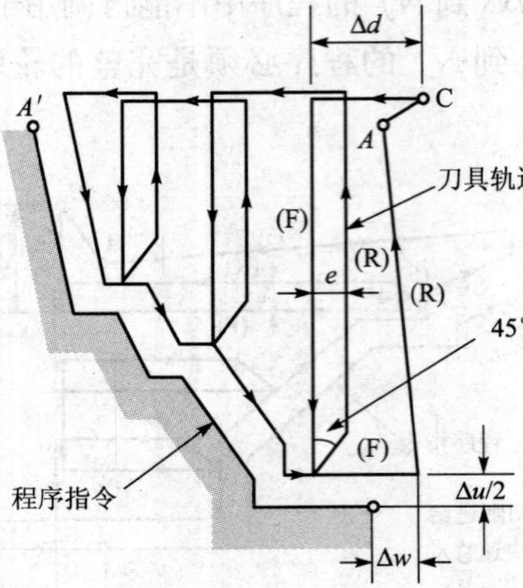

图 3-10 端面粗车循环

程序段格式为：

```
G0 Xα Zβ；
G72 WΔb RΔc；
G72 PNs QNf UΔu WΔw F__ S__ T__；
```

程序段中各地址的含义为：

Δb——循环切削过程中轴向的背吃刀量，单位 mm。

Δc——循环切削过程中轴向的退刀量，单位 mm。

其他含义同 G71。X 向和 Z 向精加工余量 U 和 W 的符号如图 3-11 所示。

在 A 至 A′之间，在顺序号 Ns 的程序段中，可含有 G00 或 G01 指令，但不能含有 X 轴的指令，A′至 B 之间 X 轴、Z 轴方向必须是单调增大或减小的图形，即一个方向递增或减小。

3. 仿形状循环指令 G73

适用于毛坯轮廓形状与零件轮廓形状基本接近时的粗车，这种方式对于铸造或锻造毛坯的切削是一种效率很高的方法。

程序段格式为：

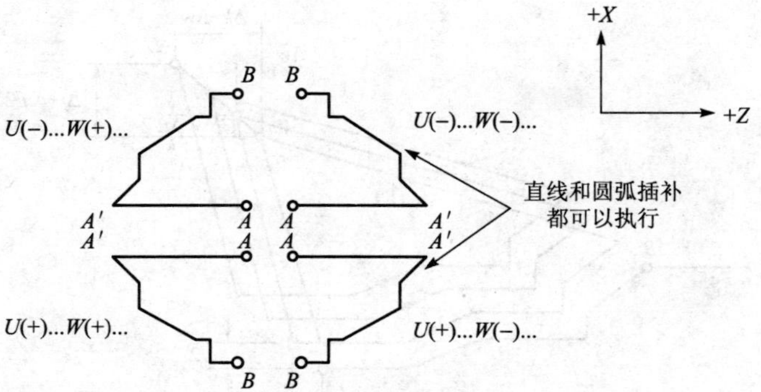

图 3-11　G72 指令循环中的 U 和 W 的符号

```
G0 Xα Zβ;
G73 UΔd WΔk RΔe;
G73 PNs QNf UΔu WΔw F__ S__ T__;
```

Δd——粗车时径向切除的总余量，半径值，单位 mm。

Δk——粗车时轴向切除的总余量；

Δe——循环次数。

其他含义与 G71 中的相同。

其进刀路线如图 3-12 所示。执行 G73 功能，每一刀的切削路线的轨迹形状是相同的，只是位置不同。每走一刀，就把切削轨迹向工件移动一个位置。因此对于铸造和锻造件的粗加工，特别适用。

4. 精加工循环指令 G70

由 G71、G72、G73 完成粗车加工后，可以用 G70 进行精加工，切除粗加工中留下的余量。

程序段格式为：

```
G0 Xα Zβ;
G70 PNs QNf F__;
```

程序段中各地址的含义与 G71 相同。

精加工时，G71、G72、G73 程序段中的 F、S、T 的指令都无效，只有在顺序号 Ns 到 Nf 的程序中指定的 F、S、T 才有效。

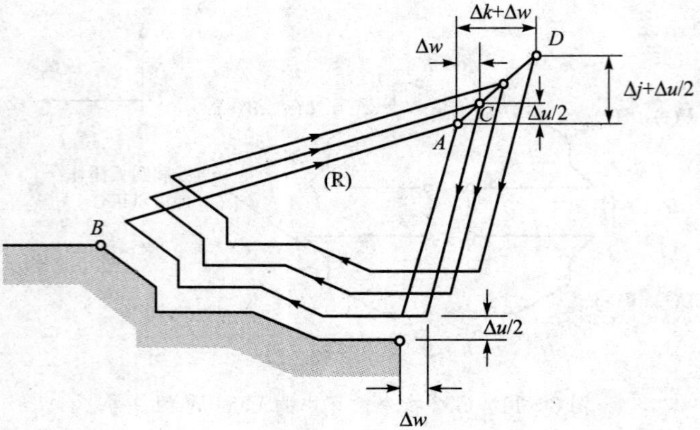

图 3-12　仿形切削循环 G73

5. 使用复合型固定循环指令（G71、G72、G73、G70）的注意事项

（1）根据毛坯形状、工件的加工轮廓及其加工要求选用内、外圆复合固定循环。① G71 外圆粗车循环主要用于对径向尺寸要求较高、细长轴类毛坯工件进行粗车加工。编程时，X 向的精车余量取值一般大于 Z 向精车余量的取值。② G72 端面粗车循环主要用于对端面精度要求较高、圆盘类毛坯工件进行粗车加工。编程时，Z 向的精车余量取值一般大于 X 向精车余量的取值。③ G73 封闭切削循环主要用于已成形工件的粗车循环。特别是用于锻造和铸造的毛坯工件的粗加工。其精加工余量根据具体的加工要求和加工形状来确定。

（2）在 G71、G72、G73 指令的程序段中，如果 P 指令了顺序号，那么对应此顺序号的程序段必须指令 01 组 G 代码的 G0 或 G1。

（3）在 G71、G72、G73 指令的程序段中，用 P 和 Q 指令了顺序号的程序段范围内，不能有下面指令：① 除 G04 外的一次性代码。② G0、G1、G2/G3 以外的 01 组代码。③ 06 组 G 代码。④ M98/M99。⑤ 固定循环指令。⑥ 螺纹切削指令。

（4）在 MDI 方式中，不能执行 G71、G72、G73 指令。

（5）执行 G70、G71、G72、G73 指令时，用 P 和 Q 指令了顺序

号在这个程序内不能重合。

（6）在G70、G71、G72、G73指令的程序段中，用P和Q指定的精加工形状的程序段组合的最后一个移动指令，不能是倒角或过渡圆。

6. 编程实例

（1）复合型固定循环（G70、G71）实例。图3－13所示G70、G71的用法实例图。毛坯为ϕ50×80棒料。

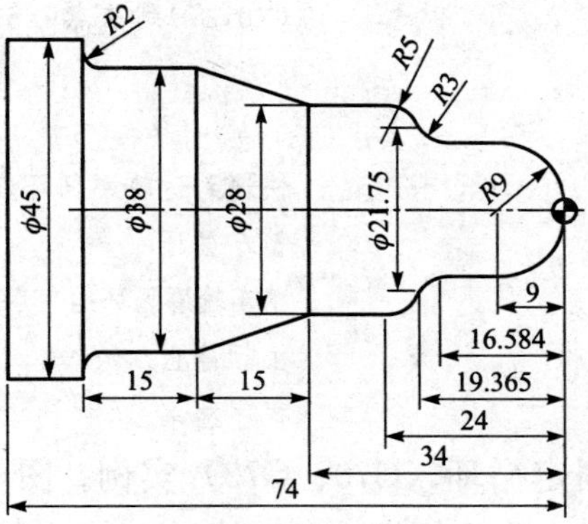

图3－13 G70、G71的用法实例图

刀具采用90°硬质合金外圆刀。零件的数控车床参考程序为：

FANUC 0i 系统程序	程序说明
O33	程序名
G98 G21;	定义初始设置、分进给、米制编程
M3 S800;	主轴正转，转速为800 r/min
T0101;	换1号外圆刀，导入刀具刀补
G0 X52 Z2;	绝对编程，快速到达轮廓循环起刀点
G71 U1.5 R2;	外径粗车循环，X轴每次单边切削
G71 P80 Q180 U0.5 W0.1 F100;	1.5 mm，最终精加工余量X向为直径量0.5 mm。
N80 G0 X0 S1000;	
G1Z0F60;	主轴转速S1000和进给速度60 mm/min
G3X18Z－9R9;	为G70调用的精加工时的转速和进给

速度。

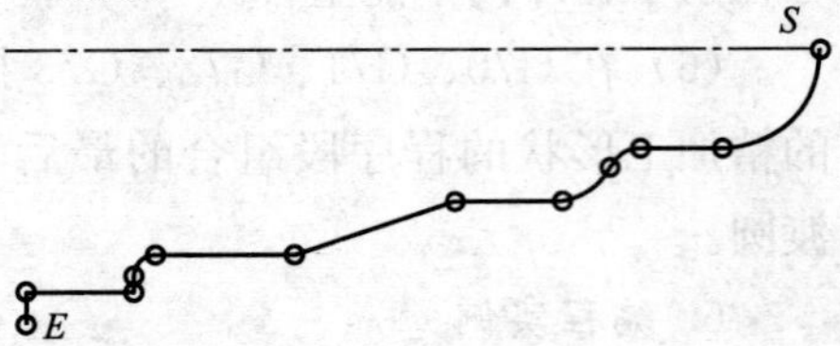


```
G1Z-16.584;
G2X21.75Z-19.365R3;
G3X28Z-24R5;
G1Z-34;
X38Z-49;
Z-62;                        精加工程序从 N80~ N180 的程
G2X42Z-64R2;                 序段为图中所示的轮廓轨迹从 S 点
G1X45;                       (X0,Z0)到 E 点(X51,Z-74)。
Z-74;
N180 X51;
G0 X52 Z2;                   快速到达轮廓循环起刀点
G70 P80 Q180;                精车循环
G0 X100 Z200;                精车轮廓循环结束后,刀具退到换刀点
M5;                          主轴停止
M30;                         程序结束
```

(2) 复合型固定循环(G70、G72)实例。图 3-14 所示 G70、G72 的用法实例图。毛坯为 $\phi160\times90$ 棒料。

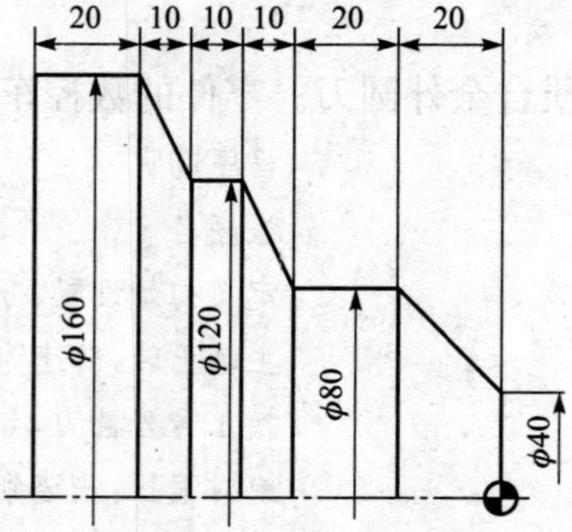

图 3-14　G70、G72 的用法实例图

刀具采用硬质合金端面车刀。零件的数控车床参考程序为:

```
FANUC 0i 系统程序            程序说明
O34                          程序名
```

```
G98 G21;                        定义初始设置、分进给、米制编程
M3 S600;                        主轴正转,转速为 600 r/min
T0101;                          换 1 号端面车刀,导入刀具刀补
G0 X176 Z2;                     快速到达轮廓循环起刀点
G72 W2 R1;                      端面粗车循环,Z 轴每次切削 2 mm,
G72 P60 Q160 U2 W1 F100;        回退 1 mm,最终精加工余量 X 向为直径量 2 mm,Z
                                向 1 mm
N60 G0 Z-72 S800;
G1X160Z-72F60;                  主轴转速 S800 和进给速度 60 mm/min
X120W10;                        为 G70 调用的精加工时的转速和进给速度
W10;
X80W10;
W20;                            锥面延长切出工件
N160 X36W22;
G70P60Q160;                     G70 精加工轮廓
G0X200Z100;
M5;
M30;
```

(3) 复合型固定循环（G70、G73）实例。图 3 - 15 所示 G70、G73 的用法实例图。毛坯为 ϕ200×120 锻件。

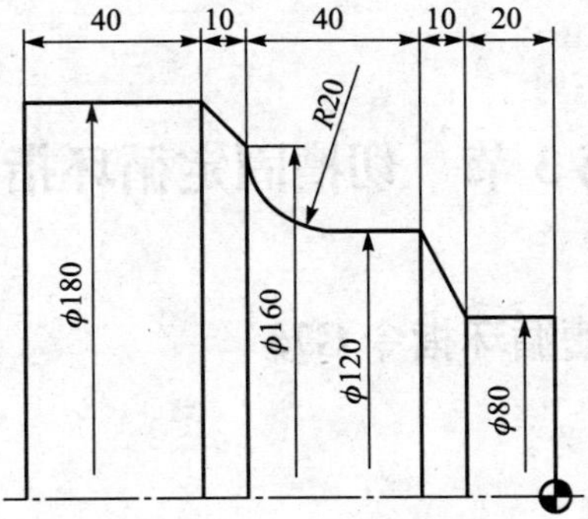

图 3 - 15　G70、G73 的用法实例图

刀具采用 90°硬质合金外圆刀。零件的数控车床参考程序为：

FANUC 0i 系统程序	程序说明
O35	程序名
G98 G21;	定义初始设置、分进给、米制编程
M3 S600;	主轴正转,转速为 600 r/min
T0303;	换 3 号外圆车刀,导入刀具刀补
G0 X220 Z10;	快速到达轮廓循环起刀点
G73 U14 W5 R10;	粗加工余量:X 方向半径值 14 mm,Z 向 5 mm,
G73 P60 Q110 U1 W0.5 F100;	分 10 次加工,并留精加工余量 X 向为直径量 1 mm,Z 向 0.5 mm
N60 G0X80Z2S800;	主轴转速 S800 和进给速度 60 mm/min
G1Z-20F60;	为 G70 调精加工时的转速和进给速度
X120W-10;	
W-20;	
G2X160W-20R20;	
G1X180W-10;	
W-40	
N110 X200	
G0 X220 Z10;	
G70P60Q110;	G70 精加工轮廓
G0X250Z100;	
M5;	
M30;	

第 3 节　切槽固定循环指令

一、径向切槽循环指令 G75

1. 程序段格式为:

G0 X$\underline{\alpha_1}$ Z$\underline{\beta_1}$;

G75 R$\underline{\Delta e}$;

G75 X$\underline{\alpha_2}$ Z$\underline{\beta_2}$ P$\underline{\Delta i}$ Q$\underline{\Delta k}$ R$\underline{\Delta w}$ F __;

程序段中各地址的含义为:

α_1、β_1——切槽刀起始点坐标。α_1 应比槽口最大直径大 2～3mm，此为安全距离。β_1 与切槽起始位置从左侧或右侧开始有关。

α_2——槽底直径。

β_2——切槽时的 Z 向终点位置坐标，与切槽起始位置有关。

Δe——切槽过程中径向的退刀量，半径值，单位 mm。

Δi——切槽过程中径向的每次切入量，半径值，单位 μm。

Δk——沿径向切完一个刀宽后退出，在 Z 向的移动量，单位 μm，但必须注意其值应小于刀宽，否则产生切不净的情况。

Δw——刀具切到槽底后，在槽底沿 $-Z$ 方向的退刀量，单位 μm。此项尽量不要设置数值，取 0，以免断刀。

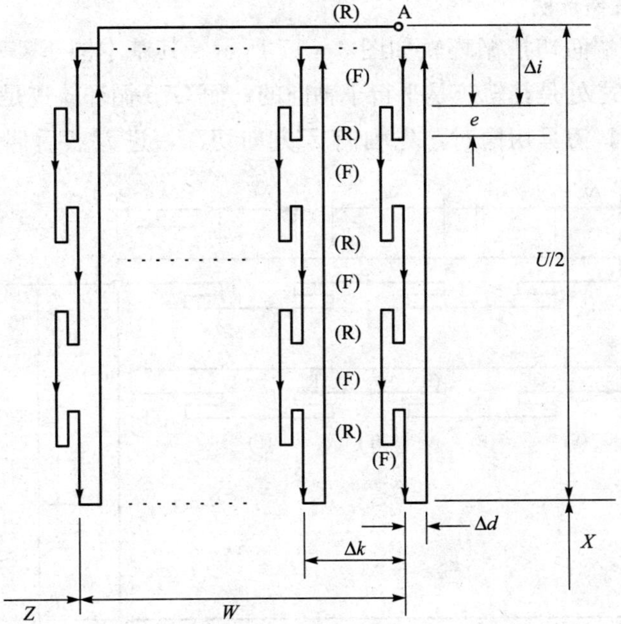

图 3-16　径向切槽循环轨迹图

2. 指令说明

G75 径向切槽循环轨如图 3-16 所示。从图 3-16 中可以看出刀具切槽时是分层切削，先 X 直径方向进刀然后回退，再 Z 轴向移动，再 X 直径向切入然后回退，槽宽切出后，刀具在进入第二层切削，这样不断循环动作，直至切割到槽底。

二、端面切槽循环指令 G74

1. 指令格式

G0 X$\underline{\alpha_1}$ Z$\underline{\beta_1}$；

G74 R$\underline{\Delta e}$；

G74 X$\underline{\alpha_2}$ Z$\underline{\beta_2}$ P$\underline{\Delta i}$ Q$\underline{\Delta k}$ R$\underline{\Delta w}$ F__；

其中，Δi 为刀具完成一次轴向切削后，在 X 方向的偏移量，该值用不带符号的半径量表示；Δk 为 Z 方向的每次切深量，用不带符号的值表示；其余参数同于 G75 指令。

2. 指令说明

G74 端面切槽循环轨如图 3－17 所示。其基本同于 G75 循环轨迹，不同之处是其轨迹是平行于轴向的，而 G75 循环轨迹是平行于直径方向的，刀具切槽时，先轴向 Z 方向切深，进刀然后回退，再 X

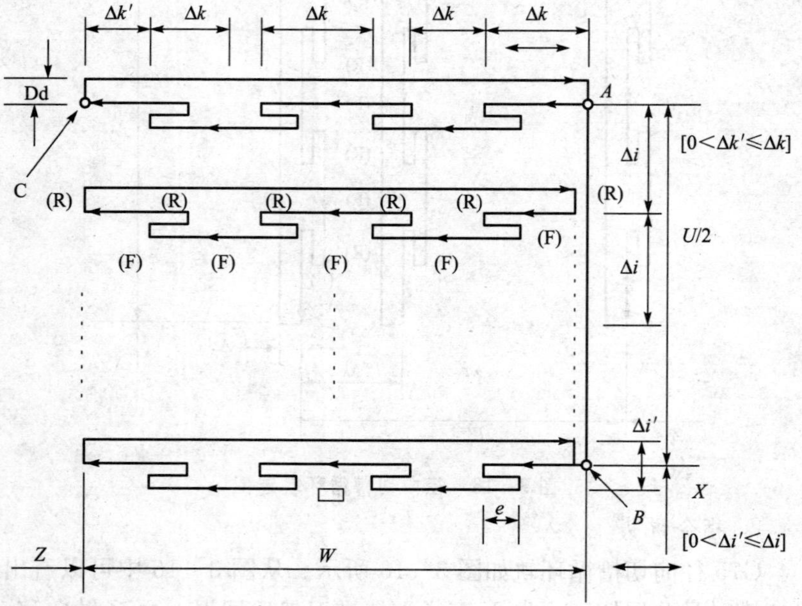

图 3－17　端面切槽循环轨迹图

轴直径方向移动，再 Z 方向切入然后回退，槽宽切出后，刀具在进入第二层切削，这样不断循环动作，直至切割到槽底。

G75 切的是直径方向的槽，G74 切的是端面的槽。

三、使用切槽复合循环指令（G74、G75）时的注意事项

（1）切槽循环指令在下面参数设置不合理时，系统将会出现程序报警。① X（U）或 Z（W）指令，而 Δi 或 Δk 值未指定或指定为 0。② Δk 值大于 Z 轴移动量（W）或 Δk 值设定为负值。③ Δi 值大于 U/2 或 Δi 值设定为负值。④ 退刀量大于进刀量，即 e 值大于每次切削深量 Δi 或 Δk 值。

（2）由于 Δi 和 Δk 值为无符号值，所以，刀具切深完成后的偏移方向由系统根据刀具起刀点及切槽终点的坐标自动判断。

（3）切槽过程中，刀具或工件受较大的单方向切削力，容易在切削过程中产生振动，因此，切槽加工中进给速度 F 的取值应较小，通常取 50～100 mm/min。

四、编程实例

试用切槽循环指令编写图 3－18 所示工件外圆槽和端面槽的数控车加工程序。

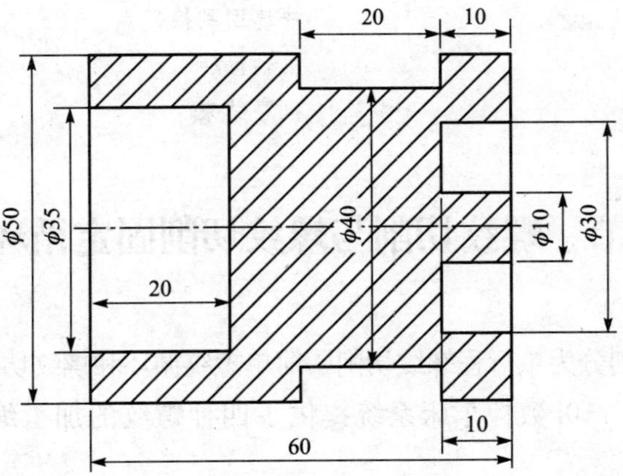

图 3－18 切槽固定循环编程实例

此零件外圆和孔都已经加工好，在 $\phi50$ 外圆上切槽 $\Phi40\times20$，使用 G75 径向切槽循环指令。在右端面上切端面槽 $\phi30\times\phi10$，槽深 10 mm，使用端面切槽指令 G74 进行编程。2 号刀采用外切槽刀，3 号刀为端面槽刀（这种刀即是外切槽刀又像镗孔刀）。零件的数控车床参考程序为：

FANUC 0i 系统程序	程序说明
O36	程序名
G98 G21;	定义初始设置、分进给、米制编程
M3 S450;	主轴正转，转速为 450 r/min
T0202;	换 2 号外切槽刀，导入刀具刀补
G0 X52 Z－13;	快速到达轮廓循环起刀点，刀具宽 3 mm
G75 R0.5;	外圆切槽循环，注意切槽的起点和终
G75X40Z－30P2000Q2500R0F50;	点指定起点为（X52，Z－13），终点为（X40，Z－30）
G0X100Z100;	快速走到换刀点
T0303;	换 3 号端面槽刀，刀宽 3 mm
G0X30Z2;	快速定位到切槽起点
G74R0.5;	端面切槽循环，每次切削深度 2.5 mm，
G74X16Z－10P2500Q2500R0F50;	径向移动 2.5 mm，槽的终点为（X10，Z－10）
G0X100Z100;	快速回到换刀点
M5;	主轴停转
M30;	程序结束

第 4 节　螺纹切削与螺纹切削固定循环指令

螺纹切削分为单行程螺纹切削、简单螺纹循环和螺纹切削复合循环。

FANUC－0i 数控车床系统提供了四种螺纹的加工编程指令，见表 3－2。

表 3-2 FANUC-0i 系统螺纹功能列表

指令名称	编程格式	主要工艺用途
单行程螺纹切削 G32	G32 IP _ F _	直螺纹、锥螺纹
单行程螺纹切削 G34	G34 IP _ F _ K _	变螺距螺纹
螺纹切削固定循环 G92	G92 IP _ R _ F _ （L）	螺纹简化编程
螺纹切削复合循环 G76	G76 P $\underline{m\gamma\theta}$ Q $\underline{\Delta d_{min}}$ R $\underline{\Delta c}$ G76 X $\underline{\alpha_2}$ Z $\underline{\beta_2}$ R $\underline{I}$ P $\underline{h}$ Q $\underline{\Delta d}$ F $\underline{l}$	梯形、大螺距 螺纹切削循环

一、螺纹切削加工知识

1. 螺纹牙型高度 h

螺纹牙型高度是指在螺纹牙型上，牙顶到牙底之间垂直于螺纹轴线的距离，它是车削时车刀总切入深度。

对于三角形普通螺纹，牙型高度按下式计算：

$$h=0.6495\ P$$

式中，P——螺距（mm）。

计算螺纹底径 d'：

$$d'=d-2\times 0.6495\ P$$

式中，P——螺距（mm）。d 为公称直径。

例如，M30X1.5 螺纹，相关尺寸计算为：

（1）$h=0.6495\ P=0.6495\times 1.5=0.974$ mm，螺纹深度 0.974 mm。

（2）$d'=d-2\times 0.6495\ P=30-2\times 0.6495\times 1.5=30-2\times 0.974=28.052$ mm，螺纹底径尺寸为 28.052 mm。

2. 螺纹起点与终点轴向尺寸

由于车螺纹起始时有一个加速过程，结束前有一个减速过程。在这段距离中，螺距不可能保持均匀，因此车螺纹时，两端必须设置足够的空刀导入量 δ_1 和空刀导出量 δ_2。δ_1、δ_2 一般按下式选取：$\delta_1\geqslant$（1-2）×导程；$\delta_2\geqslant$（0.5-1）×导程。

3. 螺纹切削进刀量

表 3-3　常用螺纹切削的进给次数与背吃刀量　　mm

米制螺纹								
螺距		1.0	1.5	2.0	2.5	3.0	3.5	4.0
牙深		0.649	0.974	1.299	1.624	1.949	2.273	2.598
背吃刀量及切削次数	1次	0.7	0.8	0.9	1.0	1.2	1.5	1.5
	2次	0.4	0.6	0.6	0.7	0.7	0.7	0.8
	3次	0.2	0.4	0.6	0.6	0.6	0.6	0.6
	4次		0.15	0.4	0.4	0.4	0.6	0.6
	5次			0.1	0.4	0.4	0.4	0.4
	6次				0.15	0.4	0.4	0.4
	7次					0.2	0.2	0.4
	8次						0.15	0.3
	9次							0.2
英制螺纹								
牙/in		24	18	16	14	12	10	8
牙深		0.678	0.904	1.016	1.162	1.355	1.626	2.033
背吃刀量及切削次数	1次	0.8	0.8	0.8	0.8	0.9	1.0	1.2
	2次	0.4	0.6	0.6	0.6	0.6	0.7	0.7
	3次	0.16	0.3	0.5	0.5	0.6	0.6	0.6
	4次		0.11	0.14	0.3	0.4	0.4	0.5
	5次				0.13	0.21	0.4	0.5
	6次						0.16	0.4
	7次							0.17

在表 3-3 中给出了常用螺纹切削的进给次数与背吃刀量推荐值。如果螺纹牙型较深，螺距较大，可分多次进给。表中推荐值可供

参考。

二、螺纹切削指令（G32、G34）

1. 等螺距直螺纹

这类螺纹包括直螺纹、锥螺纹和端面螺纹。

（1）指令格式：G32 X（U）＿Z（W）＿F＿；

其中X、Z为螺纹终点坐标值；U、W为螺纹终点相对起点的增量值；F为螺纹导程，单位为mm。对锥螺纹，其斜角在45°以下时，螺纹导程以Z轴方向指定，45°以上至90°时，以X轴方向值指定。

（2）编程示例。如图3-19螺纹加工示例图，试用G32指令编写螺纹加工程序（螺纹空刀导入量δ_1取6 mm和空刀导出量δ_2取3 mm。螺纹的总切深量预定为1.3 mm，分三次切削，背吃刀量依次为0.7 mm、0.4 mm和0.2 mm）。具体程序如下：

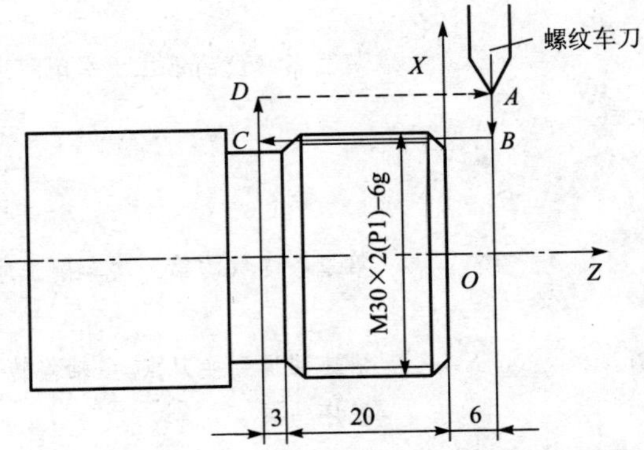

图3-19　G32螺纹编程示例

FANUC 0i系统程序	程序说明
O36	程序名
G98 G21;	定义初始设置、分进给、米制编程
M3 S450;	主轴正转，转速为450 r/min
T0303;	换3号螺纹刀，导入刀具刀补
G0 X32 Z6;	快速到达切螺纹起始点

```
G0 X29.3;                快速进给到切螺纹第一刀起始点
G32 Z—23 F2;             螺纹背吃刀量 0.7 mm,切第一次
G0 X32;                  沿径向退出
G0 Z6;                   快速返回到起刀点
G0 X28.9;
G32 Z—23F2;
G0 X32;                  第一条螺纹的第二次车削程序
G0 Z6;
G0 X28.7;                第一条螺纹的第三次车削程序完成
G32 Z—23 F2;
G0 X32;
G0 Z5;                   走刀到第二头螺纹起点,Z 轴移动一个螺距
G0 X29.3;
G32 Z-23 F2;             第二条螺纹的第一次车削程序
G0 X32;
G0 Z5;
G0 X28.9;                第二条螺纹的第二次车削程序
G32 Z-23 F2;
G0 X32;
G0 X28.7;
G0 Z5;                   第二条螺纹的第三次车削程序
G32 Z-23 F2;
G0 X100Z100M5;           快速回退到换刀点,主轴停转
M30;                     程序结束
```

G32 车削螺纹时，每车一刀需要 X 向进刀、车削螺纹、X 向退刀、Z 向退刀四个过程。把螺纹的四个过程编写成子程序，可以用主程序调用子程序的方式来编制程序，这样程序简练多了。

(3) G32 车螺纹程序中子程序的应用。

如图 3-19 螺纹加工示例用子程序编制为：

```
FANUC 0i 系统程序          程序说明
O37                       程序名
```

G98 G21;	定义初始设置、分进给、米制编程
M3 S450;	主轴正转，转速为 450 r/min
T0303;	换 3 号螺纹刀，导入刀具刀补
G0 X32 Z6;	快速到达第一条螺纹起始点
G0 X29.3;	快速进给到第一条螺纹第一刀起始点
M98 P3001;	调用子程序 O3001 车螺纹
G0 X28.9;	快速进给到第一条螺纹第二刀起始点
M98 P3001;	调用子程序 O3001 车螺纹
G0 X28.7;	快速进给到第一条螺纹第三刀起始点
M98 P3001;	调用子程序 O3001 车螺纹
G0 X32 Z5;	快速到达第二条螺纹起始点，Z 轴移动一个螺距
G0 X29.3;	快速进给到第二条螺纹第一刀起始点
M98 P3001;	调用子程序 O3001 车螺纹
G0 X28.9;	快速进给到第二条螺纹第二刀起始点
M98 P3001;	调用子程序 O3001 车螺纹
G0 X28.7;	快速进给到第二条螺纹第三刀起始点
M98 P3001;	调用子程序 O3001 车螺纹
G0 X100Z100M5;	快速回退到换刀点，主轴停转
M30;	程序结束
O3001	子程序名，应用增量编程
G32 W-29 F2;	车削螺纹
G0 U10;	X 向退刀
G0 W29;	Z 向退刀
G0 U-10;	X 向补偿退刀值
M99;	子程序结束

G32 是单一螺纹切削指令，其可以加工螺纹类型有：圆柱螺纹、圆锥螺纹、多线螺纹、端面螺纹、连续螺纹，等等。车削螺纹编程一般配以子程序应用，可以简化程序，实践中这种应用方法较多。

2. 变螺距直螺纹

这类螺纹主要是指变螺距圆柱螺纹及变螺距圆锥螺纹。

(1) 指令格式：G34 X（U）__ Z（W）__ F__；

其中 X、Z 为螺纹终点坐标值；U、W 为螺纹终点相对起点的增量值；F 为螺纹导程，单位为 mm。对锥螺纹，其斜角在 45°以下时，螺纹导程以 Z 轴方向指定，45°以上至 90°时，以 X 轴方向值指定。

三、螺纹切削单一固定循环指令（G92）

1. 指令格式

G92 X(U)__ Z(W)__ F__；　　圆柱螺纹

G92 X(U) __ Z(W)__ R__ F__ ；　　圆锥螺纹

X、Z 为螺纹终点的坐标值；U、W 为螺纹终点坐标相对于循环起始点的增量坐标值。R 为锥螺纹考虑空刀导入量和空刀导出量后切削螺纹起点和切削螺纹终点的半径差，其正负号规定与 G90 中的 R 相同，起点半径小于终点半径时，R 为负值，反之为正值。

2. 指令说明

G92 圆柱螺纹切削轨迹，基本与 G90 相似，其运动轨迹也是一个矩形轨迹。刀具从循环起点 A 沿 X 向快速移动至 B 点，然后以导程每转的进给速度沿 Z 轴切削进给至 C 点，再从 X 向快速退刀至 D 点，最后返回循环起点 A 点，准备下一次循环。G92 圆锥螺纹切削循环轨迹与 G92 圆柱螺纹切削循环轨迹相似。锥螺纹的母线是斜线，圆柱螺纹的母线是直线。

对于 R 的取值，在编程时除了要注意正、负值之分外，还要根据不同长度来确定 R 值的大小。一般按螺纹的导入点和切出点的半径差值来计算确定。

执行 G92 螺纹循环时，在螺纹切削的退尾处，刀具沿接近 45°的方向斜向退刀，Z 向退刀距离 $r=0.1s-12.7s$（s 为导程），该值由系统参数设定。

3. 编程实例

（1）圆柱螺纹编程实例。仍以图 3－19 螺纹加工示例图，试用 G92 指令编写螺纹加工程序为：

FANUC 0i 系统程序	程序说明
O38	程序名

```
G98 G21;                       定义初始设置、分进给、米制编程
…                              外圆和切槽(略)
M3 S800;                       主轴正转,转速为 800 r/min
T0303;                         换 3 号螺纹刀,导入刀具刀补
G0 X32 Z6;                     快速到达第一条螺纹起始点
G92X29.3Z-23F2;                螺纹车削固定循环
X28.9;                         只需给出每刀切削深度即可
X28.7;
G0 X32 Z5;                     快速到达第二条螺纹起始点
G92X29.3Z-23F2;                螺纹车削固定循环
X28.9;
X28.7;                         只需给出每刀切削深度即可
G0 X100Z100M5;                 快速退刀,完成螺纹切削,主轴停转
M30;                           程序结束
```

(2) 圆锥螺纹编程实例。加工如图 3-20 所示锥螺纹，螺距 1.5 mm。(螺纹空刀导入量 δ_1 取 6 mm 和空刀导出量 δ_2 取 3 mm。螺纹的总切深量预定为 0.974×2=1.948 mm，分四次切削，背吃刀量依次为 0.8 mm、0.6 mm、0.4 mm 和 0.15 mm)。螺纹大端直径尺寸为 $\phi31$，编程时应以大端为螺纹的终点尺寸。

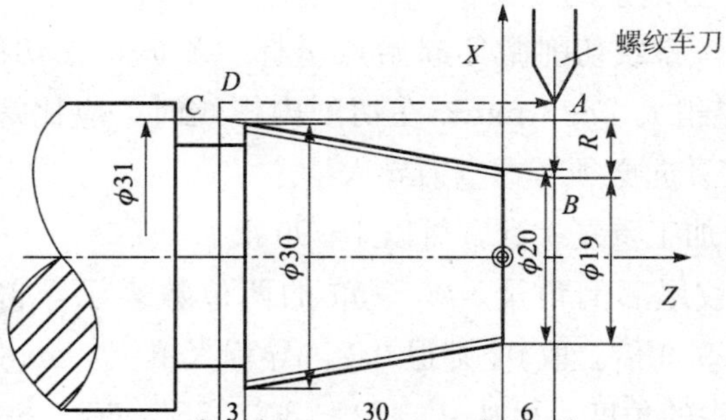

图 3-20 G92 加工外圆锥螺纹

如图 3-20 用 G92 加工外圆锥螺纹程序编制为：

FANUC 0i 系统程序　　　　　　　　程序说明

O39	程序名
G98 G21;	定义初始设置、分进给、米制编程
…	外圆和切槽(略)
M3 S800;	主轴正转,转速为 800 r/min
T0303;	换 3 号螺纹刀,导入刀具刀补
G0 X32 Z6;	快速到达螺纹起始点
G92X30.2Z-33R-6F1.5;	螺纹车削固定循环
X29.6;	R=-(31-19)/2=-6 mm,式中 ϕ31 为 Z-33 处外锥面直径
X29.2;	ϕ19 为 Z6 起刀点处的锥面直径值
X29.05;	螺纹切削完成
G0 X100Z100M5;	快速退刀,主轴停转
M30;	程序结束

四、螺纹切削复合循环指令（G76）

1. 指令格式

G0　X$\underline{\alpha_1}$　Z$\underline{\beta_1}$;

G76　P$\underline{m\gamma\theta}$　Q$\underline{\Delta d_{min}}$　R$\underline{\Delta c}$;

G76　X$\underline{\alpha_2}$　Z$\underline{\beta_2}$　R$\underline{I}$　P$\underline{h}$　Q$\underline{\Delta d}$　F$\underline{l}$;

程序段中各地址的含义：

α_1、β_1——螺纹切削循环起始点坐标。X 向，在切削外螺纹时，应比螺纹大径稍大 2～3 mm；在切削内螺纹时，应比螺纹小径稍小 2～3mm。在 Z 向必须考虑空刀导入量。

m——精加工重复次数，可以 1～99 次。

γ——螺纹尾部倒角量。00～99 的两位数表示，它是螺纹导程（L）的 0.1～9.9 倍。取 02 则退 0.2×导程（单位：mm）。

θ——刀尖的角度。可从 0°、29°、30°、55°、60°、80°六个角度中选择。

Δd_{min}——切削时的最小切深量。按表 3-3 中最后一次的背吃刀量进行选择。一般推荐取 50～100μm，半径值，单位为 μm。

Δc——精加工余量。一般取 0.1 mm.。半径值，单位为 mm。

α_2——螺纹底径值。直径值，单位为 mm。

β_2——螺纹的 Z 向终点位置坐标，必须考虑空刀导出量。

I——螺纹部分的半径差，I 为 0 时，是直螺纹切削。

h——螺纹的牙深。按 h=649. 5 P 进行计算，半径值，单位为 μm。

Δd——第一次切深。按表 3 - 3 中第一次的背吃刀量进行选择。半径值，单位为 μm。

l——螺纹导程。单位为 mm。

在指令中，P、Q、R 地址后的数值应表示为无小数点形式。

2. 指令说明

G76 指令是用于多次自动循环切削螺纹。如图 3 - 21（a）所示为螺纹切削多重循环路径。以圆柱螺纹为例，刀具从循环起点 A 点，快速沿 X 轴负方向进给至螺纹牙顶 X 坐标处，然后沿基本牙型一侧平行的方向进给，X 轴向背吃刀量为 Δd，再以螺纹切削方式（相当于 G32 指令）切削至离 Z 向终点距离为 r 处，退尾（倒角）至 D 点，再 X 向退刀至 E 点，最后返回 A 点，准备第二刀切削循环。如此多次循环，直至切削到螺纹底径尺寸。单刃切入加工螺纹的详细进刀情况见图 3 - 21（b）。

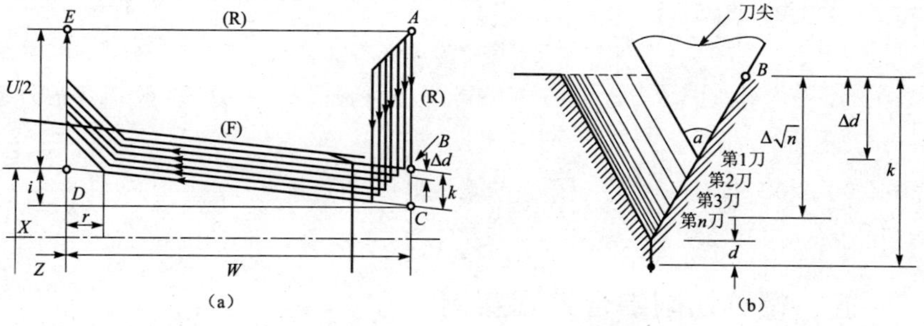

图 3 - 21　螺纹切削多重循环路径及进刀方式

（a）螺纹切削多重循环路径；（b）单刃切入加工的进刀方式

3. 编程示例

用 G76 指令加工螺纹，零件如图 3 - 22 所示。

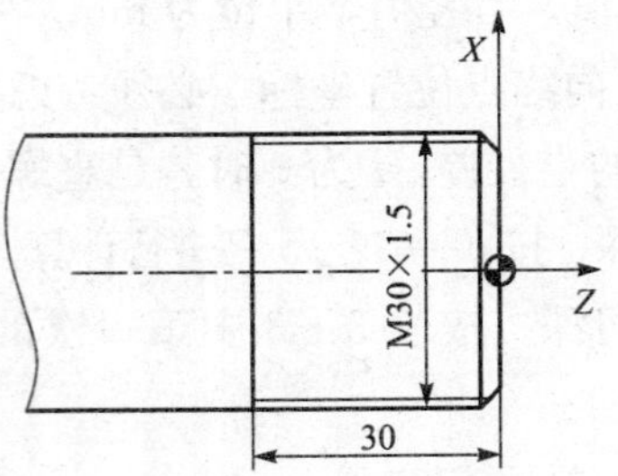

图 3-22　G76 编程示例

用 G76 指令编写螺纹程序如下：

FANUC 0i 系统程序	程序说明
O40	程序名
G98 G21;	定义初始设置、分进给、米制编程
…	其他部分略
M3 S800;	主轴正转，转速为 800 r/min
T0303;	换 3 号螺纹刀，导入刀具刀补
G0 X32 Z6;	快速到达螺纹起始点，螺纹切削复合循环
G76 P011060 Q50 R0.1;	螺纹精修 1 次，退尾量为 0.5×0.1×4=
G76 X28.052 Z-30 R0 P974 Q400 F1.5;	2 mm，螺纹牙高 2.25 mm，第一刀切削 0.5 mm，螺矩为 4mm。10×0.1×1.5= 1.5 mm，螺纹牙高 0.974 mm，第一刀切削 0.4 mm，螺距 1.5 mm。
G0 X100 Z200 M5;	快速退出，主轴停转
M30;	程序结束

五、螺纹切削综合编程实例

试用螺纹切削循环指令编写图 3-23 所示的外梯形螺纹和内三角形螺纹的数控车床加工程序。

本例题加工方法：采用外圆粗车固定循环指令 G71 和切槽固定循环指令 G75 对外圆和槽进行编程与加工。梯形螺纹采用复合固定循环指令 G76 进行斜进法编程与加工，避免采用直进法加工，因为螺纹切削深度较深。三角螺纹切削深度较浅除了可以用 G76 指令外，还可以选用 G92 指令采用直进法进行编程与加工。

图 3－23 螺纹切削加工的数控车程序为：

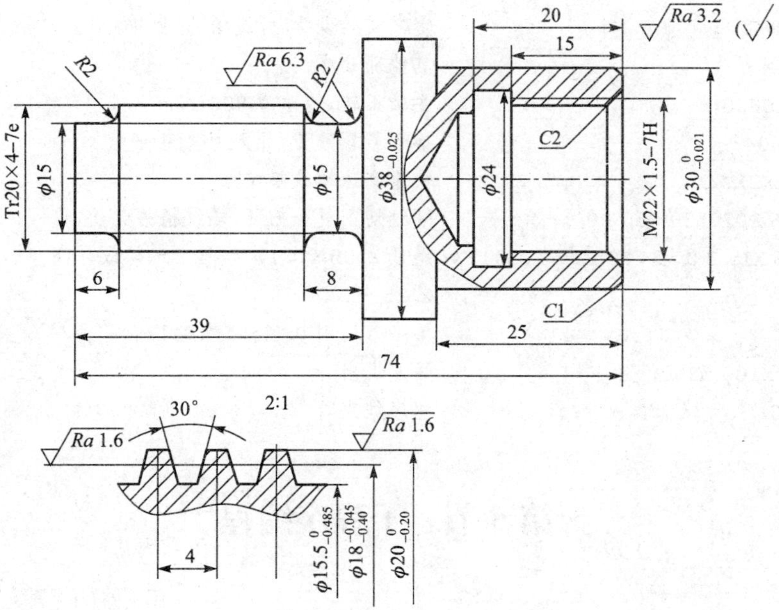

图 3－23　螺纹切削编程实例

FANUC 0i 系统程序	程序说明
O41	程序名(右端内螺纹加工)
G98 G21;	定义初始设置、分进给、米制编程
…	其他部分略
M3 S800;	主轴正转，转速为 800 r/min
T0303;	换 3 号内螺纹刀，导入刀具刀补
G0 X20 Z5;	快速到达螺纹起始点
G92X20.85Z－17F1.5;	螺纹车削固定循环
X21.45;	只需给出每刀切削深度即可
X21.85;	
X22;	

```
X22.1;                              内螺纹公差
G0 X100 Z200;                       快速退出
M30;                                程序结束
O42                                 程序名(左端外梯形螺纹加工)
G98 G21;                            定义初始设置、分进给、米制编程
…                                   其他部分略
M3 S800;                            主轴正转,转速为 800 r/min
T0404;                              换 4 号螺纹刀,导入刀具刀补
G0 X21 Z0;                          快速到达螺纹起始点
G76 P020530 Q50 R0.1;               螺纹切削复合循环,螺纹精修 2 次,退
G76 X15.3 Z-34 R0 P2250 Q500 F4;    尾量为 05×0.1×4= 2 mm,螺纹牙高
                                    2.25 mm
                                    第一刀切削 0.5 mm,螺距 4 mm
G0 X100 Z200;                       快速退出
M30;                                程序结束
```

第 5 节　子程序编程

一、子程序

1. 子程序的概念

(1) 子程序的概念。数控加工程序可以分为主程序和子程序两种。主程序是一个完整的零件加工程序，是零件加工程序的主体部分。子程序是为了简化程序把程序中重复的内容抽出，按一定格式编成的程序。子程序是个程序块。主程序在执行过程中如果需要某一子程序，可以通过调用子程序，执行完子程序又可返回主程序，继续执行后面的程序段。

(2) 子程序的嵌套。主程序可以调用子程序，子程序还允许再调用另一个子程序，这一功能称为子程序的嵌套。FANUC 0i 系统中的子程序允许 4 级嵌套。

2. 子程序的格式

子程序的编写与主程序基本相同，只是程序结束标记不同。主程

序用 M02 或 M30 表示结束，而子程序则是用 M99 表示子程序结束并返回到调用子程序的主程序中。

3. 子程序的调用

FANUC 0i 系统调用子程序程序段格式为：M98 P△△△××××

地址含义：△△△——重复调用的次数（最多调用 999 次。如果省略，则调用 1 次）

××××——被调用的子程序号（调用次数大于 1 时，子程序号前面的 0 不可以省略）

例如：M98 P30012 表示调用程序号为 0012 的子程序 3 次；M98 P12 表示调用子程序号为 0012 的子程序 1 次。如果是调用 8 次子程序 O1 的指令为 M98 P80001，子程序 O1 不足四位的地方用数字 0 补充。

子程序的应用，参照第四节的 G32 螺纹编程实例中的子程序的应用。

第 6 节　宏程序编程

一、用户宏程序简介

含有变量的子程序称为用户宏程序，简称宏程序；调用宏程序的指令称为“用户宏程序指令”或“宏程序调用指令”。

宏程序的程序本体中含有变量，变量的值是可以通过宏指令来进行赋值和计算的，所以程序执行形状较灵活，可以执行一些有规律变化的动作。

二、宏程序

1. 变量

用地址符号表示一个具体的数值含义，这个地址符号称为变量。

（1）变量的表示。在数值前面加“＃”表示变量，如：＃i(i＝1，2，3，…)。“＃”还可以带表达式，如：＃[b](b＝＃1＋＃2－

＃3＋10)。

(2) 变量的引用。将地址符号后用变量来代替的过程称为引用变量。例：G1X＃100Z－＃101F200。引用的变量也可以是表达式，例：G1X[＃100－50]Z－[＃101－＃102]F100。

(3) 变量的种类。变量分为系统变量、公共变量和局部变量三类。

① 系统变量。这是固定用途的变量，它的值决定了系统的状态。系统变量包括刀具偏置值变量、接口输入与输出变量及位置信号变量。FANUC 中的系统变量规定为＃1000 以上参数。

② 公共变量。公共变量（＃100～＃149、＃500～＃509）这是在主程序内和由主程序调用的各用户宏程序内公用的变量。公共变量贯穿了整个程序过程。当宏程序 1 调用宏程序 2 而且都有变量＃100 时，由于＃100 是全局变量，所以 1 中的＃100 与 2 中的＃100 是同一变量。

③ 局部变量。局部变量（＃1～＃33）是指宏程序中局部使用的变量。同一个局部变量在不同的宏程序内其值是不通用的。当宏程序 1 调用宏程序 2 而且都有变量＃1 时，由于＃1 是局部变量，所以 1 中的＃1 与 2 中的＃1 不是同一变量，因此可以赋予不同的值，相互不影响。

2. 变量的赋值

(1) 直接赋值。变量可以直接用等号赋值，但等号左边不能用表达式。例：＃100＝80；＃101＝20＋60。

(2) 引数赋值。宏程序以子程序方式出现，所用的变量可以在宏程序调用时赋值。例：G65P1000X30Z20F100；该处的 X、Z 不代表坐标字，F 也不代表进给字，而是对应于宏程序中的变量号，变量的具体数值由引数后的数值决定。

引数在宏程序体中的变量对应关系见表 3－4 变量引数赋值方法。

表 3-4 变量引数赋值方法

引数	变量	引数	变量	引数	变量
A	#1	E	#8	T	#20
B	#2	F	#9	U	#21
C	#3	H	#11	V	#22
I	#4	M	#13	W	#23
J	#5	Q	#17	X	#24
K	#6	R	#18	Y	#25
D	#7	S	#19	Z	#26

例：变量引数赋值方法

G65P0020A30X20F80；经赋值后#1=30，#24=20，#9=80。

3. 变量的运算

常见的运算指令见表 3-5 变量的各种运算，表中给出变量的赋值，四则运算，三角函数运算，逻辑运算等。

表 3-5 变量的各种运算

功　能	格　式	举　例
定义、转换	#i=#j	#1=#2, #1=8
加法	#i=#j+#k	#3=#1+#2 #100=#105-20 #100=#3*[#5+#2] #106=#2/20
减法	#i=#j-#k	
乘法	#i=#j*#k	
除法	#i=#j/#k	
正弦	#i=SIN[#j]	#100=SIN[#2] #101=COS[#3+21.8] #1=TAN[#2]/[#3]
反正弦	#i=ASIN[#j]	
余弦	#i=COS[#j]	
反余弦	#i=ACOS[#j]	
正切	#i=TAN[#j]	
反正切	#i=ATAN[#j]/[#k]	

续表

功　能	格　式	举　例
平方根	＃i＝SQRT[＃j]	＃1＝SQRT[＃1＊＃1-40] ＃1＝ABS[＃2] ＃1＝ROUND[＃2] ＃1＝FIX[＃2] ＃1＝FUP[＃2]
绝对值	＃i＝ABS[＃j]	
舍入	＃i＝ROUND[＃j]	
上取整	＃i＝FIX[＃j]	
下取整	＃i＝FUP[＃j]	
或	＃i＝＃j OR ＃k	逻辑运算
异或	＃i＝＃j XOR ＃k	
与	＃i＝＃J AND ＃k	

(1) 宏程序数学计算的次序依次为：函数运算（SIN、COS、TAN 等)，乘和除运算（＊、/、AND)，加和减运算（＋、－、OR、XOR 等）例：＃100＝＃1-＃2＊COS[＃3]，运算次序是先执行函数 COS[＃3]，再进行乘法＃2＊COS[＃3]，最后进行减法计算＃1-＃2＊COS[＃3]。

(2) 函数 SIN、COS 等的角度单位是度（°)。如果是度和分的形式要转换成度的形式表示。如 15°18′应该换算成 15.3°。

(3) 函数中括号。括号用于改变运算次序，函数中的括号允许嵌套使用，但最多只允许嵌套 5 层。例：＃8＝＃1＋SIN [[[＃2＋＃3]＊ [＃4] ＋＃5] /＃6]。

4. 变量的控制指令

(1) 分支转向语句。分支转向语句又分为无条件转向语句和条件转向语句两种。

① 无条件转向语句。程序段格式为：GOTO *n*；*n* 为程序段号。例：GOTO 100；执行该程序段时，将无条件转移到 N100 程序段执行。

② 条件转向语句。条件转向语句一般由条件式和转向目标两部分构成。程序段格式为：IF［条件表达式］GOTO *n*；例：IF［＃

1LT90]GOTO 100；此语句表示是如果＃1 的数值小于 90 的条件满足跳到 N100 程序段执行。

表 3-6　条件表达式的种类

条　件	意　义	示　例
＃i EQ ＃j	等于（=）	IF [＃1EQ＃2]GOTO 100
＃i NE ＃j	不等于（≠）	IF [＃1NE＃2]GOTO 100
＃i GT ＃j	大于（>）	IF [＃1GT＃2]GOTO 100
＃i GE ＃j	大于等于（>=）	IF [＃1GE＃2]GOTO 100
＃i LT ＃j	小于（<）	IF [＃1LT＃2]GOTO 100
＃i LE ＃j	小于等于（<=）	IF [＃1LE＃2]GOTO 100

条件表达式的种类见表 3-6。

(2) 循环指令。循环指令格式为：

```
WHILE  [条件表达式] DO m(m= 1,2,3,…);
…
END m;
```

当条件满足时，就循环反复执行 WHILE 与 ENDm 之间的程序段；当条件不满足时，就执行 END m 的下一个程序段。

5. 宏程序编程实例

实例一：试用宏程序编写图 3-24 所示的零件的精加工程序。

从图 3-24 中可以看出零件外轮廓是由椭圆和圆弧组成，而椭圆编程就没有插补指令，这里可以采用宏程序编程来实现椭圆编程。采用两种方法来编程。

(1) 椭圆的一般方程。椭圆的一般方程为：$\frac{X^2}{a^2}+\frac{Z^2}{b^2}=1$（$X$ 值为半径值），利用椭圆的一般方程编程，是以 Z 值为自变量，每次变化 0.1 mm，X 值为应变量，通过变量运算计算出相应的 X 值。即 $X=2*a*\sqrt{1-Z^2/b^2}$（X 值为直径值）。用赋值语句可以写成：＃1=15；

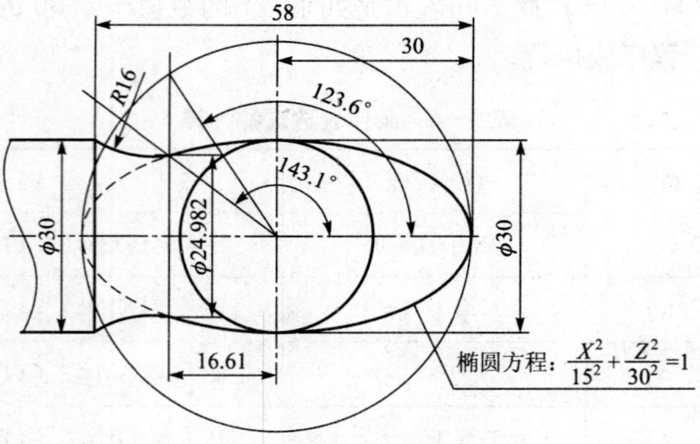

图 3-24　宏程序编程示例 1

#3=30；#5=[#1+#1]*SQRT[1-#2*#2/#3/#3]。欲车削图 3-24 中椭圆回转零件，采用直线逼近，在 Z 向分段，以 0.1 mm 为一个步距，并把 Z 作为自变量。#2 初始值是椭圆的起始点，用椭圆的终点作为终止量来控制椭圆的拟合距离。

利用椭圆的一般方程编制零件的精加工程序为：

FANUC 0i 系统程序	程序说明
O42	程序名
G98 G21;	定义初始设置、分进给、米制编程
…	其他部分略
M3 S800;	主轴正转，转速为 800 r/min
T0101;	换 1 号外圆车刀，导入刀具刀补
G0 X100 Z100;	快速到换刀点
X0Z2;	快速到达起刀点
G1Z0F200;	切削到零件的起点
# 1= 15;	定义椭圆的短轴，X 方向应变量
# 3= 30;	定义椭圆的长轴，Z 方向自变量
# 2= 30;	定义椭圆切削起点，以椭圆中心计算
N5# 5= [2* # 1]* SQRT [1-# 2* # 2/# 3/# 3];	跳转目标起始段，计算椭圆上任意一点的 Z 轴值处的 X 轴坐标值（直径值）
G1 X[# 5] Z-[30-# 2] F200;	用直线插补走到椭圆上点，逼近椭圆曲线

```
# 2=# 2—0.1;                     Z轴变量每次减少 0.1 mm
IF [# 2 GE -16.61]GOTO 5;         条件跳转，判断Z轴有没有到终点，此终点Z
                                  =-16.61（以椭圆中心计算）
G2X30Z-58R16;                     相切圆弧
G1X35;                            X方向退刀
G0 X100Z200M5;                    快速回退到换刀点，主轴停转
M30;                              程序结束
```

（2）椭圆的参数方程。另一种采用椭圆的参数方程。是以椭圆的角度为自变量（如每次变化0.5°）计算出椭圆曲线上的X轴值、Z轴的值，指令刀具走到这些点，将椭圆曲线细分成若干个直线段来进行描述。参数方程：$X=a\cos\alpha$，$Z=b\sin\alpha$。以α为角度变量，从起点开始，到椭圆终止处停止。通过参数方程算出椭圆曲线上的点，再利用直线来拟合逼近曲线。

利用椭圆的参数方程编制零件的精加工程序为：

```
FANUC 0i 系统程序                      程序说明
O43                                    程序名
G98 G21;                               定义初始设置、分进给、米制编程
…                                      其他部分略
M3 S800;                               主轴正转,转速为 800 r/min
T0101;                                 换1号外圆车刀,导入刀具刀补
G0 X100 Z100;                          快速到换刀点
X0Z2;                                  快速到达起刀点
G1Z0F200;                              切削到零件的起点
# 1= 15;                               定义椭圆的短轴
# 2= 30;                               定义椭圆的长轴
# 3= 0.5;                              定义椭圆切削起点,0.5°为一步增量
N2 # 4= # 1*COS[# 3];                  跳转目标起始段，参数方程，计算
# 5= # 2*SIN [# 3];                    出角度处点的X方向上和Z轴方向上坐
                                       标值
G1 X[2*# 4] Z-[30-# 5] F200;           用直线插补走到椭圆上点，逼近椭圆曲线
```

```
# 3=# 3+ 0.5;                    角度变量每次增加 0.5°
IF [# 3 LT 123.6]GOTO 2;         条件跳转，判断角度值有没有到终点，此
                                 终点为 α= 123.6°而不是 143.1°
G2X30Z-58R16;                    相切圆弧
G1X35;                           X 方向退刀
G0 X100Z200M5;                   快速回退到换刀点，主轴停转
M30;                             程序结束
```

实例二：试用宏程序编写图 3-25 所示的零件的精加工程序。

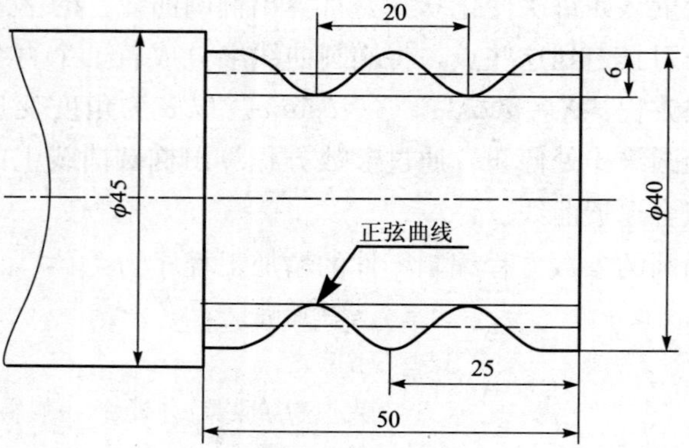

图 3-25　宏程序编程示例 2

该正弦曲线有两个周期，总角度为 720°（-630°-90°）。正弦曲线的一个周期 Z 轴距离为 20 mm，那图 3-25 中所示的正弦曲线两个周期总长为 40 mm。正弦曲线公式为：$X=34+6\sin\alpha$。编程时把 Z 轴方向的 40 mm 分成若干份（分成 1 000 份，每份 0.04 mm，对应度数也分成 1 000 份，每份度数为 72/1 000=0.72），然后再根据每份的 Z 值对应的角度增量值计算出曲线上 X 方向的（直径方向）坐标值。

利用正弦曲线公式编制零件的精加工程序为：

```
FANUC 0i 系统程序                  程序说明
O44                              程序名
```

```
G98 G21;                        定义初始设置、分进给、米制编程
M3 S800;                        主轴正转,转速为 800 r/min
T0101;                          换 1 号 35°的菱形外圆车刀,导入刀补
G0 X100 Z100;                   快速到换刀点
G0 X40 Z2;                      快速到达起刀点
G1Z-5F100;                      加工与曲线相连的直线段
#1=90;                          正弦曲线角度赋初值
#2=-20;                         正弦曲线 Z 向坐标赋初值
N100 #3=34+6*SIN[#1];           跳转目标起始段,计算曲线 X 方向上的坐标
G1 X[#3] Z[#2] F200;            用直线插补拟合曲线
#1=#1-0.72;                     角度增量为-0.72°
#2=#2-0.04;                     对应的 Z 轴坐标增量为-0.04
IF [#1 GE -630]GOTO 100;        条件跳转,判断正弦曲线角度值有没
G1Z-50;                         有到终点加工与曲线相连的线段并退刀

X46;
G0 X100Z200M5;                  快速回退到换刀点,主轴停转
M30;                            程序结束
```

第 7 节 FANUC-0i 系统数控车床的操作

本节重点掌握 FANUC-0i 系统数控车床的操作面板和控制面板的操作，机床回参考点操作、手动操作、对刀操作、刀具补偿值的输入、数控程序的处理、自动加工操作、MDI 操作。

一、操作面板

FANUC-0i 系统数控车床的操作面板主要由 CRT/MDI 操作面板及用户面板组成。如图 3-26 所示为 FANUC-0i 系统数控车床的操作面板。

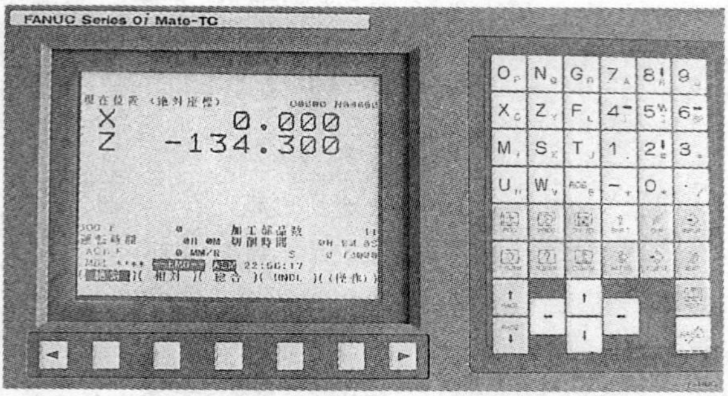

图 3-26　操作面板

（一）MDI 键盘说明

MDI 键盘如图 3-27 所示。

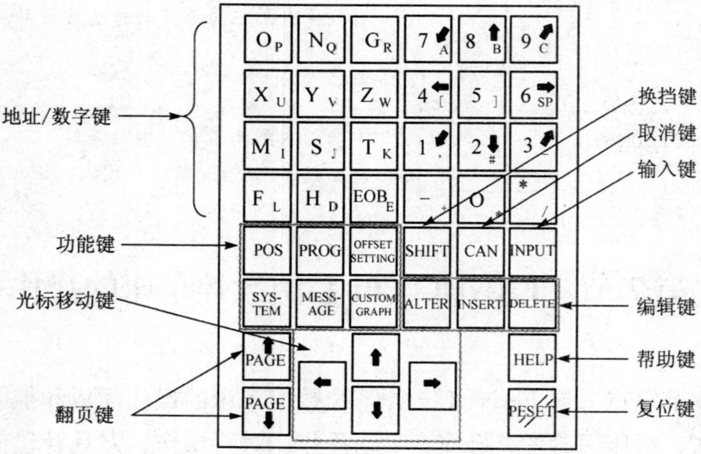

图 3-27　MDI 操作面板

1. 地址/数字键

地址是字母组成的键，这些键和数字结合用于程序的输入键。

2. 编辑键

ALTER：替换键，用输入的数据替代光标所在的数据。

INSERT：插入键，把输入域之中的数据插入到当前光标之后的位置。

DELETE：删除键，删除光标所在的或光标后数据，或者删除一个程序。

CAN：取消键，消除光标前的数据，也叫退格键。

EOB_E：换行键，段结束符“;”的输入，相当于行的回车符。

SHIFT：上档键，有些键上有两个字母，当按下此键光标处出现^符号，输入键取键的右下角字符。

3. 页面切换键

RESET：复位键，解除警报、CNC复位、在EDIT时，光标返回到程序开始处。

HELP：系统帮助页面键。按此键显示如何操作机床，及报警信息处理。

如图3－28为FANUC－0i数控系统功能键，这些功能键除了显示一定的信息还具备一定的特定功能要熟练掌握。

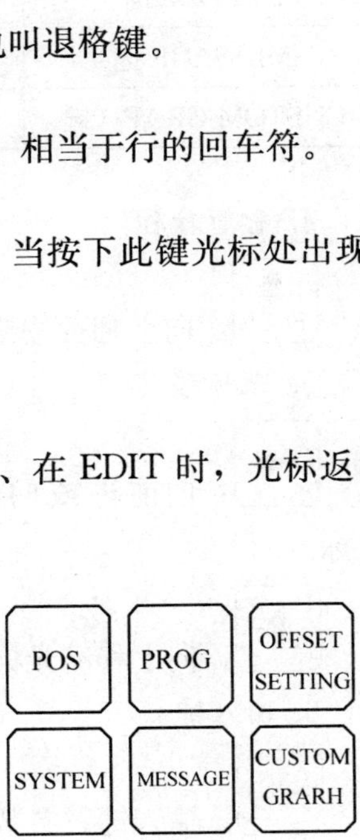

图3－28　功能键

其功能键作用见表3－7所示。

表3－7　功能按键说明

名　称	用　途
POS键	坐标位置显示页面键，位置有三种方式，可连续按下此键进行切换
PROG键	程序显示与编辑页面键，显示程序列表或当前程序内容

续表

名　称	用　途
OFFSET SETTING 键	参数输入页面键，连续按下此键进行工件坐标系设置页面和刀具补偿参数页面的切换
SYSTEM 键	系统参数页面键
MESSAGE 键	信息页面键，如报警号的显示
CUSTOM GRAPH 键	图形参数设置页面，图形模拟输入程序，校验程序

4. 翻页按钮

：向上翻页按钮。

：向下翻页按钮。

5. 光标移动

：向前进或向右移动光标。：向后退或向左移动光标。

：向上移动光标。：向下移动光标。

6. 输入键

：输入键。参数值的输入键，输入数据按此键可以将数据输入进特定的输入区。

7. 软键

见图 3－29 软功能键。其含义是指和 CRT 画面最后一行所显示的菜单对应，只有对应菜单采用实际意义，但不同画面同一键又有不同的意义。

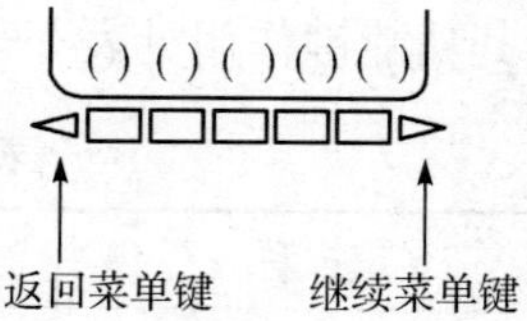

图 3－29　软功能键

（二）控制按钮功能说明

数控机床的控制面板一般由机床厂家来设计，所以即使同样的数控系统，不同厂家的机床操作面板也是不同的。但数控机床主要操作的功能是相同的，其必备的几种方式按钮功能，外在形式有旋钮式的，也有按键式的。如图 3－30 为 FANUC－0i 数控系统 CA6140 数控机床控制面板。其工作方式为按键式的外形结构。

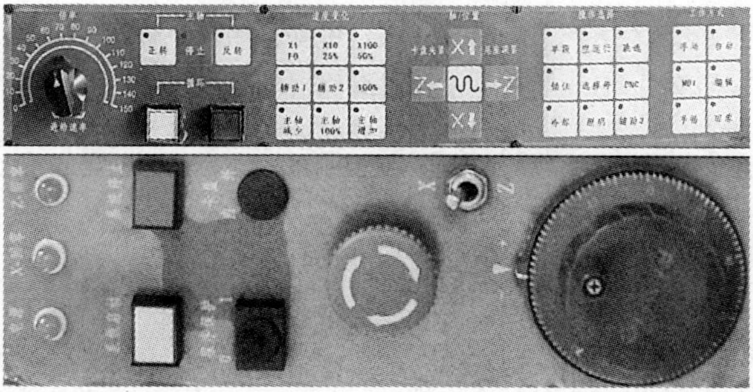

图 3－30 机床控制面板

表 3－8 为方式选择旋钮用处。

表 3－8 方式选择旋钮用途

方　式	用　途
EDIT 编辑	程序编辑方式，用于新建、编辑、修改程序等程序管理
AUTO 自动	程序自动运行方式，自动执行指定程序进行加工
MDI 手动数据输入	手动数据输入方式，单段或多段自动执行程序。执行完成后程序自动取消。在数控车床中，通常用此方式开主轴和换刀
INC 增量	增量进给方式，数控系统轴实现步进进给，单位为微米，倍率有×1、×10、×100、×1 000 等
HANDLE 手轮	手摇脉冲方式，手轮可以增量移动各个轴。配以倍率可以任意控制各个轴，一般用于数控机床对刀之用

续表

方　式	用　途
JOG 手动	手动进给方式，手动连续移动各个轴
ZRN 回零	回零方式，手动移动各个轴回机床零点，也是参考点。相对编码器的数控机床需要回参考点，绝对编码器不需用回参考点操作

机床操作选择按钮如图 3－31 所示。

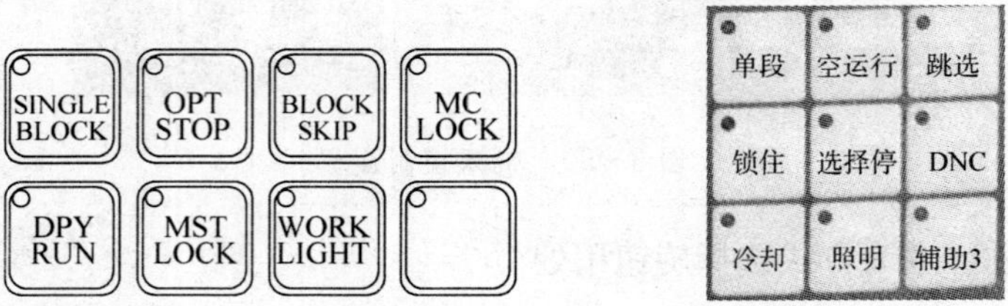

（a）　（b）

图 3－31　操作选择按钮

（a）操作通用键；（b）翻译后的键名

图 3－31（a）所示的为 FANUC－0i 数控系统通用键，图 3－31（b）所示为数控车系统翻译后的键名形式。在此简介这些操作选择键的含义。

（1）单段

：自动执行程序时，单段按钮开，则程序每次只执行一独立段，程序启动键按一次，就执行一段程序。此功能关，则连续运行程序。

（2）空运行

：空运行开，此时，机床处于高速运行状态，按下程序启动键，程序执行时进给速度是按手动进给速率开关设定的进给速度率，而不是编程时的速度率，一般进给速率是编程的整数倍数，例如 50 倍。空运行要配合程序校验来使用，一般用来快速让程序空走一遍，以便发现是否存在问题。

（3）跳选 BLOCK SKIP：跳选开则表示系统不执行单段程序前加“/”符号的程序段，跳选关则单段程序前加“/”符号的程序段仍会被执行。此功能一般用在程序调试时。

（4）选择停 OPT STOP：当选择停开时，程序中的 M1 指令被执行后和 M0 指令相同，机床会暂停。当选择停关时，程序中 M1 指令视为无效指令，机床不会暂停。

（5）机床锁住 MC LOCK：机床锁住开，三轴机械被锁定，无法移动，但程序指令坐标仍会显示。一般是用来空走程序，校验程序之用。但对于相对编码器的机床，机床锁住后，执行程序后应必须再次执行一次回参考点的操作。

（6）辅助功能锁住 MST LOCK：按下次按钮开，功能 M、S、T 视同无效。

（7）DNC：此开关是用于直接计算机连接，边传输边加工程序时的一种接口状态。

二、机床开机回参考点

先打开数控机床电柜门上的空开，即机床总电源。再按下机床控制面板上的系统启动按钮，CNC 装置得电，数控系统启动。等到系统启动完毕，数控系统即可进入工作状态。

数控机床开机第一要操作的便是回参考点。这是因为只有回参考点才能设定机床原点（机床零点），继而才能建立机床坐标系，才能确定刀具在机床工作台中的确切位置。

机床需要手工回参考点的，一般采用的是相对编码器，它在机床断电时，所记忆的点丢失，所以必须手工回参考点找回机床参考点的位置。然而，采用绝对编码器的数控机床只要机床通过一次点，它就永远记忆，不需再回参考点。

所以开机床后，请检查操作面板上的回原点灯是否亮，如果亮表示已经回参考点。如果不亮，那请选择回零方式 回零 按钮，再按下 X↓ 按钮，让 X 轴回参考点，再按下 →Z，让 Z 轴回参考点。回参考点时，参考点指示灯亮，这时显示机床坐标值应为零。

三、手动操作

1. *手动连续运动方式*

选择操作面板上的手动按钮 JOG，使其指示灯亮起，此时机床进入手动方式下，按下 X↑ X↓ →Z Z← 可控制机床 X、Z 轴的移动，当同时按下按钮，可以实现坐标轴的快速手动连续运动。在手动状态下可以开启主轴或关闭主轴、开关冷却液等操作。

2. *手动增量运动方式*

在方式按钮 JOG 按下后，再按下增量按钮，再选择 X1 10 | X10 25% | X100 50% 按钮，这时再按下 X↑ X↓ →Z Z← 中的任意一键，按一下即可向相应的方向进给一个增量值。

3. *手摇脉冲方式*

选择手摇方式，选择拨段开关选择 X、Z 轴，有的机床采用按钮形式，使用时注意选择。再选择倍率 X1 10 | X10 25% | X100 50%，利用手轮可以精确移动数控车床的两个方向，使其到达相应的位置。此方式主要是用于对刀操作。

四、对刀

对刀的目的是调整数控车床每把刀的刀位点，使每把刀的刀位点都重合在某一理想位置，其过程是建立工件坐标系与机床坐标系之间关系的过程。数控车床一般将工件的右端面中心点设为工件坐标系的原点。对刀后，编程者可以按每把刀的刀尖都重合来编程，而不必考虑不同刀具长度和刀尖半径的影响。

数控车床的对刀方法在本节中主要介绍试切法对刀中的绝对对刀方法，这种方法分别对每把刀进行测量。应用较广，下面介绍常用刀的对刀步骤。

（一）外圆刀对刀（1号刀）

外刀通常作为第一把刀，要对工件进行试切削，其他刀具碰其已加工表面即可。其对刀步骤为：

1. 换1号刀，将主轴开启，进行试切工件准备

其方法为选择方式选择旋钮 MDI 方式，按功能按键中的 PRGRM 键，显示屏将显示图 3-32 所示的页面。在键盘上分别输入 T0101 按下 INPUT 键，在输入 M4（上手刀架应为 M4，下手刀架应为 M3）按下 INPUT 键，再输入 S800 按下 INPUT 键。此时按下循环启动键，数控系统启动换 1 号刀，主轴转动。

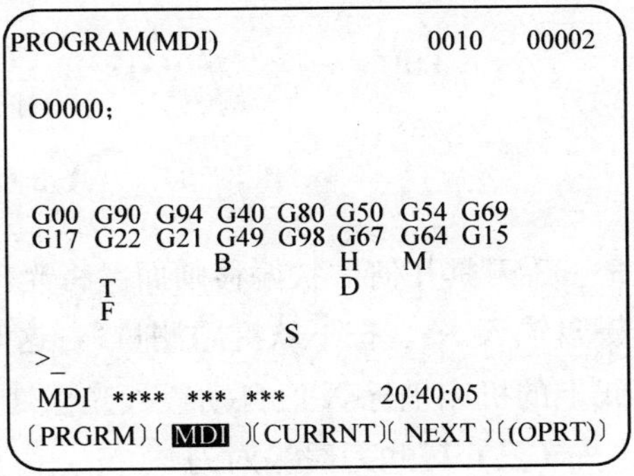

图 3-32 MDI 页面

2. 试切工件右端面对 Z 轴偏置，试切外圆对 X 轴偏置

选择手摇方式，手摇1号刀，切削端面，切削完端面后，不要移动 *Z* 轴，按 *X* 轴原进给速度退出，退出后，按下功能键[OFFSET SETING]进入如图 3-33 刀具几何形状偏移画面。将光标移动到 G01 行对应 *Z* 值处，在键盘按输入 Z0，按下软键“测量”，这时数控系统自动将外圆刀在右端面的机床坐标 *Z* 值自动置入光标处。1 号刀的 *Z* 向的对刀完成。

再次手摇移动机床，试切外圆，将外圆试切少许，一般车削长度为 2～4 mm。不要移动 *X* 轴，按 *Z* 轴原进给速度退出，退出后，关闭主轴（按主轴停止或按下复位键）。用游标卡尺或外径千分尺测量刚试切的外圆的直径值，记录下来如 ϕa，按下功能键[OFFSET SETING]进入如图

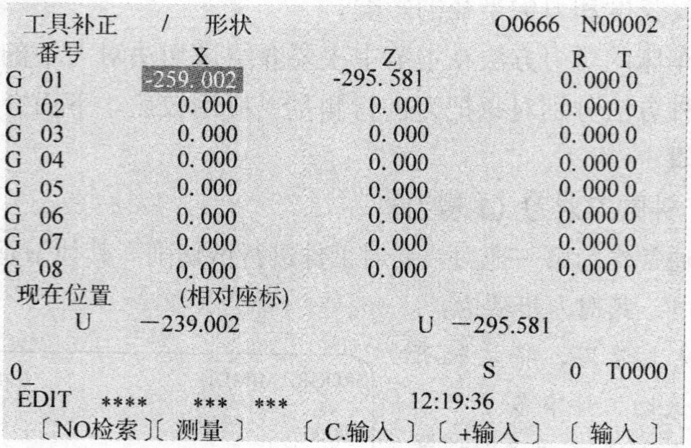

图 3-33 刀具几何形状偏移画面

3-33 刀具几何形状偏移画面。将光标移动到 G01 行对应 X 值处，在键盘输入 Xa，按下软键“测量”，这时数控系统自动将外圆刀在轴心线上的机床坐标 X 值自动置入光标处。1 号刀的 *X* 向的对刀完成。

（二）其他刀具的对刀

（1）切槽刀对刀（2 号刀）。重复 1 步骤，换 2 号刀，将主轴开启，切换到手摇工作方式，移动 2 号切槽刀，使其左刀尖靠上刀工件右端面，在图 3-33 刀具几何形状偏移画面。将光标移动到 G02 行对应 Z 值处，在键盘按输入 Z0，按下软键“测量”，完成 *Z* 轴对刀。再次手摇移动机床，用切槽靠上 1 号外圆刀车出的外圆，将光标移动到 G02 行对应 X 值处，在键盘按输入 Xa，按下软键“测量”，这时数控系统自动将切槽在轴心线上的机床坐标 X 值自动置入光标处。2 号刀的 *X* 向的对刀完成。

（2）螺纹刀对刀（3 号刀）。重复 1 步骤，换 3 号刀，将主轴开启，切换到手摇工作方式，移动 3 号螺纹刀，使其刀尖靠上刀工件右端面，在图 3-33 刀具几何形状偏移画面。将光标移动到 G03 行对应 Z 值处，在键盘按输入 Z0，按下软键“测量”，完成 *Z* 轴对刀。再次手摇移动机床，用螺纹刀刀尖靠上 1 号外圆刀车出的外圆，在刀具几何形状偏移画面中将光标移动到 G03 行对应 X 值处，在键盘按输入

Xa，按下软键“测量”，这时数控系统自动将切槽在轴心线上的机床坐标 X 值自动置入光标处。3 号刀的 X 向的对刀完成。

（3）镗孔刀对刀（4 号刀）。重复 1 步骤，换 4 号刀，将主轴开启，切换到手摇工作方式，移动 4 号镗孔刀，使其刀尖靠上刀工件右端面，在图 3－33 刀具几何形状偏移画面。将光标移动到 G04 行对应 Z 值处，在键盘按输入 Z0，按下软键“测量”，完成 Z 轴对刀。

再次手摇移动机床，试车削内孔，将内孔车削少许，一般车削长度为 2～4 mm。不要移动 X 轴，按 Z 轴原进给速度退出，退出后，关闭主轴（按主轴停止或按下复位键）。用游标卡尺或内径千分尺测量刚试切的内孔的直径值，记录下来如 ϕb，按下功能键 OFFSET SETING 进入如图 3－33 刀具几何形状偏移画面。将光标移动到 G04 行对应 X 值处，在键盘按输入 Xb，按下软键“测量”，这时数控系统自动将镗孔刀在轴心线上的机床坐标 X 值自动置入光标处。4 号刀的 X 向的对刀完成。

（三）刀尖半径和方位号

分别将光标移动到图 3－33 所示画面的 R 和 T 处，按数字键输入半径及方位号，按下输入键输入参数。

（四）工件坐标系的设定

如图 3－34 为工件坐标系的设定画面。

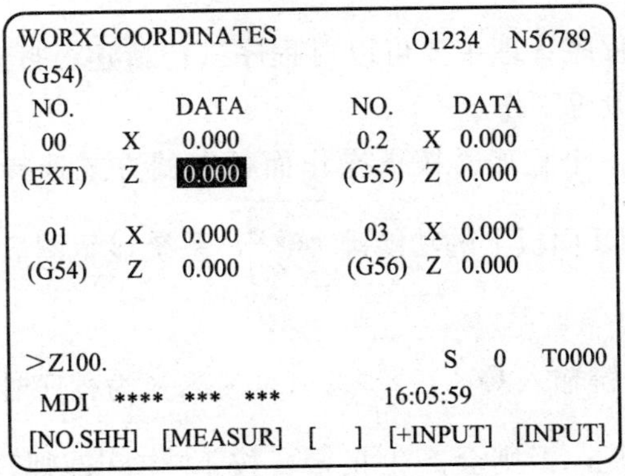

图 3－34　工件坐标系的设定画面

使用绝对值对刀法，每把刀要对的是工件坐标系的零点（编程零点）此零点的机床坐标值都已经确定，所以一般不需再设定工件坐标系的值。

只有当对刀的基准不和编程零点重合时才采用 G54 工件坐标系进行平移。另采用相对对刀法即基准刀法时，基准刀的编程零点的机床坐标值就需要输入工件坐标系内。基准刀的刀补值应为 0。具体做法，用基准刀试切工件的右端面，切削完端面后，不要移动 *Z* 轴，按 *X* 轴原进给方向退出，退出后，进入图 3－34 画面将光标移动 01 组中 G54 后的 Z 处，输入 Z0 按下 INPUT 键即可把右端面机床坐标值输入。

再次手摇移动机床，用基准刀试切外圆，将外圆试切少许，一般车削长度为 2～4 mm。不要移动 *X* 轴，按 *Z* 轴原进给方向退出，退出后，关闭主轴（按主轴停止或按下复位键）。用游标卡尺或外径千分尺测量刚试切的外圆的直径值，记录下来如 ϕa，按下功能键[OFFSET SETING]进入如图 3－34 工件坐标系设置画面。将光标移动 01 组中 G54 后的 X 处，输入 Xa 按下 INPUT 键即可基准刀在轴心线上的机床坐标 X 值自动置入光标处，工件坐标系设定完成。

五、数控程序的管理

数控车床程序管理主要可以对程序进行新建、打开、选择调用、删除、编辑修改等工作。

(1) 新建一个程序。按下操作面板上的方式选择键 EDIT 编辑键，再选择 MDI 面板上的功能键[PROG]，系统显示图 3－35 图示数控程序目录画面。

利用 MDI 键输入 O××××，（××××为程序号，不可以与已有的程序号重复，否则会产生报警）按下[INSERT]键则程序号被输入，按下[EOB$_E$]键，再按下[INSERT]，则程序结束符“;”被输入，CRT 画面

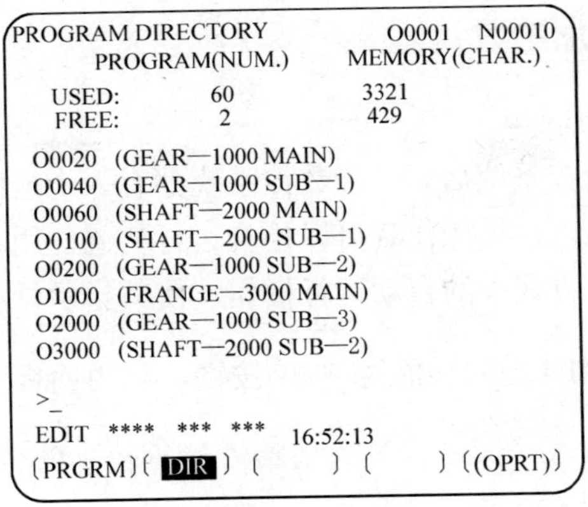

图 3-35 数控程序目录画面

显示一个空程序，此时可以通过 MDI 键盘开始程序输入。输入一段代码后，在按下 [EOB$_E$] 键→按下键 [INSERT]，输入内容就被显示在 CRT 画面上。光标移到下一行，然后可以进行下一行的其他程序段的输入，直至全部程序输入完成。

（2）选择打开一个程序。在图 3-35 程序目录画面下，利用 MDI 键输入 O×××× （××××为程序目录中已有的程序号），按下 [↓] 向下光标键，O××××程序即显示在屏幕首行程序号的位置，其程序内容显示在屏幕上。

（3）删除一个程序。在图 3-35 程序目录画面下，输入 O×××× （××××为要被删除在程序目录中已有的程序号），按下 [DELETE] 键，程序即被删除。

（4）删除全部数控程序。在图 3-35 程序目录画面下，输入 “O-9999”，按下 [DELETE] 键，全部数控程序即被删除。注意：一般情况下尽量不要把内存程序全部删除。

六、自动加工方式

1. 程序图形模拟

程序输入数控系统后，一般数控系统都有一个逆向的功能即还原程序成图形模式。这样操作者可以检查运行轨迹。用来验证程序的正确性。按下工作方式中的自动运行按钮，使其指示灯亮，进入自动加工模式，选择 MDI 键的功能键 PROG 按键，利用面板上的数字、字母键输入 O×××× （××××为要检查运行轨迹的数控程序号），按下 ↓ 向下光标键，O××××程序即显示在屏幕首行程序号的位置，其程序内容显示在屏幕上。这时选择功能键 CUSTOM GRAPH 按钮，进入检查运行轨迹模式，如图 3－36 所示。图 3－36（a）画面可以对显示的参数设定，图 3－36（b）画面显示的是图形模拟功能，单击操作面板上的循环启动按钮，即可观察数控程序的运行轨迹，此时可以通过数控系统画面中的功能对图形进行动态缩放、动态平移等操作来显示图形，进行全方位的动态观察。

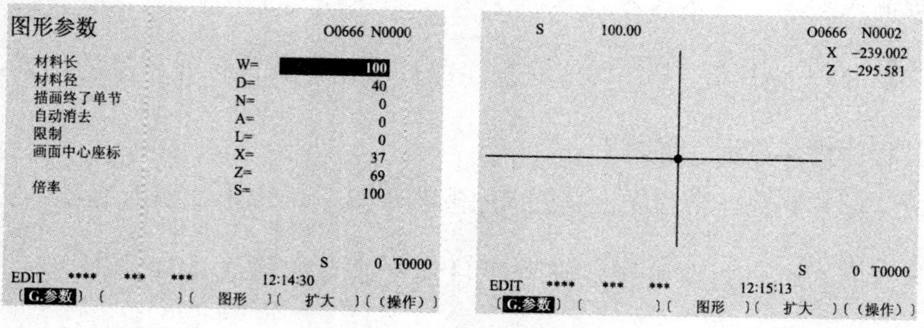

图 3－36 图形显示画面

（a）参数设定；（b）图形模拟功能

2. 程序自动方式运行

先选择程序列表中的要执行的程序，选择工作方式为“自动”方式，选择 MDI 面板上功能键 PROG ，此时进入自动加工模式的程序监控状态，按下机床操作面板上的循环启动按钮，系统连续执行程序开始自动切削加工。如图 3－37 为程序自动运行状态。

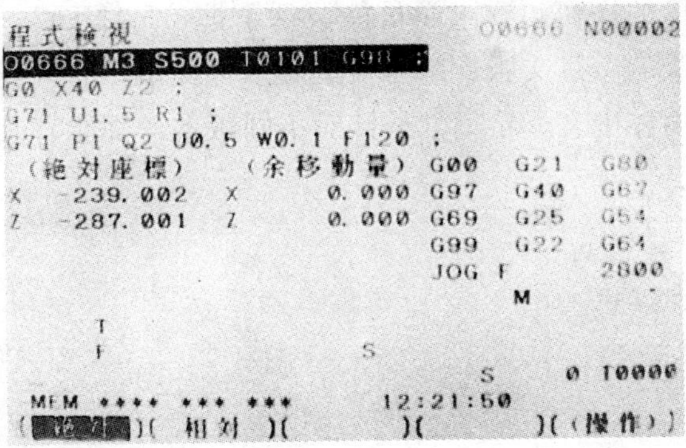

图 3－37 程序自动运行状态

3. 程序单段运行

程序单段运行操作步骤同自动运行方式，只是在机床操作时，将“单段”按钮按下，使其指示灯亮。这时，系统执行程序一段后程序停止，当再次按下循环启动按钮，程序继续执行下段程序，这样每执行完一段程序，系统就停止一次，需要连续按下循环启动键才能一行一行地执行程序。

4. 程序中断处理

程序自动执行时，被中断的方式有：急停、程序暂停、程序复位等，处理的方法是：当程序被暂停时，应继续按下循环启动按钮，这样就可以继续自动执行程序。急停的方式是：首先应将程序回到程序开头，把刀具放到安全的位置，再次按下循环启动按钮，执行程序。对于程序复位，使程序中断的处理方法也是将刀具移出加工位置到安全区域（换刀点），再次循环启动程序进行重新加工。

程序如果是要求中间执行，那么在编辑状态下，打开要执行的程序，将光标移到要执行的程序段，再将加工模式切换到自动加工模式，这时按下循环启动按钮，程序将从所选的程序段中执行，而不是从头加工。注意中间点执行程序，程序段必须是合理的中断点，如它包含指定了刀具、主轴状态、换刀点等。一般是以刀具为划分其有效中断点较合理的工具。

数控车床的操作，要求学员能灵活掌握，FANUC－0i 系统它的文本有英文版的、日文版、简体中文等多种文本，通常我国进口的是英文版的、简体中文。希望学员针对不同版本，都能将其主要功能一一对应起来。

课题 4

SIEMENS 系统数控车床的编程与操作

◎第 1 节　SIEMENS 系统功能指令
◎第 2 节　毛坯切削循环编程
◎第 3 节　切槽固定循环指令
◎第 4 节　螺纹切削与螺纹切削固定循环
◎第 5 节　孔加工固定循环
◎第 6 节　子程序编程
◎第 7 节　参数编程与坐标变换编程
◎第 8 节　SIEMENS 802D 系统数控车床的操作

【知识要点】

了解 SIEMENS 802D 数控系统常用功能指令；掌握毛坯切削循环的编程方法；掌握切槽循环的编程方法；掌握螺纹加工循环的编程方法；掌握孔加工循环的编程方法；掌握子程序的编程方法；掌握 SIEMENS 802D 数控车床坐标平移编程和参数编程（R 参数）的编程方法；掌握 SIEMENS 802D 数控车床的操作。

德国 SIEMENS（西门子）公司是全球很有影响力的公司之一，公司推出的各类 CNC 车床和铣床控制系统在数控机床领域中占有特定的份额，具有很高的推广率。目前其主要产品有 SINUMERIK 802C/802S、SINUMERIK 802D、SINUMERIK 810D/840D。SINUMERIK 802D 系统是比 SINUMERIK 802C/802S 更高级版本的数控系统。802S 采用的是步进电机进行驱动，802C 和 802D 则采用伺服电动机进行驱动。

第 1 节　SIEMENS 系统功能指令

一、准备功能 G 指令

SIEMENS 802D 数控车床系统常用的准备功能指令见表 4-1。

表 4-1　SIEMENS 802D 系统准备功能

序号	G 指令	组别	功　能
1	G00	01	快速定位
2	G01▲		直线插补
3	G02		顺时针圆弧插补
4	G03		逆时针圆弧插补
5	* G04	02	暂停
6	CIP	01	通过中间点的圆弧
7	CT		带切线过渡圆弧
8	G17	06	*XOY* 平面，加工中心孔时要求
9	G18▲		*XZ* 平面设定
10	G19		选择 *YZ* 平面
11	* G25	03	主轴转速下限
12	* G26		主轴高速限制

续表

序号	G指令	组别	功 能
13	G33	01	恒螺距螺纹切削
14	G34		变螺距，螺距增加
15	G35		变螺距，螺距减小
16	G40▲	07	刀具半径补偿取消
17	G41		刀具半径左补偿
18	G42		刀具半径右补偿
19	*G53	09	按程序段方式取消可设定零点偏移
20	G500		取消可设定零点偏移
21	G54～G59	08	第一～第六可设定零点偏移
22	G60	10	准确定位
23	G64		连续路径方式
24	G70（G700）	13	英制尺寸编程
25	G71（G710）▲		米制尺寸编程
26	*G74	02	返回参考点
27	*G75		返回固定点
28	G90▲ AC	14	绝对尺寸编程
29	G91 IC		相对尺寸编程
30	G94	15	每分钟进给
31	G95▲		每转进给
32	G96		恒切削速度开
33	G97▲		恒切削速度关
34	*G450▲	18	圆角过渡拐角方式
35	G451		尖角过渡拐角方式

续表

序号	G 指令	组别	功　　能
36	* DLAMON▲	29	直径量方式
37	DLAMOF		半径量方式
38	TRANS	框架指令	可编程的零点偏移
39	ATRANS		
40	SCALE		可编程的比例缩放
41	ASCALE		
42	CYCLE82	孔加工固定循环	
43	CYCLE83		
44	CYCLE84		
45	CYCLE840		
46	CYCLE85		
47	CYCLE86		
48	CYCLE88		
49	CYCLE93	车削循环	切槽切削
50	CYCLE94		退刀槽切削（E 形和 F 形）
51	CYCLE95		坯料切削循环
52	CYCLE97		螺纹切削循环

说明：(1) 带▲号的 G 指令表示系统默认指令即开机指令。(2) 带 * 号的 G 指令为非模态 G 指令，其他均为模态 G 指令。(3) 不同组的 G 指令在同一程序段中可以指令多个。如果在同一程序段中指令了多个同组的 G 指令，仅执行最后指定的那一个。

二、辅助功能 M 指令

SINUMERIK 802D 数控车床系统常用的辅助功能指令。见表 4-2 所示。

表 4-2　SINUMERIK 802D 系统辅助功能

序号	代码	功　能	序号	代码	功　能
1	M00	程序暂停	6	M05	主轴停止
2	M01	选择停止	7	M09	冷却液关闭
3	M02	程序结束	8	M07	外冷却液开启
4	M03	主轴正转	9	M08	内冷却液开启
5	M04	主轴反转	10	M30	程序结束且返回程序开头
注：在编程时，M 指令中前面的 0 可省略，如 M01、M02 可简写为 M1、M2					

三、圆弧指令的含义及格式

1. 圆弧顺逆判断此处略，圆弧常用的编程格式

(1) 用圆心坐标和圆弧终点坐标进行圆弧插补，其程序段格式为：

G02/G03 X__ Z__ I__ K__ F__；

(2) 用圆弧终点坐标和半径尺寸进行圆弧插补，其程序段格式为：

G02/G03 X__ Z__ CR=__ F__；

(3) 用圆弧终点坐标和圆弧张角进行圆弧插补，其程序段格式为：

G02/G03 X__ Z__ AR=__ F__；

例　如图 4-1 所示圆弧从 $A-B$ 编程示例如下：

G0X27.5Z33；快速到圆弧的起点

G3Z7AR=120；圆弧的终点和张角

(4) 用圆心坐标和圆弧张角进行圆弧插补，其程序段格式为

G02/G03 I__ K__ AR=__ F__；

例　如图 4-2 所示圆弧从 $A-B$ 编程示例如下：

G0X27.5Z33；快速到圆弧的起点

G3I-7.5K-13AR=120；圆心和张角

(I 为圆心相对于起点在 X 轴方向上的半径值)

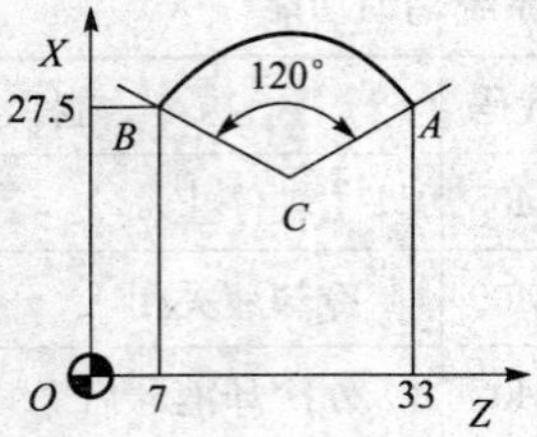

图 4-1 终点和张角编程示例

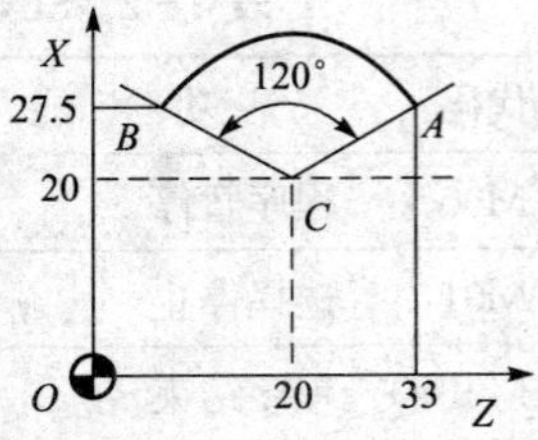

图 4-2 圆心和张角编程示例

以上所示的（3）、（4）两点为西门子特有的编程格式。

2. 中间点圆弧插补指令 CIP

指令格式为：CIP X_Z_I1=_K1=_；

其中，I1 为圆弧上任一中间点在 X 轴上的半径值，KI 为圆弧上任一中间点的 Z 向坐标值。

例 如图 4-3 所示圆弧从 A—B 的编程实例如下：

G0X27.5Z33；快速到达圆弧起点

CIPZ7 I1=34K1=25；圆弧的终点和中间点

3. 切线过渡圆弧 CT

指令格式 CT　X_Z_；

例 如图 4-4 所示圆弧从 A—B 的编程实例如下：

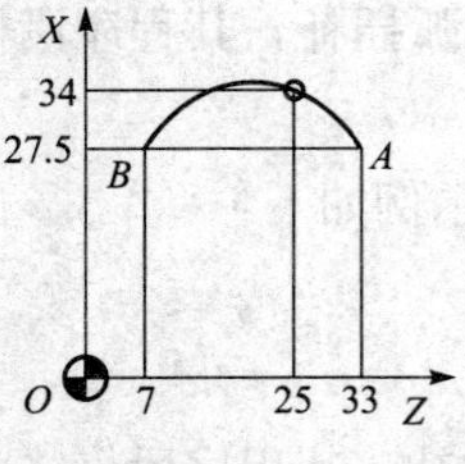

图 4-3 中间点圆弧编程示例

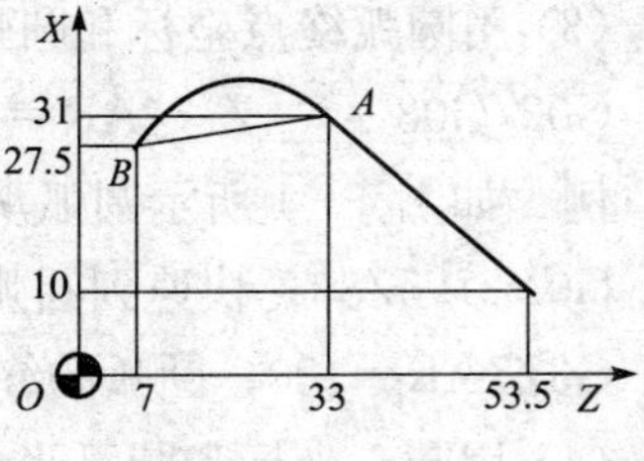

图 4-4 切线过渡圆弧编程示例

G0X10Z53.5；快速到达直线的起点

G01X31Z33；直线插补到圆弧的起点和切点

CT X27.5Z7；圆弧的终点

四、倒角、倒圆角指令

在一个轮廓拐角处可以插入倒角或倒圆，指令“CHF=_”或者“RND=_”与加工拐角的轴运动指令一起写入到程序段中。

1. 倒角指令 CHF=_

例如：G01 X_ Z_CHF=3；倒角 3 mm

直线轮廓之间、圆弧轮廓之间以及直线轮廓和圆弧轮廓之间切入一直线并倒去棱角。程序中 X、Z 为两直线轮廓的交点的坐标。

2. 倒圆角指令 RND=_

例如：G01 X_Z_ RND=8 ；倒圆半径 8 mm，直线间的倒圆

G03 X_Z_CR=3 RND=8；圆弧之间的倒圆

直线轮廓之间、圆弧轮廓之间以及直线轮廓和圆弧轮廓之间切入一圆弧，圆弧与轮廓进行切线过渡。

如图 4-5 所示零件，对与外圆进行精车加工，利用倒圆和倒角指令编制程序为：

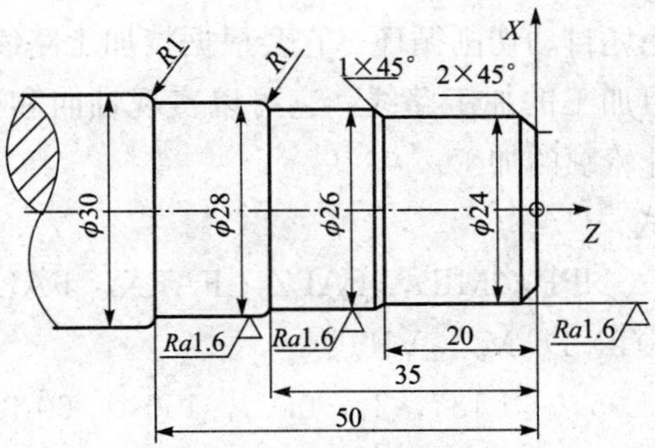

图 4-5　台阶轴倒角和倒圆编程示例

CZY41.MPF	主程序名
G94 G90;	程序起始，定义初始状态，分进给编程、绝对编程
M3 S700;	主轴正转，转速为 700 r/min
T1D1;	换 1 号外圆刀，导入刀具刀补
G0X20Z2;	快速到达起点

```
G1Z0F100;              切入到轮廓上
G1 X24CHF= 2;          倒角
Z- 20;
X26CHF= 1;             倒角
Z- 35;
X28RND= 1;             倒圆角
Z- 50;
X30RND= 1;             倒圆角
G0X100Z100M5;          快速回到换刀点
M30;                   程序结束
```

第 2 节　毛坯切削循环编程

一、毛坯切削循环指令 CYCLE95

1. 指令功能

该指令为毛坯自动切削循环，它会根据精加工路线和给定的切削参数自动确定粗加工的加工路线，它可以实现轴向和径向切削加工，也可以实现内外轮廓的加工。

2. 指令格式

CYCLE95（NPP，MID，FALZ，FALX，FAL，FF1，FF2，FF3，VARI，DT，DAM，_VRT)

例　CYCLE95（“L18”，2,，0.2,，150，，60，9,，，2)；

其中各个代码的含义见表 4-3。

表 4-3　CYCLE95 毛坯切削循环参数

代码	含　义
NPP	轮廓子程序名，一般以大写字母 L 开头后加数字表示，也可以是前两字母其后跟字母或数字下画线
MID	最大背吃刀量，无符号

续表

代码	含 义
FALZ	沿纵轴（Z 轴）的精加工余量
FALX	沿横轴（X 轴）的精加工余量
FAL	沿轮廓的精加工余量
FF1	无下切的粗加工进给率，下切指的是凹入工件的轮廓
FF2	进入凹槽的进给率
FF3	精加工进给率
VARI	加工类型，其类型用数字 1～12 表示，具体情况见表 4－4
DT	粗切削的暂停时间
DAM	粗加工中断路径，断屑
_VRT	从轮廓返回的路径，增量

3. 加工方式与切削动作

毛坯切削循环的加工方式用参数 VARI 表示，按形式分成三类 12 种：第一类为纵向加工与横向加工；第二类为内部加工和外部加工；第三类为粗加工、精加工与综合加工。加工形式见表 4－4。

802D 系统的毛坯切削循环不仅能加工单调递增或单调递减的轮廓，还可以加工内凹轮廓。这一点和 802S/C 的区别。

表 4－4 加工类型

序号	纵/横向	内/外部	粗/精/综合加工
1	纵向	外部	粗加工
2	横向	外部	粗加工
3	纵向	内部	粗加工
4	横向	内部	粗加工
5	纵向	外部	精加工
6	横向	外部	精加工
7	纵向	内部	精加工
8	横向	内部	精加工

续表

序号	纵/横向	内/外部	粗/精/综合加工
9	纵向	外部	综合加工
10	横向	外部	综合加工
11	纵向	内部	综合加工
12	横向	内部	综合加工

4. 程序的执行过程（所走轨迹）

粗加工时，车刀快速移动到循环起点，按照子程序的轨迹自动偏移计算轨迹路线进行粗、切加工。最后加工轮廓尺寸到参数设定的轮廓余量。

精加工时，系统按照所调用的子程序所编制的轮廓轨迹进行精加工切削，最后加工零件到图纸尺寸要求。

5. 编程示例

例 1　如图 4－6 所示零件，毛坯直径为 ϕ80 mm，长为 50 mm，采用三爪装夹，编程原点选在右端面与中心线的交点上。选用刀具为 90°的外圆车刀。用 CYCLE95 指令进行毛坯循环车削。

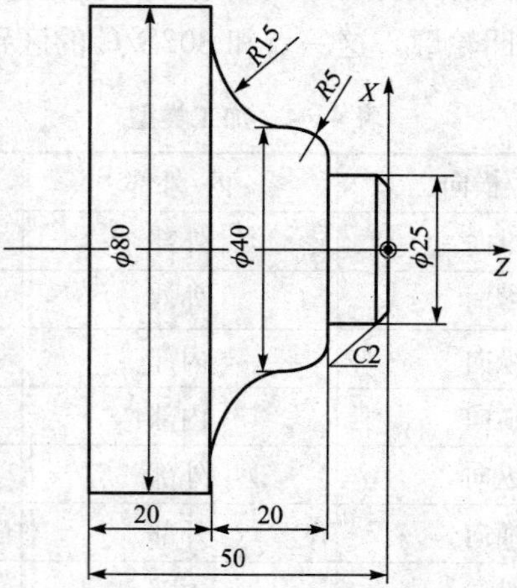

图 4－6　CYCLE95 毛坯切削循环示例零件 1

具体 CYCLE95 中所用的参数见表 4－5。

表 4－5　CYCLE95 切削循环参数取值表

代 码	含　　义	取 值
NPP	轮廓子程序名	L41
MID	最大背吃刀量	2
FALZ	沿纵轴的精加工余量	0.2
FALX	沿端面轴的精加工余量	0.05
FAL	沿轮廓的精加工余量	0
FF1	无下切的粗加工进给率	150
FF2	进入凹槽的进给率	0
FF3	精加工进给率	60
VARI	加工类型	10
DT	粗切削的暂停时间	0
DAM	粗加工中断路径，断屑	0
_VRT	从轮廓返回的路径	2

利用 CYCLE95 指令所编制的程序为：

```
CZY41.MPF                 主程序名
G94 G90;                  程序起始,定义初始状态,分进给编程、绝对编程
M3 S700;                  主轴正转,转速为 700 r/min
T1D1;                     换 1 号外圆刀,导入刀具刀补
X27 Z2;                   刀具走到毛坯循环起点,外径大 1～2 mm,Z 轴大到 2 mm
CYCLE95("L41",2,          0 值和不需要指定的值均可省略
0.2,0.05,,150,,
60,10,,,2);
G0 X100Z100M5;            回到换刀点
M30;                      程序结束
L41.SPF                   子程序名
G0X82Z- 30;               轮廓起点
G1X70;                    切入轮廓
```

```
G3X40Z- 15CR= 15;     精加工轮廓轨迹
G2X30Z- 10CR= 5;
G1X25;
G1Z- 2;
G1X21Z0;
Z2;
M17;                  子程序结束
```

例 2 如图 4-7 所示内球关节零件，毛坯工件已经钻出 ϕ23 内孔，试编写其内轮廓表面的加工程序。

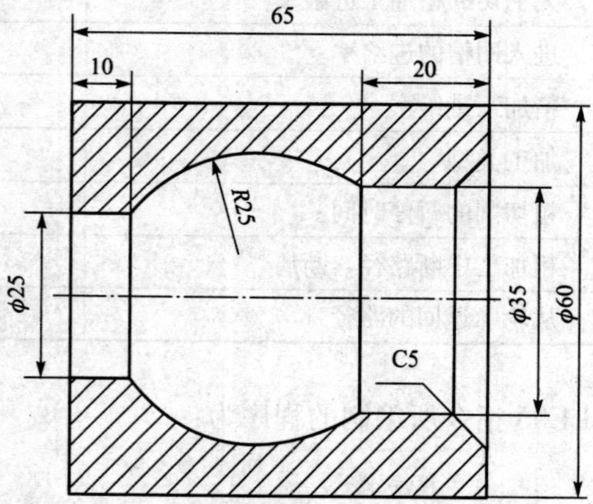

图 4-7 CYCLE95 毛坯切削循环示例零件 2

本示例件宜采用纵向内部综合加工方式，具体 CYCLE95 中所用的参数见表 4-6。

表 4-6 CYCLE95 切削循环参数取值表

代码	含义	取值
NPP	轮廓子程序名	L42
MID	最大背吃刀量	1
FALZ	沿纵轴的精加工余量	0.05
FALX	沿端面轴的精加工余量	0.2

续表

代码	含　义	取　值
FAL	沿轮廓的精加工余量	0
FF1	无下切的粗加工进给率	150
FF2	进入凹槽的进给率	80
FF3	精加工进给率	80
VARI	加工类型	11
DT	粗切削的暂停时间	0
DAM	粗加工中断路径，断屑	0
_VRT	从轮廓返回的路径	0.5

利用 CYCLE95 指令所编制的程序为：

```
CZY42.MPF              主程序名
G94 G90;               程序起始,定义初始状态,分进给编程、绝对编程
M3 S600F100;           主轴正转,转速为 600 r/min
T1D1;                  换 1 号外圆刀,导入刀具刀补
X20 Z2;                刀具走到毛坯循环起点,外径大 1～2 mm,Z 轴大到 2 mm
CYCLE95("L42",1,       0 值和不需要指定的值均可省略
0.05,0.2, ,150,
80,80,11, , ,0.5);
G0 X100Z100;           回到换刀点
M30;                   程序结束
L42.SPF;               子程序名
G0X45Z2;               轮廓起点
G1Z0;                  切入轮廓
G1X35Z- 5;             精加工轮廓轨迹
Z- 20;
G3X25Z- 55CR= 25;
G1Z- 62;
G1X22;
M17;                   子程序结束
```

二、毛坯切削循环综合编程实例

例 分析如图 4－8 所示工件的加工工艺，试用毛坯固定切削循环指令编写此工件的数控车加工程序。

此零件使用两把 93°外圆刀（左偏刀和右偏刀各一把）和一把 R2 的圆弧车刀进行加工，外圆刀副偏角要较大些，以防止后刀面与工件表面发生干涉。

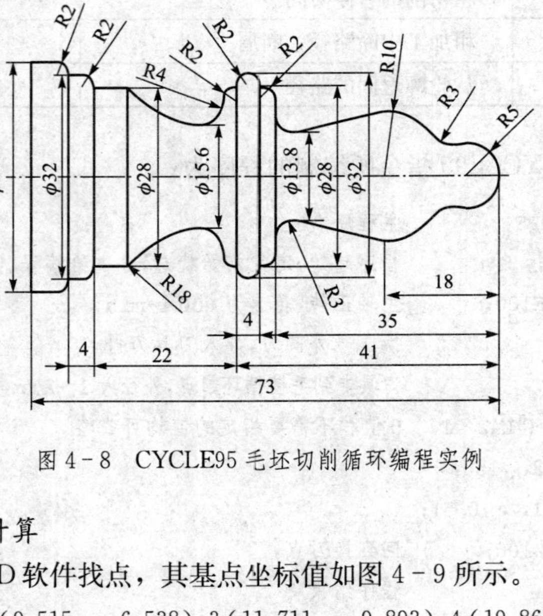

图 4－8 CYCLE95 毛坯切削循环编程实例

1. 基点计算

采用 CAD 软件找点，其基点坐标值如图 4－9 所示。

1(0，0) 2(9.515，－6.538) 3(11.711，－9.893) 4(19.862，－19.172) 5(13.849，－31.277) 6(19.672，－35) 7(23.637，－35) 8(28.016，－37) 9(32，－39) 10(28.016，－41) 11(23.642，－43) 12(15.698，－47.822) 13(28，－58) 14(28，－63) 15(32，－65) 16(32，－67) 17(36，－69) 18(36，－73)

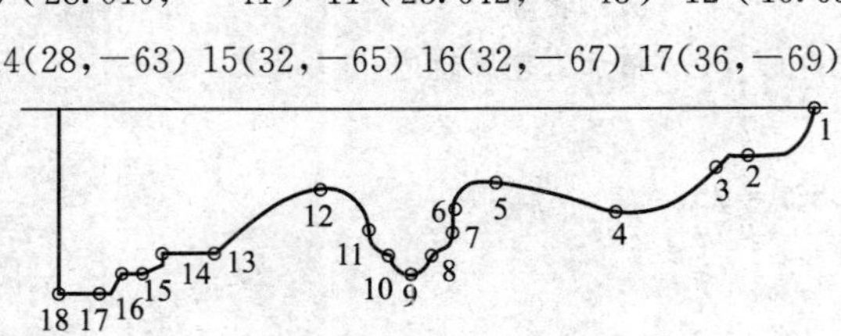

图 4－9 综合实例工件基点坐标值

2. 参考程序

此零件的加工工艺：分三次进行加工。

1号刀，93°左偏刀，粗、精加工外凸轮廓（1～9外轮廓，9和13相连，13～18外轮廓）。

2号刀，93°右偏刀，粗加工9～13内凹轮廓的粗加工。

3号刀，R2圆弧刀，用于内凹轮廓（9～13）的精加工。

编制的参考程序如下：

CZY43. MPF	主程序名
G94 G90;	程序起始，定义初始状态，分进给编程、绝对编程
M3 S800F100;	主轴正转，转速为800 r/min
T1D1;	换1号左偏圆刀，导入刀具刀补
X40 Z2;	刀具走到毛坯循环起点，外径大1～2 mm，Z轴大到2 mm
CYCLE95（"L43"，1，0.05，0.2，，150，80，80，9，，，0.5）；	纵向外部综合加工方式
G74 X0Z0;	回到换刀点
T2D1;	换2号右偏圆刀，导入刀具刀补
G0X30 Z- 58;	刀具走到毛坯循环起点，点13外圆处（28，-58）
CYCLE95（"L44"，1，0.05，0.2，，150，80，80，1，，，0.5）；	纵向外部粗加工方式
G74 X0Z0;	回到换刀点
T3D1;	换3号圆弧车刀，导入刀具刀补
G0X30 Z- 58;	刀具走到毛坯循环起点
G01G41X28Z- 58D1;	加入刀具半径值左补偿，定位到点13
G3X15.698Z- 47.822CR= 18;	精加工轮廓轨迹，点13至点12
G3X23.642Z- 43CR= 4;	点12至点11
G2X28.016Z- 41CR= 2;	点11至点10
G2X326Z- 39CR= 2;	点10至点9
G1G40X40;	取消刀具刀尖圆弧半径补偿推出轮廓
G74 X0Z0;	回到换刀点
M30;	程序结束

```
L 43. SPF                          子程序名
G0X0Z2;                            轮廓起点
G1Z0;                              切入轮廓,点 1
G3X9. 515Z- 6. 538CR= 5;           精加工轮廓轨迹,点 1 至点 2
G2X11. 711Z- 9. 893CR= 3;          点 2 至点 3
G3X19. 862Z- 19. 172CR= 10;        点 3 至点 4
G1X13. 849Z- 31. 277;              点 4 至点 5
G2X19. 672Z- 35CR= 3;              点 5 至点 6
G1X23. 637;                        点 6 至点 7
G3X28. 016Z- 37CR= 2;              点 7 至点 8
G3X32Z- 39CR= 2;                   点 8 至点 9
G1X28Z- 58;                        点 9 至点 13
Z- 63;                             点 13 至点 14
G3X32Z- 65CR= 2;                   点 14 至点 15
G1Z- 67;                           点 15 至点 16
G3X36Z- 69CR= 2;                   点 16 至点 17
G1Z- 73;                           点 17 至点 18
M17;                               子程序结束,返回主程序

L 44. SPF                          子程序名
G01X28Z- 58;                       定位到点 13
G3X15. 698Z- 47. 822CR= 18;        精加工轮廓轨迹,点 13 至点 12
G3X23. 642Z- 43CR= 4;              点 12 至点 11
G2X28. 016Z- 41CR= 2;              点 11 至点 10
G2X326Z- 39CR= 2;                  点 10 至点 9
M17;                               子程序结束,返回主程序
```

第 3 节　切槽固定循环指令

一、切槽循环指令 CYCLE93

1. 指令功能

该指令为切槽循环指令。它可以加工轴线方向的和直径方向的,

对称的和不对称的槽，也可以进行外部和内部槽的加工。

2. 指令格式

```
CYCLE93(SPD,DPL,WIDG,DIAG,STA1,ANG1,ANG2,RCO1,RCO2,RCI1,RCI2,
FAL1,FAL2,IDEP,DTB,VARI)
```

其中各代码所示部位如图 4-10 所示。

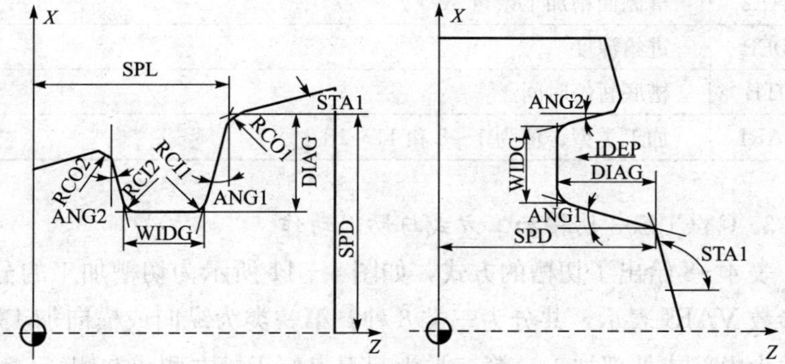

图 4-10　CYCLE93 切槽循环指令代码所指部位

其中各个代码的含义见表 4-7。

表 4-7　CYCLE93 切槽循环指令格式代码含义

代码	含　义
SPD	横向坐标起始点
DPL	纵向坐标起始点
WIDG	切槽宽度
DIAG	切槽深度
STA1	轮廓和纵向轴之间的角度，取值为 0～90°
ANG1	侧面角 1，在切槽边起始点，取值为 0～90°
ANG1	侧面角 2，在另一边，取值为 0～90°
RCO1	外部倒角/半径 1，起始点侧
RCO1	外部倒角/半径 2

续表

代码	含　义
RCI1	内部倒角/半径 1，起始点侧
RCI2	内部倒角/半径 2
FAL1	槽底精加工余量
FAL2	槽侧面精加工余量
IDEP	进给深度
DTB	槽底暂停时间
VARI	加工类型，值为 1～8 和 11～18

3. CYCLE93 切槽加工方式与切削动作

表 4-8 给出了切槽的方式，如图 4-11 所示为切槽加工的分类，用参数 VARI 表示，共分为三类 8 种：第一类为纵向或横向加工；第二类为内部或外部加工；第三类为起刀点位于槽左侧或右侧。

表 4-8　切槽方式

VARI 数值	纵/横向	内/外部	粗/精/综合加工
1	纵向	外部	左边
2	横向	外部	左边
3	纵向	内部	左边
4	横向	内部	左边
5	纵向	外部	右边
6	横向	外部	右边
7	纵向	内部	右边
8	横向	内部	右边

4. 程序的执行过程（所走轨迹）

车刀所走的轨迹是由系统设定的。如图 4-12 为切削槽时走刀路线。图 4-12（a）为直槽粗加工进刀，图 4-12（b）为斜槽粗加工进刀，图 4-12（c）为斜槽精加工进刀。

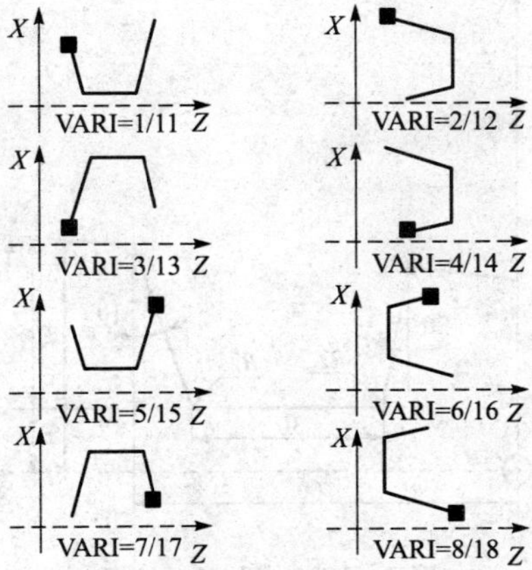

图 4-11　CYCLE93 切槽类型

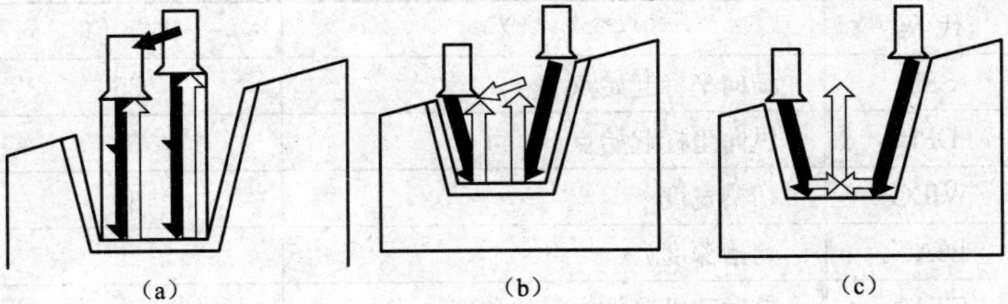

图 4-12　CYCLE93 切削外部槽走刀路线

(a) 直槽粗加工进刀；(b) 斜槽粗加工进刀；(c) 斜槽精加工进刀

5. 刀宽的设定

802D 系统中切槽对刀时，需要用切槽刀的两个连续的刀沿号中设定的偏置值来定义刀具的宽度。因此，在加工前，必须对切槽刀的两个刀尖进行对刀，并将对刀值设定在该刀具的连续两个刀沿号中。加工编程时，只须激活一个刀沿号。

6. 编程举例

例 1　编写如图 4-13 所示零件的槽的固定循环加工程序。

程序为：`CYCLE93(35,60,30,25,5,10,20,0,0,- 2,- 2,1,1,10,1,5);`

具体 CYCLE93 中所用的参数见表 4-9。

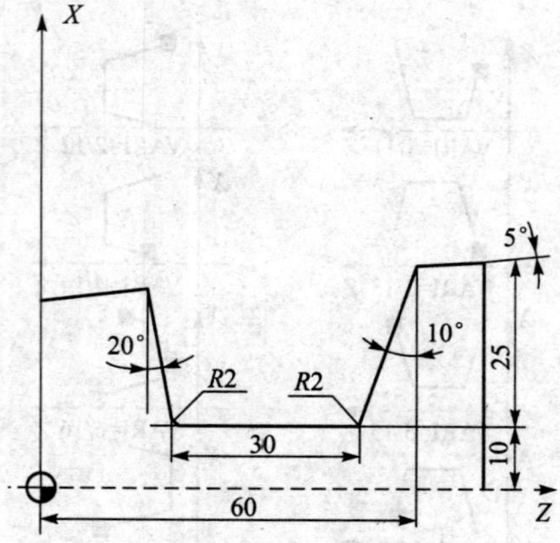

图 4－13　槽加工示例 1

表 4－9　CYCLE93 切槽循环参数取值表

代码	含　义	取　值
SPD	横向坐标起始点	35
DPL	纵向坐标起始点	60
WIDG	切槽宽度	30
DIAG	切槽深度	25
STA1	轮廓和纵向轴之间的角度	5
ANG1	侧面角 1	10
ANG1	侧面角 2	20
RCO1	外部倒角/半径 1，起始点侧	0
RCO1	外部倒角/半径 2	0
RCI1	内部倒角/半径 1，起始点侧	－2
RCI2	内部倒角/半径 2	－2
FAL1	槽底精加工余量	1
FAL2	槽侧面精加工余量	1
IDEP	进给深度	10
DTB	槽底暂停时间	1
VARI	加工类型	5；纵向，外部，左边

例 2 如图 4－14 所示零件，试用切槽循环编写外部槽和端面槽的程序。

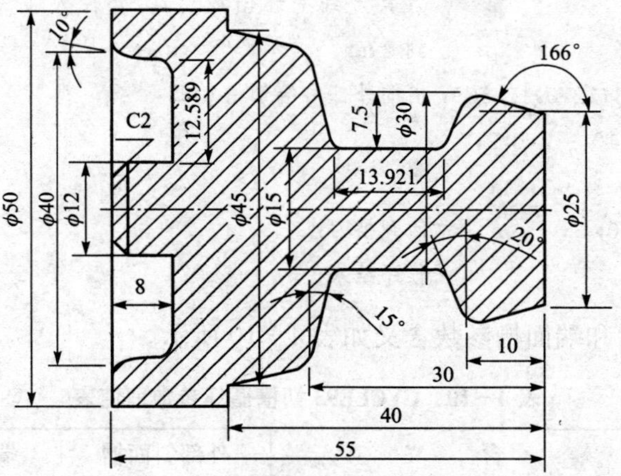

图 4－14 切槽固定循环编程示例 2

本示例工件，有外部斜面槽和端面槽两种类型的槽，加工外部槽时采用 1 号外圆槽刀，加工端面槽时采用 2 号槽刀。运用切削循环指令 CYCLE93 编制程序为：

CZY45.MPF	主程序名
G94 G90;	程序起始，定义初始状态，分进给编程、绝对编程
M3 S400F100;	主轴正转，转速为 400 r/min
T1D1;	换 1 号外切槽刀，导入刀具刀补
X32 Z- 10;	刀具走到毛坯循环起点，外径大 1～2 mm，Z 轴大到 2 mm
CYCLE93(30,- 10,13.921,7.5,166,20,10,2,2,2,2,0.2,0.3,3,1,5);	纵向外部右端切槽加工
G74 X0Z0;	回到换刀点
M30;	程序结束
CZY46.MPF	主程序名
G94 G90;	程序起始，定义初始状态，分进给编程、绝对编程

M3 S400F100;	主轴正转,转速为 400 r/min
T2D1;	换 2 号端面槽刀,导入刀具刀补
X40 Z2;	刀具走到毛坯循环起点,外径大 1～2 mm,Z 轴大到 2 mm
CYCLE93(12,0,12.589,8,90,0,10,-2,0,2,2,0.2,0.3,3,1,8);	横向外部右端切槽加工
G74 X0Z0;	回到换刀点
M30;	程序结束

外圆槽和端面槽参数含义如表 4-10 所示。

表 4-10 CYCLE93 切槽循环参数取值表

代码	含　义	外部斜面槽	端面槽参数
SPD	横向坐标起始点	30	12
DPL	纵向坐标起始点	-10	0
WIDG	切槽宽度	13.921	12.589
DIAG	切槽深度	7.5	8
STA1	轮廓和纵向轴之间的角度	166	90
ANG1	侧面角 1	20	0
ANG1	侧面角 2	10	10
RCO1	外部倒角/半径 1，起始点侧	2	-2
RCO1	外部倒角/半径 2	2	0
RCI1	内部倒角/半径 1，起始点侧	2	2
RCI2	内部倒角/半径 2	2	2
FAL1	槽底精加工余量	0.2	0.2
FAL2	槽侧面精加工余量	0.3	0.3
IDEP	进给深度	3	3

续表

代码	含　义	外部斜面槽	端面槽参数
DTB	槽底暂停时间	1	1
VARI	加工类型	5；纵向，外部，右端	8；横向，外部，右端

二、E 形和 F 形退刀槽切削循环指令 CYCLE94

1. 指令格式

```
CYCLE94 (SPD, SPL, FORM);
```

其中，SPD 为横向坐标轴起始点（直径值）；SPL 为纵向坐标轴起始点；FORM 为该参数用于形状的定义，值为 E（用于形状为 E）和 F（用于形状为 F）。

2. 指令说明

如图 4-15 所示，E 形和 F 形退刀槽位“DIN509”标准（该标准为德国国家标准）系列槽，槽宽及槽深等参数均采用标准尺寸，加工这类槽时只需确定槽的位置即可（程序中用参数 SPD 和 SPL 确定）。

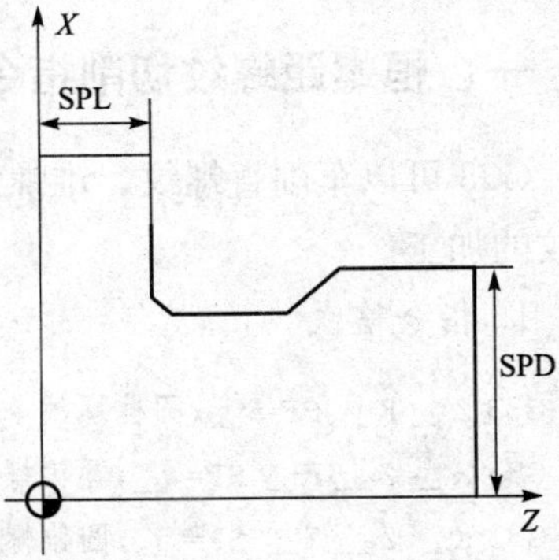

图 4-15　E 形和 F 形退刀槽

在调用 CYCLE94 循环前，必须激活刀具补偿，而且定义的刀具切削刀位号必须是 1～4，否则会在执行过程中出现程序出错报警。参数 SPD 指定值不应小于 3，否则，循环中断，并出现报警 61601“成品直径太小”。

3. 加工示例

例　加工如图 4-15 所示 E 形退刀槽（SPL＝60，SPD＝20）试编写其加工程序。

```
CZY46.MPF                    主程序名
G94 G90;                     程序起始,定义初始状态,分进给编程、绝对编程
M3 S600F100;                 主轴正转,转速为 600 r/min
T1D1;                        换 1 号外槽刀,导入刀具刀补
G0X50 Z100;                  刀具走到毛坯循环起点
CYCLE94(20,60,"E");
G0X50 Z100;
M30;
```

第 4 节　螺纹切削与螺纹切削固定循环

螺纹切削分为恒螺距螺纹 G33、螺纹切削循环 CYCLE97。802D 系统和 FANUC －0i 数控车床系统螺纹加工指令对应关系是 G32 对应 G33，G76 对应 CYCLE97。

一、恒螺距螺纹切削指令 G33

G33 可以车削直螺纹、锥螺纹和端面螺纹等各种类型单头与多头螺纹的加工。

1. 指令格式

```
G33 Z__ K__ SF=__;圆柱螺纹
G33 X__ Z__ K__ SF=__;圆锥螺纹,Z 轴位移大于 X 轴位移的锥螺纹
G33 X__ Z__ I__ SF=__;圆锥螺纹,X 轴位移大于 Z 轴位移的锥螺纹
G33 X__ I__ SF=__;端面螺纹
```

说明：$X \backslash Z$ 为螺纹终点（退刀点）的坐标。I/K 为螺纹导程。SF 为加工多头螺纹时的刀具的圆周上的偏移量。

如图 4－16 所示为螺纹 X 轴和 Z 轴位移举例。

2. 编程举例

如图 4－17 所示零件，编写双头螺纹 M30×2（P1）的程序。

编写的程序如下：

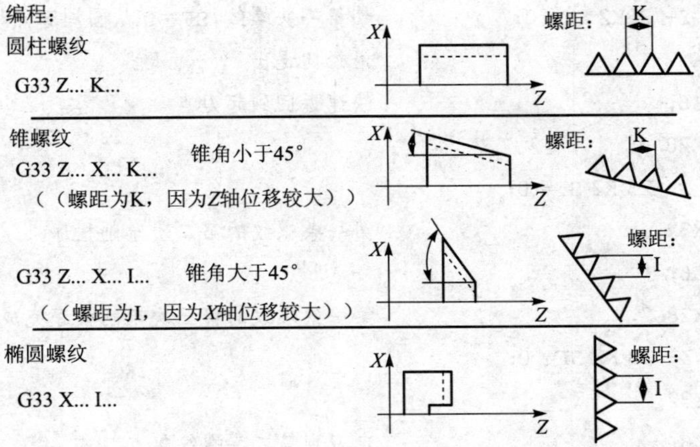

图 4-16 螺纹 X 轴和 Z 轴位移举例

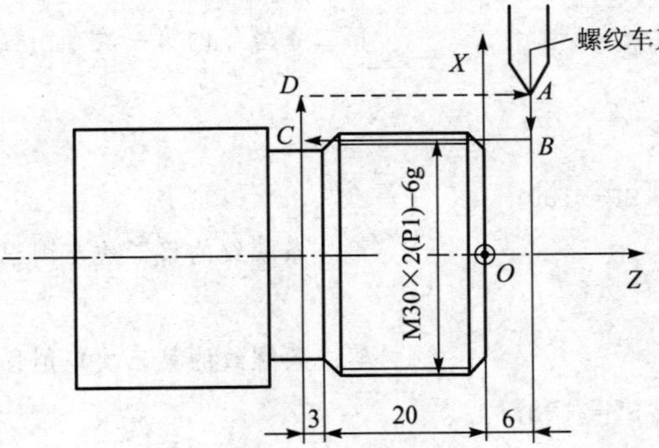

图 4-17 G33 螺纹编程示例

SIEMENS 802D 系统程序	程序说明
CZY46.MPF	主程序名
G94 G90;	程序起始,定义初始状态,分进给编程、绝对编程
M3 S600F100;	主轴正转,转速为 600 r/min
T1D1;	换 1 号外螺纹刀,导入刀具刀补
G0 X32 Z6;	快速到达切螺纹起始点
G0 X29.3;	快速到切螺纹第一刀起始点,螺纹背吃刀量 0.7 mm

```
G33 Z- 23K2 SF= 0;          切第一头螺纹,SF=0°从圆周零点切入
G0 X32;                     沿径向退出
G0 Z6;                      快速返回到起刀点
G0 X28.9;
G33 Z- 23 K2 SF= 0;
G0 X32;                     第一条螺纹的第二次车削程序
G0 Z6;
G0 X28.7;                   第一条螺纹的第三次车削程序完成
G33 Z- 23 K2 SF= 0;
G0 X32;
G0 Z6;                      走刀到第二头螺纹起点
G0 X29.3;
G33 Z- 23K2 SF= 180;        切第二头螺纹,SF=180°从圆周 180°切入
G0 X32;                     第二条螺纹的第一次车削程序
G0 Z6;
G0 X28.9;
G33 Z- 23K2 SF= 180;
G0 X32;                     第二条螺纹的第二次车削程序
G0 X28.7;
G0 Z6;                      第二条螺纹的第三次车削程序
G33 Z- 23K2 SF= 180;
G74 X0Z0;                   回到换刀点
M30;                        程序结束
```

二、螺纹切削循环指令 CYCLE97

CYCLE97 可以车削直螺纹、锥螺纹等各种类型单头与多头螺纹的加工。车削多头螺纹时，每一个螺纹依次加工。螺纹切削循环指令，只要设定好参数，在切削过程中，其每一刀的背吃刀量是由系统自动设定的。

1. 指令格式

CYCLE97(PIT,MPIT,SPL,FPL,DM1,DM2,APP,ROP,TDEP,FAL,IANG,NSP,

NRC,NID,VARI,NUMT)

其中各个代码的含义见表 4-11。

表 4-11　CYCLE97 螺纹切削循环各代码具体含义

代码	含　义
PIT	螺距作为数值，无符号输入
MPIT	以螺距为螺纹尺寸，M3～M60
SPL	螺纹纵向起点位置
FPL	螺纹纵向终点位置
DM1	在起点的螺纹直径
DM2	在终点的螺纹直径
APP	导入量，即升速进刀段，无正负
ROP	导出量，即降速退刀段，无正负
TDEP	螺纹深度，螺纹的牙形高度，无正负
FAL	精加工余量，无正负
IANG	进给角度，带正负“+”用于侧面的侧面进给，“-”用于交互的侧面进给
NSP	首圈螺纹的起点偏置，无正负
NRC	粗加工次数
NID	停顿数量，即空刀次数
VARI	螺纹加工类型，值为 1～4，1 表示外螺纹，2 表示内螺纹
NUMT	螺纹头数

2. 指令说明

CYCLE97 的加工方式采用参数 VARI 表示，该参数不仅确定了螺纹的加工类型，还确定了螺纹的背吃刀量的定义方法。参数 VARI 的值为 1～4，其值的含义见表 4-12。

表 4-12 802D 系统规定的螺纹加工类型

加工类型（VARI 数值）	内/外部	进给方式
1	外部	恒定背吃刀量进给
2	内部	恒定背吃刀量进给
3	外部	恒定切除截面积进给
4	内部	恒定切除截面积进给

1）内部与外部方式。内部方式是指的内螺纹的加工，外部方式是指外螺纹的加工。

2）恒定背吃刀量进给和恒定切削截面积进给。恒定背吃量进给方式如图 4-18（a）所示，螺纹的切入角 IANG 的值为 0，刀具以直进法进刀。螺纹粗车加工时，每次背吃刀量相等，其值由参数 TDEP、FAL 和 NRC 确定，计算式为：ap=（TDEP－FAL）/NRC。

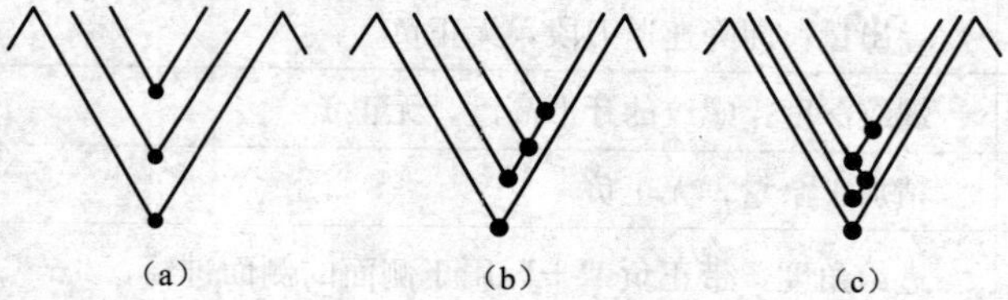

图 4-18 螺纹切削循环的背吃刀量

(a) 恒定背吃刀量进给方式；(b)，(c) 恒定切削截面积进给方式

恒定切削截面积进给方式如图 4-18（b）及 4-18（c）所示，螺纹切入角参数 IANG 值为正值时，刀具始终沿牙型同一侧面斜向进刀，如图 4-18（b）所示；另一种是当参数 IANG 值为负值时，刀具分别沿牙型两侧交错进刀，如图 4-18（c）所示。采用恒定切削截面积进给方式进行螺纹粗加工时，背吃刀量按递减规律自动分配，并使每次切除表面的截面积近似相等。

3）螺纹加工空刀导入量和空刀导出量。空刀导入量一般取（2～3）P（螺距）。空刀导出量一般取（1～2）P。

4）螺距的确定。螺纹的螺距可以用两种方法表示，一种是用 PIT 表示实际螺距数值的大小；另一种是用 MPIT 表示螺纹公称直径的大小，其螺距的大小由普通粗牙螺纹的尺寸确定。（如当 MPIT＝8 时，则 PIT＝1.25）。实际设置时，只能设定其中的一个参数。

3. 编程举例

例 1　如图 4－19 所示的双头螺纹 M30×3（P1.5）的零件，零件外圆和切削槽都已经加工完毕，请编写螺纹加工程序。

用 CYCLE97 螺纹循环指令编程参数设置见表 4－13。

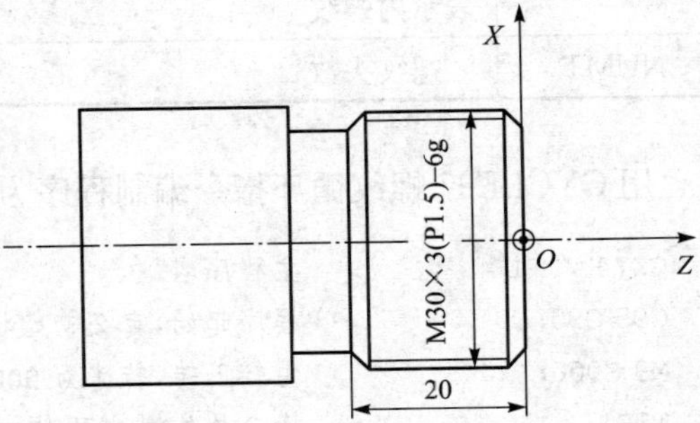

图 4－19　螺纹切削循环编程示例 1

表 4－13　CYCLE97 螺纹循环参数设置

代码	含　义	取　值
PIT	螺距作为数值，无符号输入	1.5
MPIT	以螺距为螺纹尺寸，M3～M60	30（可省略）
SPL	螺纹纵向起点位置	0
FPL	螺纹纵向终点位置	－20
DM1	在起点的螺纹直径	30
DM2	在终点的螺纹直径	30
APP	导入量，即升速进刀段，无正负	5
ROP	导出量，即降速退刀段，无正负	2
TDEP	螺纹深度，螺纹的牙形高度，无正负	0.975
FAL	精加工余量，无正负	0.05
IANG	进给角度，带正负，“＋”用于侧面的侧面进给，“－”用于交互的侧面进给	30
NSP	首圈螺纹的起点偏置，无正负	0
NRC	粗加工次数	6
NID	停顿时间，无符号输入	1

续表

代码	含义	取值
VARI	螺纹加工类型，值为 1～4，1 表示外螺纹，2 表示内螺纹	4
NUMT	螺纹头数	2

用 CYCLE97 螺纹循环指令编制程序为：

```
CZY47.MPF                      主程序名
G95 G90;                       程序起始,定义初始状态,转进给编程、绝对编程
M3 S900;                       主轴正转,转速为 900 r/min
T3D1;                          换 3 号外螺纹刀,导入刀具刀补
G0 X32 Z5;                     快速到达切螺纹起始点
CYCLE97(1.5, ,0,- 20,
30,30,5,2,0.975,0.05,
30,0,6,1,4,2);
G74 X0Z0;                      回到换刀点
M30;                           程序结束
```

例 2 如图 4－20 所示零件，内螺纹为梯形螺纹，外螺纹为三角形螺纹，试用螺纹切削循环指令编写数控车加工程序。

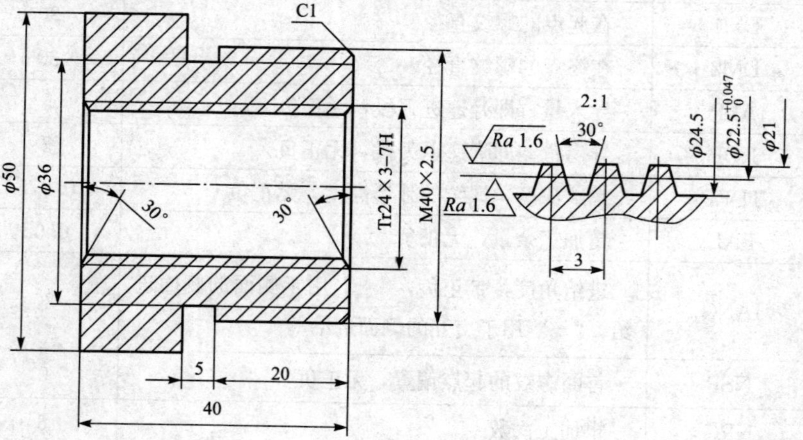

图 4－20 螺纹切削循环编程实例 2

本例题所给工件外圆、内孔和槽均以加工完毕，需要编制内、外螺纹的程序。用 CYCLE97 螺纹循环指令编程参数设置见表 4-14。

表 4-14 CYCLE97 螺纹循环参数设置

代码	含　义	外螺纹	内梯形螺纹
PIT	螺距作为数值，无符号输入	2.5	3
MPIT	以螺距为螺纹尺寸，M3～M60	省略	省略
SPL	螺纹纵向起点位置	0	0
FPL	螺纹纵向终点位置	-20	-45
DM1	在起点的螺纹直径	40	21
DM2	在终点的螺纹直径	40	21
APP	导入量，即升速进刀段，无正负	6	6
ROP	导出量，即降速退刀段，无正负	2	3
TDEP	螺纹深度，螺纹的牙形高度，无正负	1.625	1.75
FAL	精加工余量，无正负	0.05	0.05
IANG	进给角度，带正负，“+”用于侧面的侧面进给，“-”用于交错的侧面进给，取值为刀尖角的$\frac{1}{2}$	30	15
NSP	首圈螺纹的起点偏置，无正负	0	0
NRC	粗加工次数	6	20
NID	停顿时间，无符号输入	1	1
VARI	螺纹加工类型，值为 1～4，1 表示外螺纹，2 表示内螺纹	3	4
NUMT	螺纹头数	1	1

加工外部螺纹时采用 1 号外螺纹刀，加工内梯形螺纹时采用 2 号外梯形螺纹刀。运用螺纹切削循环指令 CYCLE97 编制程序为：

```
CZY48.MPF          主程序名
G95 G90;           程序起始，定义初始状态，转进给编程、绝对编程
```

```
M3 S600;              主轴正转,转速为 600 r/min
T1D1;                 换 1 号外螺纹刀,导入刀具刀补
G0 X42 Z6;            快速到达切螺纹起始点
CYCLE97(2.5, ,0,- 20,
40,40,6,2,1.625,0.05,
30,0,6,1,3,1);
G74 X0Z0;             回到换刀点
T2D1;                 换 2 号内梯形螺纹刀,导入刀具刀补
G0 X20Z6;             快速到达切螺纹起始点
CYCLE97(3, ,0,- 45,
21,21,6,3,1.75,0.05,
15,0,20,1,4,1);
G74 X0Z0;             回到换刀点
M30;                  程序结束
```

第 5 节　孔加工固定循环

钻孔循环用于钻孔、镗孔、攻丝等规定的动作顺序。这些循环以具有定义名称和参数表的子程序的形式来调用。使用固定孔加工固定循环可以把孔加工的全套动作在一个程序段完成。简化了程序，就减少了编程工作量。

孔加工固定循环种类见表 4－15 所示。

表 4－15　孔加工固定循环

循环指令	功　能	循环指令	功　能
CYCLE82	中心钻孔	CYCLE840	带补偿夹具攻丝
CYCLE83	深孔镗孔	CYCLE85	铰孔 1（镗孔 1）
CYCLE84	刚性攻丝	CYCLE88	带停止钻孔 2（镗孔 4）

1. 孔加工固定循环概述

钻孔循环需定义两种类型的参数：几何参数和加工参数。几何参数包括参考平面和返回平面，以及安全间隙或相对的最后钻孔深度。

(1) 固定循环中各平面的定义。

1) 加工开始平面（亦称参考平面）。这一平面为固定循环加工时 Z 向由快进转变为进给的位置，不管刀具在 Z 轴方向的起始位置如何，固定循环执行时的第一个动作总是将刀具沿 Z 向快速移动到这一平面上，因此，必须选择加工开始平面高于加工表面。

2) 加工底平面。这一平面的选择决定了最后钻孔的深度，因此加工底面在 Z 向的坐标即可作为加工底平面。在立式加工中心是由于规定刀具离开工件为 Z 正向，因此，加工底平面必须低于加工开始平面。

3) 加工返回平面。这一平面规定了在固定循环中 Z 轴加工至底面后，返回到哪一位置，而在这一位置上工作台 XY 平面应可以做定位运动，因此，加工返回平面必须等于或高于加工开始平面。

如图 4-21 所示为各个平面在工件坐标系中的定义。

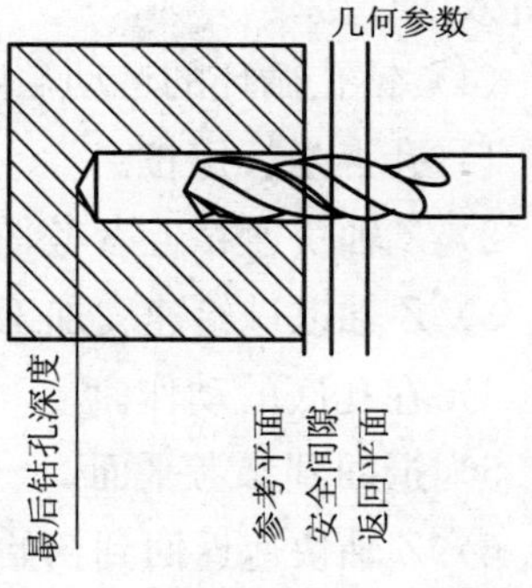

图 4-21 固定循环中各个平面在工件坐标系中的定义

(2) 平面选择原则。

考虑到实际加工的需要，对这三个平面一般按如下选择。

1) 对于毛坯加工，加工开始平面一般高于加工表面 5 mm 左右，对于粗加工完成后的加工，加工开始平面一般高于加工表面 2 mm。

2) 加工返回平面要求高于加工开始平面，并且保证在下次定位过程中不会碰撞工作台上的任何工件或夹具，同时，即使加工表面为平面也必须遵循以下原则：对于毛坯，使用刚性攻丝循环（CYCLE84）时，返回平面必须高于加工表面 8～10 mm。对于柔性攻丝（CYCLE840）返回平面必须高于加工表面 5 mm 以上。

3）加工底面选择应考虑到通孔时的加工实际情况，因此在这种情况下对于加工底平面选择应在加工底面再加上一个钻头的半径为宜，以保证能可靠钻通。通常通孔钻孔深度 H=孔深 $h+0.3D$（钻头直径）+（2～5）。

（3）钻孔循环调用和返回条件。

钻孔循环是独立于实际轴名称而编程的。所以调用时要注意几个方面：

1）循环调用之前，在前面程序必须使之到达孔的位置。

2）在钻孔循环中没有定义进给率、主轴转速和主轴旋转方向的值，则必须在零件程序中给定。

3）循环指令之前，有效的 G 功能和当前数据记录在循环之后仍然有效。

（4）钻孔循环的运动顺序。

1）孔点坐标定位。

2）Z 轴快速靠近参考平面。

3）Z 轴以进给速度加工至底平面。

4）在孔底的动作。

5）退回到参考平面。

6）Z 轴快速返回到初始平面（返回平面）。

此运动顺序所有钻孔循环都遵守。但具体的循环指令定义的步骤又有所不同，要分别对待。

2. 孔加工固定循环指令

（1）钻孔循环（中心钻孔、锪孔）CYCLE82。

编程格式：CYCLE82（RTP，RFP，SDIS，DP，DPR，DTB）

其中参数的意义：见表 4－16。

表 4－16　CYCLE82 参数

RTP	后退平面（返回平面）（绝对）
RFP	参考平面（绝对）
SDIS	安全间隙（无符号输入）

续表

DP	最后钻孔深度（绝对）
DPR	相当于参考平面的最后钻孔深度（无符号输入）
DTB	最后钻孔深度时的停顿时间（断屑），单位为“s”

如图 4-22 为 CYCLE82 钻孔的运动顺序：

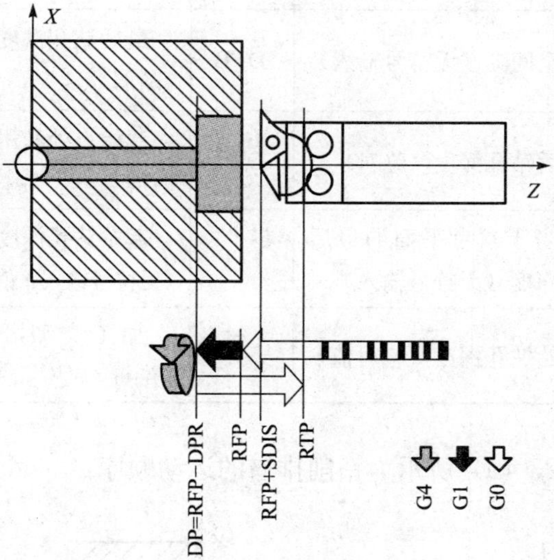

图 4-22　CYCLE82 钻孔的运动顺序

1）Z 轴快速（G0）到达安全间隙之前的平面即安全平面。

2）Z 轴以 G1 进给至最后的钻孔深度。

3）在最后钻孔深度处的停顿时间。

4）Z 轴快速（G0）返回至返回平面 RTP。

例　CYCLE82（30,，3，−12,，1）

调用钻孔指令钻孔，退回平面在 Z30 处，参照平面 Z0，安全间隙 3，最后钻孔深度 Z−12，相当于参考平面的最后钻孔深度 12，孔底暂停 1 s。

（2）深孔往复排屑钻循环 CYCLE83。

编程格式：CYCLE83（RTP，RFP，SDIS，DP，DPR，FDEP，

FDPR，DAM，DTB，DTS，FRF，VARI)

其中参数的意义：见表 4-17。

表 4-17　CYCLE83 参数

RTP	后退平面（返回平面）（绝对）	FDPR	相当于参考平面的起始钻孔深度（无符号输入）
RFP	参考平面（绝对）	DAM	递减量（无符号输入）
SDIS	安全间隙（无符号输入）	DTB	最后钻孔深度时的停顿时间（断屑）
DP	最后钻孔深度（绝对）	DTS	起始点处和用于排屑的停顿时间
DPR	相当于参考平面的最后钻孔深度（无符号输入）	FPF	起始钻孔深度的进给率系数（无符号输入）值为：0.001～1
FDEP	起始钻孔深度（绝对值）	VARI	加工类型：断屑＝0，排屑＝1

如图 4-23（a）所示为钻削排屑的运动顺序：

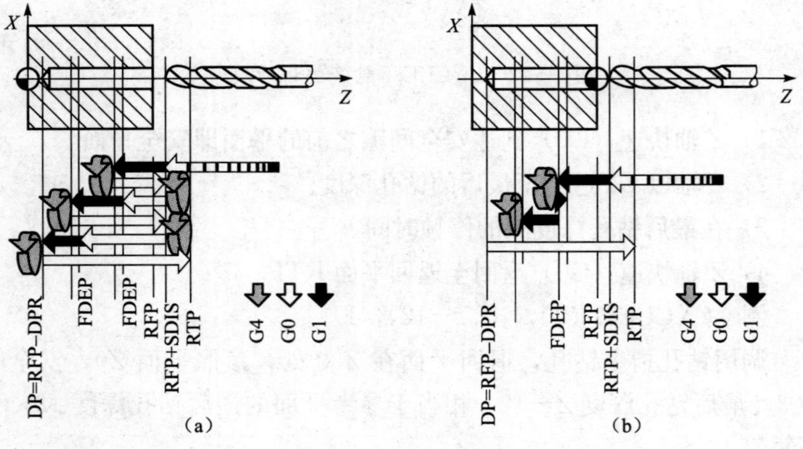

图 4-23　CYCLE83 钻孔的运动顺序
(a) 钻削排屑的运动顺序；(b) 钻削断屑的运动顺序

1）Z 轴快速（G0）到达安全间隙之前的平面即安全平面。

2）使用 G1 移动到起始钻孔深度，进给来自程序调用中的进给率，它取决于参数 FRF（进给率系数）。

3）在最后钻孔深度处的停顿时间（参数 DTB）。

4）使用 G0 快速返回安全间隙之前的平面即安全平面，用于排屑。

5）起始点的停顿时间（参数 DTS）

6）使用 G0 快速回到上次到达的钻孔深度，并保持预留量距离。

7）Z 轴以进给速度（G1）进给至下一个钻孔深度（持续动作顺序直至到达最后的钻孔深度）。

8）Z 轴快速（G0）返回至返回平面 RTP。

如图 4－23（b）所示钻削断屑的运动顺序：

1）Z 轴快速（G0）到达安全间隙之前的平面即安全平面。

2）使用 G1 移动到起始钻孔深度，进给来自程序调用中的进给率，它取决于参数 FRF（进给率系数）。

3）在最后钻孔深度处的停顿时间（参数 DTB）。

4）使用 G1 从当前钻孔后退深度后退 1 mm，采用调用程序中的进给率（用于断屑）。

5）使用 G1 按所编程的进给率执行下一个钻孔切削（该过程一直进行下去，直至到达最后的钻孔深度）。

6）Z 轴快速（G0）返回至返回平面 RTP。

例 1　CYCLE83（30，，3，－75，，－10，，3，0，1，0.8，1）

例 2　CYCLE83（30，，3，，75，，10，3，1，0，0.8，0）

各参数的含义对照表 4－18 所示。

表 4－18　CYCLE83 参数的定义

参数	含　义	例 1	例 2
RTP	后退平面（返回平面）（绝对）	30	30
RFP	参考平面（绝对）		
SDIS	安全间隙（无符号输入）	3	3

续表

参数	含　义	例1	例2
DP	最后钻孔深度（绝对）	−75	
DPR	相当于参考平面的最后钻孔深度（无符号输入）		75
FDEP	起始钻孔深度（绝对值）	−10	
FDPR	相当于参考平面的起始钻孔深度（无符号输入）		10
DAM	递减量（无符号输入）	3	3
DTB	最后钻孔深度时的停顿时间（断屑）	0	1
DTS	起始点处和用于排屑的停顿时间	1	0
FPF	起始钻孔深度的进给率系数（无符号输入）值为：0.001～1	0.8	0.8
VARI	加工类型：断屑=0，排屑=1	1	0

（3）刚性攻螺纹CYCLE84。

编程格式：CYCLE84（RTP，RFP，SDIS，DP，DPR，DTB，SDAC，MPIT，PIT，POSS，SST，SST1）

其中参数的意义：见表4－19。

表4－19　CYCLE84参数的定义

RTP	后退平面（返回平面）（绝对）	SDAC	循环结束时主轴的旋转方向，取值为3，4，5，分别对应于M3，M4，M5
RFP	参考平面（绝对）	MPIT	标准螺距，取值为3（M3）～48（M48）
SDIS	安全间隙（无符号输入）	PIT	螺距，取值为0.001～2 000.000 mm
DP	最后钻孔深度（绝对）	POSS	主轴的准停角度
DPR	相当于参考平面的最后钻孔深度（无符号输入）	SST	攻丝进给速度
DTB	螺纹深度时的停顿时间（断屑）	SST1	返回速度

如图 4－24 所示为 CYCLE84 刚性攻丝的运动顺序：

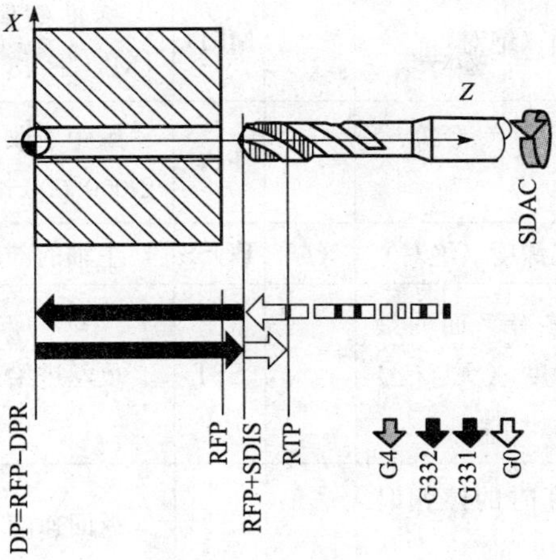

图 4－24　CYCLE84 刚性攻丝的运动顺序

1）Z 轴快速（G0）到达安全间隙之前的平面即安全平面。

2）定位主轴停止（值在参数 POSS 中）以及将主轴转换为进给模式。

3）Z 轴以攻丝进给速度 SST 进给至底平面 DP；

4）底面暂停 DTB 确定的时间；

5）Z 轴以返回速度 SST1 到达安全间隙之前的平面即安全平面。

6）Z 轴以 G0 速度和 SDAC 确定的主轴旋转方向返回至返回平面 RTP。

例　CYCLE84（30，，5，－43，，，3，，1.75，0，100，300）或 CYCLE84（30，0，5，－43，，，3，12，，0，100，300）各参数的含义对照表 4－20 所示。

表 4－20　CYCLE84 参数的定义

RTP	后退平面（返回平面）（绝对）	30	SDAC	循环结束时主轴的旋转方向，取值为 3，4，5，分别对应于 M3，M4，M5	3

续表

RFP	参考平面（绝对）		MPIT	标准螺距，取值为 3（M3）～48（M48）	
SDIS	安全间隙（无符号输入）	5	PIT	螺距，取值为 0.001～2 000.000 mm	1.75
DP	最后钻孔深度（绝对）	-43	POSS	主轴的准停角度	0
DPR	相当于参考平面的最后钻孔深度（无符号输入）		SST	攻丝进给速度	100
DTB	螺纹深度时的停顿时间（断屑）		SST1	返回速度	300

（4）柔性攻螺纹 CYCLE840。

编程格式：CYCLE840（RTP，RFP，SDIS，DP，DPR，DTB，SDR，SDAC，ENC，MPIT，PIT）

其中参数的意义见表 4-21。

表 4-21 CYCLE840 参数

RTP	后退平面（返回平面）（绝对）	SDR	退回时的旋转方向，值：0（旋转方向自动颠倒），3 或 4（用于 M3，M4）
RFP	参考平面（绝对）	SDAC	循环结束时主轴的旋转方向，取值范围为 3，4，5，分别对应于 M3，M4，M5
SDIS	安全间隙（无符号输入）	ENC	带/不带编码器攻丝，值：0=带编码器，1=不带编码器
DP	最后钻孔深度（绝对）	MPIT	标准螺距，取值为 3（M3）～48（M48）

续表

DPR	相当于参考平面的最后钻孔深度（无符号输入）	PIT	螺距，取值为 0.001～2 000.000 mm
DTB	螺纹深度时的停顿时间（断屑）	不需要的参数可以在调用中忽略或将它的值设为零	

如图 4－25 所示 CYCLE840 带补偿夹具攻丝的运动顺序：

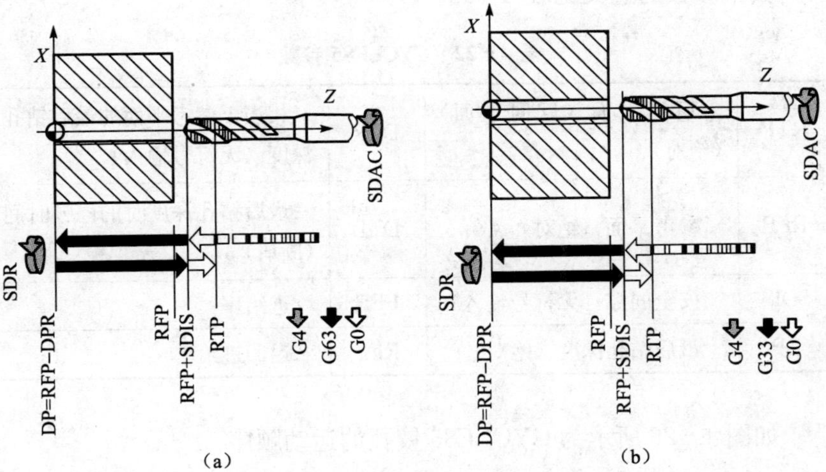

图 4－25　CYCLE840 带补偿夹具攻丝的运动顺序
(a) 带编码器攻丝；(b) 无编码器攻丝

1）*Z* 轴快速（G0）到达安全间隙之前的平面即安全平面。

2）*Z* 轴以攻丝进给速度 SST 进给至底平面 DP。

3）底面暂停 DTB 确定的时间。

4）*Z* 轴以返回速度 SST1 到达安全间隙之前的平面即安全平面。

5）*Z* 轴快速以 G0 速度返回至返回平面 RTP。

图 4－25（a）为带编码器攻丝指令：

例　CYCLE840（30，，5，－43，，，4，3，0，0，1.75），等同于 G33。

图 4－25（b）为无编码器攻丝指令：

例　CYCLE840（30，，5，－43，，，，4，3，1，，），等同于 G63。已忽略 MPIT、PIT。

各个参数含义，请对照表 4－21 CYCLE840 参数表。

（5）铰孔或镗孔循环 CYCLE85。

编程格式：CYCLE85（RTP，RFP，SDIS，DP，DPR，DTB，FFR，RFF）

其中参数的意义见表 4－22。

表 4－22　CYCLE85 参数

RTP	后退平面（返回平面）（绝对）	DPR	相当于参考平面的最后钻孔深度（无符号输入）
RFP	参考平面（绝对）	DTB	最后钻孔深度时的停顿时间（断屑）
SDIS	安全间隙（无符号输入）	FFR	进给率
DP	最后钻孔深度（绝对）	RFF	退回进给率

如图 4－26 所示为 CYCLE85 铰孔的运动顺序：

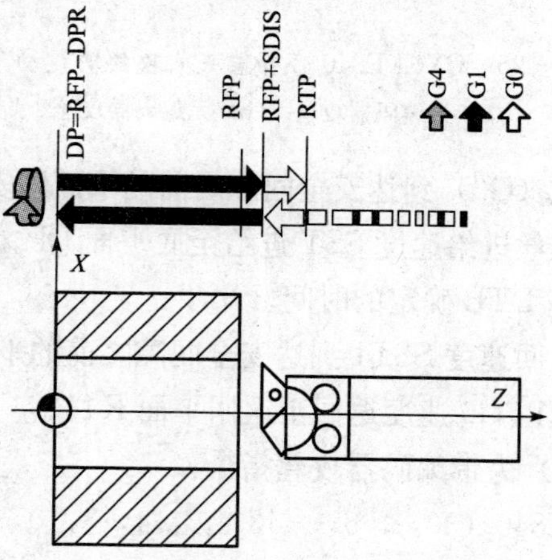

图 4－26　CYCLE85 铰孔的运动顺序

1）Z 轴快速（G0）到达安全间隙之前的平面即安全平面。

2）Z 轴以 G1 插补 FFR 所编程的进给速度进给至最终的钻孔深度。

3）最后钻孔深度时的停顿时间。

4）Z 轴以 G1 插补 RFF 所编程的进给速度退回至安全间隙之前的平面即安全平面。

5）Z 轴快速（G0）返回至返回平面 RTP。

例 CYCLE85（30，，2，-20，，1，50，200）

循环调用，前面六个参数对照 CYCLE82 参数表，孔底暂停 1 s，铰孔进给 50 mm/min，返回进给率 200 mm/min。

（6）带停止的镗孔循环 CYCLE88。

编程格式：CYCLE88（RTP，RFP，SDIS，DP，DPR，DTB，SDIR）

其中参数的意义见表 4-23。

表 4-23 CYCLE88 参数

RTP	后退平面（返回平面）（绝对）
RFP	参考平面（绝对）
SDIS	安全间隙（无符号输入）
DP	最后钻孔深度（绝对）
DPR	相当于参考平面的最后钻孔深度（无符号输入）
DTB	最后钻孔深度时的停顿时间（断屑）
SDIR	旋转方向，值：3（用于 M3）；4（用于 M4）

CYCLE88 钻孔的运动顺序：

1）Z 轴快速（G0）到达安全间隙之前的平面即安全平面。

2）Z 轴以 G1 插补及所编程进给速度进给至最终的钻孔深度。

3）最后钻孔深度处的停顿时间。

4）主轴停止和程序停止（M5、M0）。程序停止后，按 NC START 继续。

5）Z 轴快速（G0）返回至返回平面 RTP。

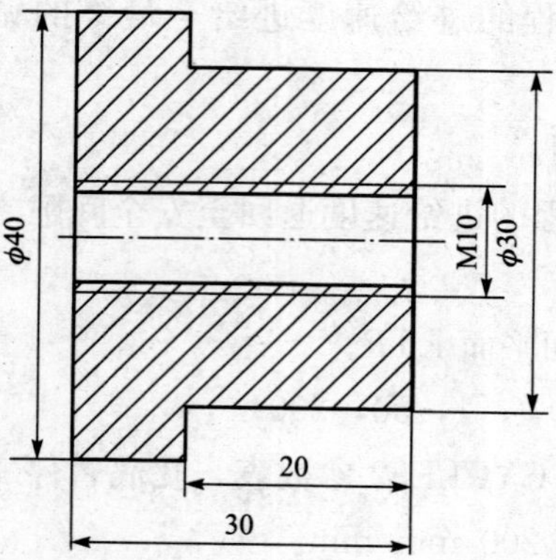

图 4-27 钻孔与攻丝

例 CYCLE88（30，，3，-32，，1，3）。

（7）编程实例。

例 试用孔加工固定循环指令编写如图 4-27 所示工件的数控车加工程序。

加工螺纹底孔时采用 1 号刀，φ8.5 钻头，加工内螺纹时采用 2 号刀，M10 丝攻。运用孔加工循环指令编制程序为：

```
CZY49.MPF                      主程序名
G95 G90;                       程序起始,定义初始状态,转进给编程、绝对编程
M3 S600;                       主轴正转,转速为 600 r/min
T1D1;                          换 1 号刀,导入刀具刀补
G0 X0 Z50;                     快速到达孔中心点
CYCLE82(30,,3,- 35,,1);
G74 X0Z0;                      回到换刀点
T2D1;                          换 2 号刀,导入刀具刀补
G0 X0Z50;                      快速到达孔中心点
CYCLE84(30, ,3,- 35,,
0 ,3, ,1.5,0,100,300);
G74 X0Z0;                      回到换刀点
M30;                           程序结束
```

第 6 节 子程序编程

一、子程序

原则上讲主程序和子程序之间并没有多大的区别。用子程序编写

经常重复进行的加工，比如，某一个确定的轮廓形状。这时，就把那些重复的部分编写成一个子程序，以便主程序在需要的时候进行调用、运行。

子程序的一种形式就是加工循环，加工循环包含一般通用的加工工序，如螺纹切削，坯料切削加工等。通过规定的计算参数赋值就可以实现各种具体的加工。

1. 子程序的命名规则

SIEMENS 802D 系统规定程序名由文件名和文件扩展名组成。文件名可以由字母或字母+数字组成。文件扩展名有两种，即“. MPF”和“. SPF”。其中“. MPF”表示主程序，如 AA1. MPF；“. SPF”表示子程序如 L2. SPF、456. SPF、CY. SPF 等。具体命名规则如下：

(1) 以字母、数字或下画线来命名文件名，字符间不能有分隔符，且不能超过 16 个字符。输入文件名时，如果不加后缀，系统默认是主程序，如果是以字母 L 加数字命名的，系统默认是子程序。

(2) 子程序中还可以使用地址字 L...，其后的值可以有 7 位。使用地址字 L 时，L 之后的零均有意义，不可省略。举例：L188 并非 L0188 或 L00188。以上表示 3 个不同的子程序。

2. 子程序嵌套

子程序不仅可以从主程序中调用，也可以从其他子程序中调用，这个过程称为子程序的嵌套。子程序的嵌套可以为 8 层，也就是八级程序界面（包括主程序界面）。

3. 子程序的调用

在一个程序中（主程序或子程序）可以直接用程序名调用子程序。子程序调用要求占用一个独立的程序段。如果要求多次地执行某个子程序，则在编程时必须在所调用子程序的程序后地址 P 下写入调用次数，最大次数可以为 9999（P1...P9999）

```
N10 L28         调用子程序 L28
N20 CY8         调用子程序 CY8
N30 L998 P3     调用子程序 L998,运行 3 次
```

N40 AB1 P2　　　调用子程序 AB1,运行 2 次

子程序结束语句是 M17 或 RET。M17 或 RET 要求单独占一行。

二、编程实例

例　试用子程序的编程方式编写如图 4-28 所示管接头零件的数控车加工程序。

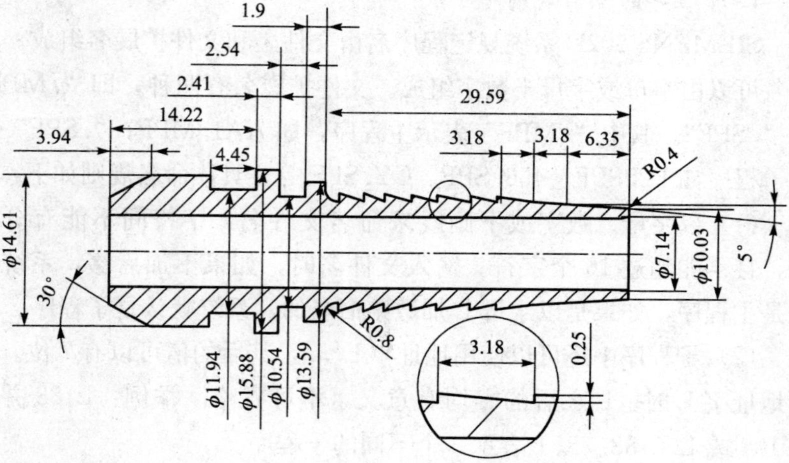

图 4-28　子程序编程实例——管接头

管接头零件上共有 6 个锯齿槽，对于这个部分加工采用调用子程序进行，可以简化程序。

加工外圆时，采用 1 号 93°的硬质合金外圆车刀，割槽时采用 2 号定制切槽刀具。

编制的参考程序为：

CZY50.MPF	主程序名
G94 G90;	程序起始,定义初始状态,分进给编程、绝对编程
M3 S800F100;	主轴正转,转速为 800 r/min
T1D1;	换 1 号外圆刀,导入刀具刀补
X18 Z2;	刀具走到毛坯循环起点,外径大 1～2 mm,Z 轴大到 2 mm

```
CYCLE95("L50",1,0.05,          纵向外部精加工方式
0.2,,150,80,80,5,,,0.5);
G74 X0Z0;                      回到换刀点
T2D1;                          换 2 号定制切槽车刀,导入刀具刀补
S1000;                         转速为 1 000 r/min
G0X11.03 Z-9.35;               刀具快速定位到切槽起点
L51P6;                         调用子程序 L51 切槽程序 6 次
G74 X0Z0;                      回到换刀点
M30;                           程序结束

L50.SPF                        子程序名
G0X8.19Z2;                     轮廓起点
G1Z0;                          切入轮廓
G3X8.98Z-0.37CR=0.4;           精加工轮廓轨迹
G1X10.03Z-6.35;
Z-28.79;
G2X11.63Z-29.59CR=0.8;
G1X13.59;
Z-34.03;
X16;
M17;                           子程序结束,返回主程序

L51.SPF                        子程序名
G01U-1.5F100;
U0.5W-3.18;
U1;
M17;                           子程序结束,返回主程序
```

第 7 节 参数编程与坐标变换编程

一、参数编程

SIEMENS 系统中参数编程与 FANUC 系统中的宏指令编程相似,

SIEMENS系统中R参数就相当于FANUC系统中的“#”变量。R参数同样可以进行赋值、运算，从而使程序实现一些有规律变化的动作，可以提高编程的灵活性，也可以实现一些复杂形状零件的编程。

1. 参数

(1) R参数的表示。R参数由地址符R与若干位数字组成。

例 R1，R10，R100。

(2) R参数的引用。除地址N、G、L外，R参数可以用来代替其他任何地址符号后面的数值。使用时，地址符与参数间必须通过“=”连接。

例 G1X=R1 Z=R2 F100；G1X=R1+R1 * SIN（R2）Z=50-R3F80。

参数可以在主程序和子程序中进行赋值，也可以与其他指令编在同一程序段中。

例 R1 = 10 R2 = 30 R3 = -25；或 R1 = 10 R2 = 30 R3=-25S600M3。

(3) R参数的种类。R参数分成3类，即自由参数、加工循环传递参数和加工循环内部计算参数。

1) R0～R99为自由参数，在程序中可以自由使用。

2) R100～R249为加工循环传递参数。程序中如果没有固定循环，则这部分参数可以自由使用。

3) R250～R299为加工循环内部计算参数。程序中如果没有固定循环，则这部分参数也可以自由使用。

使用R参数编程时，一般尽量使用自由参数R0～R99。

2. 参数的运算格式

(1) 参数运算格式。R参数的运算与FANUC中的B类宏变量运算相同，都是直接使用“运算表达式”。R参数的运算格式见表4-24。

表4-24 R参数的运算格式

功 能	格 式	举 例
定义、转换	Ri=Rj	R1=R2，R1=8

续表

功 能	格 式	举 例
加法	Ri=Rj+Rk	R3=R1+R2 R100=R105−20 R100=R3 * (R5+R2) R106=R2/20
减法	Ri=Rj−Rk	
乘法	Ri=Rj * Rk	
除法	Ri=Rj/Rk	
正弦	Ri=SIN (Rj)	R100=SIN (R2) R101=COS (R3+21.8) R1=TAN (R2/R3)
反正弦	Ri=ASIN (Rj)	
余弦	Ri=COS (Rj)	
反余弦	Ri=ACOS (Rj)	
正切	Ri=TAN (Rj)	
反正切	Ri=ATAN (Rj) / (Rk)	
平方根	Ri =SQRT (Rj)	R1=SQRT (R1 * R1−40) R1=ABS (R2) R1=ROUND (R2) R1=FIX (R2) R1=FUP (R2)
绝对值	Ri =ABS (Rj)	
舍入	Ri =ROUND (Rj)	
上取整	Ri =FIX (Rj)	
下取整	Ri =FUP (Rj)	
或	Ri =Rj OR Rk	逻辑运算
异或	Ri =Rj XOR Rk	
与	Ri =Rj AND Rk	

R参数数学计算的次序依次为：函数运算（SIN、COS、TAN等），乘和除运算（*、/、AND），加和减运算（+、−、OR、XOR等）例如：R100=R1−R2 * COS（R3），运算次序是先执行函数COS（R3），再进行乘法R2 * COS（R3），最后进行减法计算R1−R2 * COS（R3）。

（2）函数SIN、COS等的角度单位是度（°）。如果是度和分的形式要转换成度的形式表示。如15°18′应该换算成15.3°。

（3）函数中括号。括号用于改变运算次序，函数中的括号允许嵌套使用。例：R8＝R1＋SIN｛［（R2＋R3）＊R4＋R5］/R6｝。

3. 跳转指令

（1）无条件跳转。

无条件跳转是不需要满足任何条件而跳向指定的标记处，又称绝对跳转。

GOTOB LABEL；向后跳转（朝程序开始的方向跳转）

GOTOF LABEL；向前跳转（朝程序结束的方向跳转）

其中 LABEL 为程序内标记符号，表示的是跳转目的。

（2）条件跳转。

IF 条件 GOTOB LABEL；

IF 条件 GOTOF LABEL；

其中，IF 为跳转条件的导入符。

常用的运算比较符号见表 4－25。

表 4－25　运算比较符号格式

运算符号	格　式	运算符号	格　式
等于	＝＝	大于	＞
不等于	＜＞	小于等于	＜＝
小于	＜	大于等于	＞＝

例　IF R1＞R2 GOTOB AA1；如果 R1 大于 R2，那么就跳转到 AA1。

IF R1＞＝R1＋R3＊SIN（R2）GOTOB AA2；如果 R1 大于或等于 R1＋R3＊SIN（R2），那么就跳转到 AA2。

IF R1＜＞R2 GOTOF AA3；如果 R1 不等于 R2，那么就跳转到 AA3。

IF R1＝＝R2 GOTOB AA1 IF R1＝＝R3 GOTOF AA3；如果 R1 等于 R2，那么就跳转到 AA1，如果 R1 等于 R3，那么就跳转到 AA3。

4. 编程示例

例　试用参数编程的方法编写如图 4－29 所示零件的曲面精加工程序。

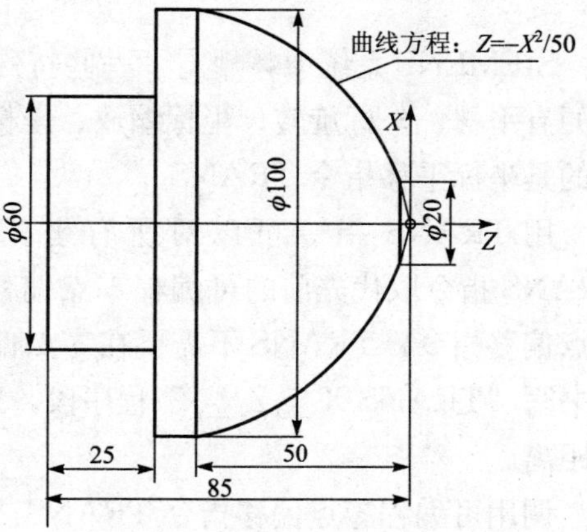

图 4－29　R 参数编程实例——灯罩凸模

加工该零件时，曲面应粗加工，可以采用圆弧来代替去除余量（加工程序略）。精加工时，采用直线进行拟合。以 Z 坐标作为自变量，X 坐标作为因变量。

采用 1 号 R 刀具精加工切削曲面，编写的参考程序如下：

CZY52. MPF	主程序名
G94 G90;	程序起始,定义初始状态,分进给编程、绝对编程
M3 S800F100;	主轴正转,转速为 800 r/min
T1D1;	换 1 号 R 刀,导入刀具刀补
G0X10 Z2;	刀具快速定位起点
R1= 0;	R1 为 Z 坐标变量
AA1：R2= SQRT(- 50*R1) ;	X 函数变量(半径值)
R3= 2*R2;	X 坐标变量(直径量)
G1X= R3Z= R1;	直线拟合曲线段
R1= R1- 0.1;	Z 向坐标值每次减少 0.1 mm
IF R1> = - 50 GOTOB AA1;	条件判断,Z 向坐标值是否结束
G1Z- 62;	切削大台阶
G0X120;	刀具后退
G00Z2;	回退到零点
G74 X0Z0;	回到换刀点
M30;	程序结束

二、坐标变换编程

SIEMENS 系统中，规定了一些特殊的坐标变换功能指令。如常用的有平移、坐标旋转、坐标缩放、坐标镜像等。数控车床中使用最多的是坐标平移指令 TRANS。

用 TRANS 指令可以对所有坐标轴编程零点偏移，后面的 TRANS 指令取代先前的可编程零点偏移指令。TRANS 与 G54 都为零点偏移指令，TRANS 不需要在零点偏移窗口的设置，只需在程序中书写“TRANS X __ Z __;”程序段，地址 X、Z 后面的数值为偏移的距离。

调用可编程零点偏移指令 TRANS，应用举例：

```
CZY53.MPF           程序名
G94 G90;            程序起始,定义初始状态,分进给编程、绝对编程
M3 S1200;           主轴正转,转速为 1 200 r/min
T1D1;               换 1 号外圆刀,导入刀具刀补
G0 X100 Z100;       快速到达换刀点
TRANS X3;           将工件坐标系平移 3 mm
L53;                调用子程序,粗加工轮廓
TRANS;              取消可编程偏置
L53;                调用子程序,精加工轮廓,毛坯整体余量 3 mm
G74 X0Z0;           回到换刀点
M30;                程序结束

L 53.SPF            程序名(子程序)
G0X20Z2;            轮廓起点(程序前的行号可以省略)
G1 Z0F100;          切入轮廓
X24Z- 2;            倒角
Z- 20;              车台阶外圆
X28;
Z- 35;
X35;
```

```
G0X40Z2;
M17;                    子程序结束
```

三、综合编程实例

例 试采用参数编程的方式编写如图 4-30 所示零件的加工程序。

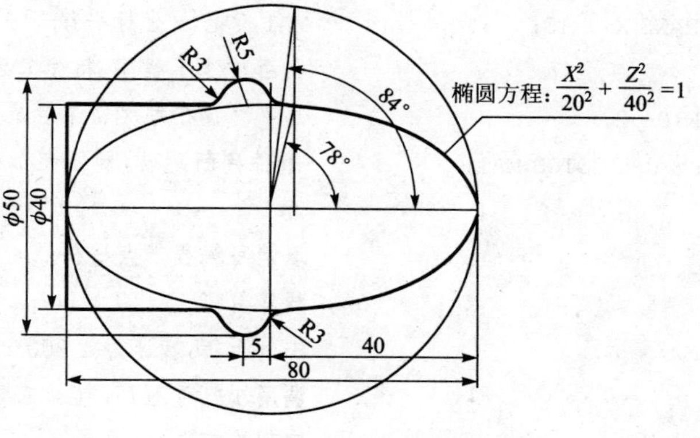

图 4-30 参数编程实例

1. 加工程序编制思路

如图 4-30 所示工件粗、精加工均可以采用 35°的菱形车刀加工。但外圆轮廓曲线要求较高时，可以采用 R 圆弧刀进行精加工车削加工。粗加工采用坐标平移方式去除余料。坐标平移会使刀具在零件外部产生许多空刀现象，解决方法有两种，一种是先采用毛坯切削循环去除余量。另一种是采用这种方法，配合 R 参数判别当刀具轨迹位于零件最大尺寸外部时，终止刀具轨迹，使其回到起点从新开始下一循环刀路。

使用 R 参数编程时，椭圆编程有两种方法：一种就是采用椭圆的直线编程，以 Z 值为自变量，每次变化 0.1 mm，X 值为因变量，通过参数运算计算出相应的 X 坐标值，即 $X=20*\text{SQRT}(1-Z*Z/40/40)$。另一种是采用椭圆的极坐标方程。

2. 参考程序

```
CZY54.MPF               程序名
```

G94 G90;	程序起始,定义初始状态,分进给编程、绝对编程
M3 S600F200;	主轴正转,转速为 600 r/min,进给 200 mm/min
T1D1;	换 1 号 35°菱形外圆刀,导入刀具刀补
R10= 40;	设置 X 轴平移量
MA1:TRANS X= R10;	MA1 标记,X 坐标平移
TY1;	调用 TY1 子程序,粗加工椭圆
R10= R10- 2;	总平移量在每次切深后减少 2mm
IF R10> 0.5 GOTOB MA1;	条件判断跳转,椭圆粗加工留 0.5 mm 余量
TRANS;	取消可编程零点平移
M5M0;	程序暂停
S1200M3;	主轴正转,转速为 1 200 r/min
TY1;	调用 TY1 子程序,精加工椭圆
G74X0Z0;	回到换刀点
M30;	程序结束

TY1.SPF;	程序名(椭圆加工子程序)
G90G0X0Z2;	轮廓起点
G1 Z0F100;	切入轮廓
R1= 40 R2= 20 R3= 1 R4= 78;	R1 为长半轴,R2 为短半轴,R3 为椭圆起始角度变量,R4 为椭圆终止角度值
MA2:R5= R1*COS(R3);	设置椭圆长轴变量(Z)
R6= 2*R2*SIN(R3);	设置椭圆短轴变量(X)
G1X= R6Z= -(40- R5) F100;	用直线拟合椭圆曲线
R3= R3+ 1;	角度变量每次增加 1°
IF R3< = R4 GOTOB MA2;	如果角度变量小于 78°,椭圆未加工完,返回 MA2 处继续粗加工
G2X43.71Z- 40.36CR= 3;	加工与椭圆相切的 R3 圆弧
G3X43.75Z- 49.64CR= 5;	加工 R5 圆弧
G2X40Z- 52.42CR= 3;	加工 R3 圆弧

```
G1Z- 82;                          轮廓终点
G0X52;                            退刀到轮廓加工起始位置
Z2;
M17;                              子程序结束,返回主程序
```

第 8 节　SIEMENS 802D 系统数控车床的操作

本节要求熟悉 SINUMERIK 802D 系统数控车床的操作面板和系统面板的操作、机床回参考点操作、加工程序的编辑操作、参数设置操作、加工操作。

一、机床操作面板

(一) CNC 操作面板

SINUMERIK 802D 数控车床操作面板如图 4－31 所示。

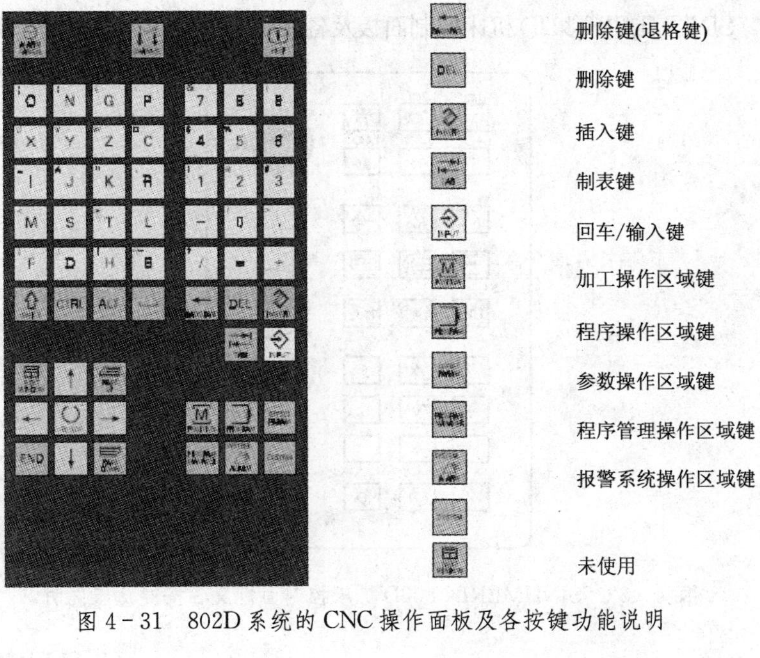

图 4－31　802D 系统的 CNC 操作面板及各按键功能说明

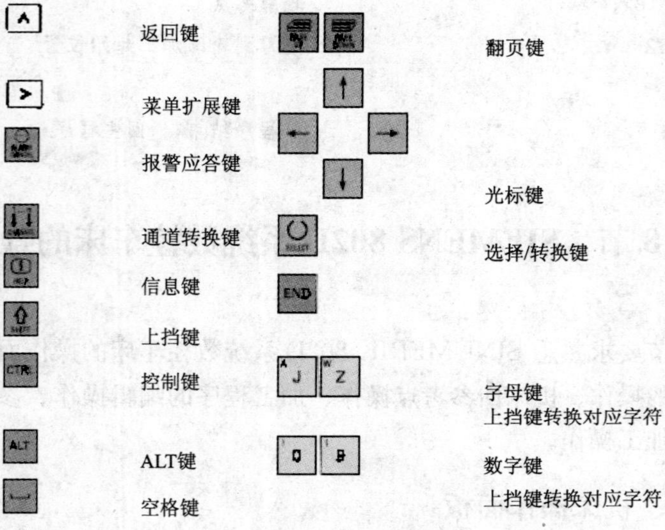

图 4-31　802D 系统的 CNC 操作面板及各按键功能说明（续）

（二）机床控制面板

SINUMERIK 802D 机床控制面板及各按键功能说明如图 4-32 所示。

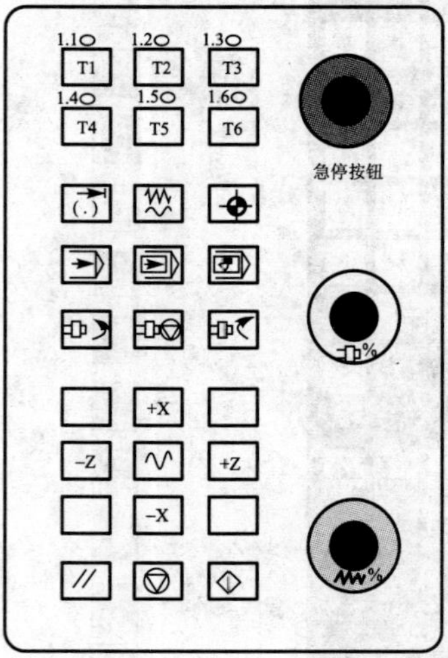

图 4-32　SINUMERIK 802D 机床控制面板及各按键功能说明

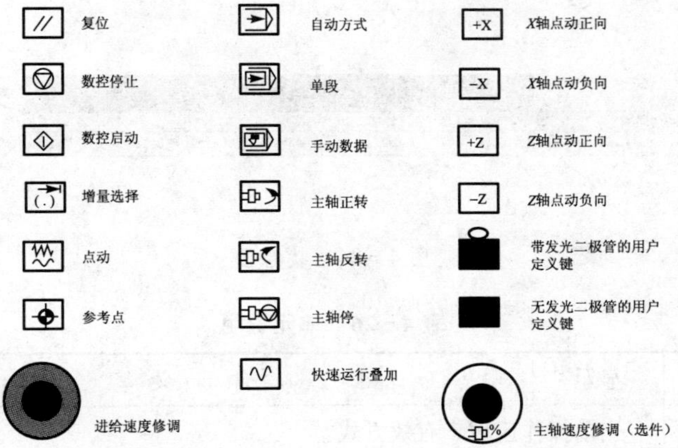

图 4－32　SINUMERIK 802D 机床控制面板及各按键功能说明（续）

(三) 屏幕画面

SINUMERIK 802D 屏幕画面如图 4－33 所示。从图 4－33 中可以看出屏幕划分为以下三个区域：状态区、应用区和说明及软键区。

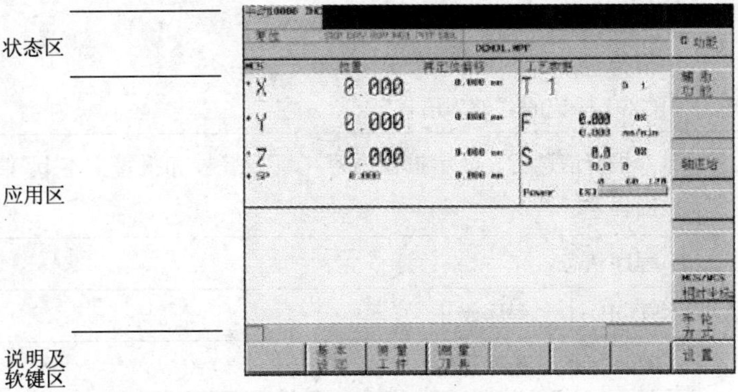

图 4－33　SINUMERIK 802D 屏幕画面

1. 状态区

图 4－34 为状态区详图。图 4－34 中所示单元说明见表 4－26 所示。

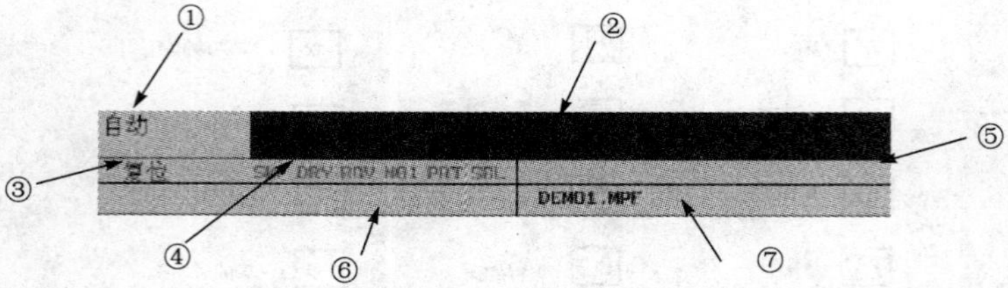

图 4-34 状态区

表 4-26 单元说明

图中元素	显示	含义
①	当前操作区域，有效方式： 加工：JOG；JOG 方式下的增量大小 MDA AUTOMATIC 参数 程序 程序管理器 系统 报警 G291 标记的“外部语言”	
②	报警信息行。显示报警内容：a. 报警号和报警文本 b. 信息内容	
③	程序状态：	
	STOP	程序停止
	RUN	程序运行
	RESET	程序复位/基本状态
④	自动方式下的程序控制	
⑤	保留	
⑥	NC 信息	
⑦	所选择的零件程序（主程序）	

2. 说明及软键区

图 4－35 为说明及软键区详图。图中所示单元说明见表 4－27 所示。

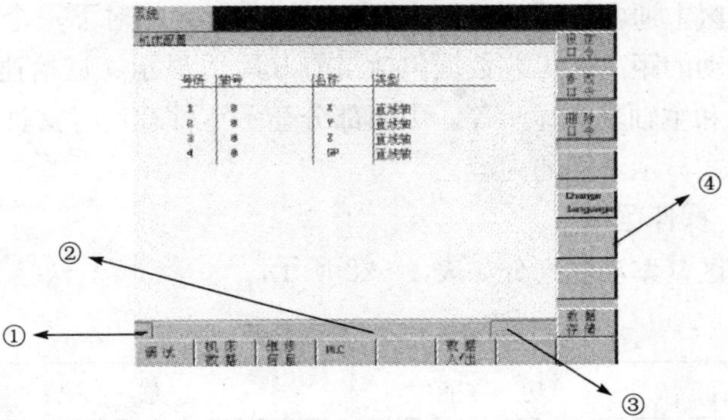

图 4－35 说明及软键区详图

表 4－27 单元说明

图中元素	显示	含 义
①	∧	返回键：在此区域出现该符号，表明处于子菜单上。按返回键，返回到上一级菜单
②		提示：显示提示信息
③		MMC 状态信息
	>	出现扩展键，表明还有其他软键功能
		大小写字符转换
		执行数据传送
		链接 PLC 编程工具
④		垂直和水平软键

标准软键：[<< 返回]键关闭屏幕格式返回前一屏幕格式。[× 中断]键中断输入，退出该窗口。

接收键中断输入，接收进行计算。确认键中断输入，接收输入的值。

3. 应用区

应用区上通常显示的是机床实际坐标位置，相对下一个程序段还有没有运动的距离。工艺数据包括当前刀具 T 显示、进给速度 F、主轴转速 S 和主轴功率显示等。中间部分显示零件程序、文件等。不同的屏幕格式显示不同的内容。

(四) 操作区域

操作区基本功能划分如表 4-28 所示。

表 4-28　操作区域

图　标	功　　能	意　　义
M POSITION	加工	机床加工，机床加工状态显示
OFFSET PARAM	偏移量/参数	输入刀具补偿值和零点偏置设定值
PROGRAM	程序	生成零件程序、编辑修改程序
PAOGRAM MANASER	程序管理器	零件程序目录列表
SHIFT　SYSTEM ALARM	系统	诊断和调试
SYSTEM ALARM	报警	报警信息和信息表

西门子系统可以通过设定口令对系统数据的输入和修改进行保护。保护级分为三级。用户级是最低级，但它可以对刀具补偿、零点偏置、设定数据、RS232 设定和程序编制/程序修改进行保护。

另外，西门子系统还对系统的输入操作设置了计算器。按“上挡键”和“＝”符号

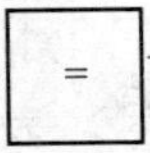

可以启动数值的计算功能。用此功能可以进行数据的四则运算，还可以进行正弦、余弦、平方和开方等运算。

系统还提供一种功能，即在程序编辑器中和 PLC 报警文本中编辑中文字符。用于打开和关闭中文编辑器的功能键是：Alt＋S。

系统使用专门的键指令，用于选择、复制、剪切和删除文字。它适用于零件程序编辑器，也适用于进行操作。具体为：Ctrl＋C 复制、Ctrl＋B 选择、Ctrl＋X 剪切、Ctrl＋V 粘贴、Alt＋L 用于转换大小写字符和 Alt＋H 帮助文本。

帮助系统通过帮助键激活。该帮助系统对所有的重要的操作功能提供相应的简要的说明。具体有以下功能：简要显示 NC 指令、循环编程和驱动报警说明。

二、开机和回参考点

打开电源开关，机床开机，开机后回参考点的操作步骤：

（1）开机后机床会自动回到“回参考点”功能。如不在参考点画面则按下机床控制面板上的手动加回参考点键和，这样在其他功能中也可回到“回参考点”功能状态的。图 4－36 为回参考点状态。

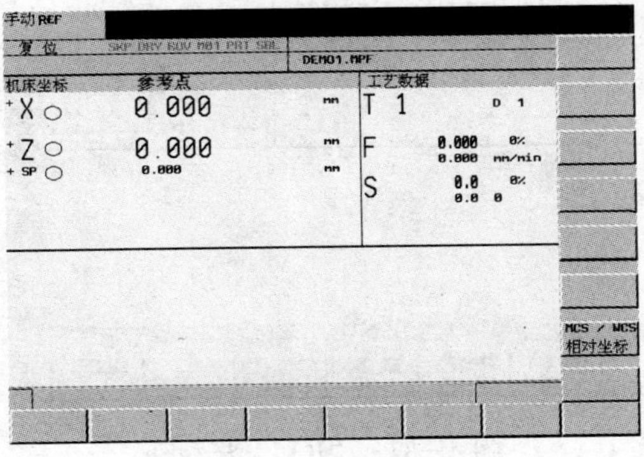

图 4－36　回参考点状态

(2) 按坐标轴方向键“+X、+Z”，手动使每个坐标轴逐一回参考点，直到回参考点窗口中显示◐符号，表示各个坐标轴完成回参考点操作。如果选错了回参考点方向，则不会产生运动。○符号表示坐标轴未回参考点。

(3) 回参考点后，通过选择另一种运行方式（如 MDA、AUTO 或 JOG）可以结束回参考点的功能。这里常常进行的操作是按下机床控制面板上的“JOG”键，进入手动运行方式，再分别按下方向键使各个坐标轴离开参考点位置，所按坐标轴的方向为“回参考点”方向的反方向。注意不能按错方向键，否则机床会出现坐标轴超程报警信号。如出现超程报警则按坐标轴的反方向退出即可。

三、手动控制运行

(1) 在 JOG 运行方式中，可以使坐标轴出现三种方式运行，其速度可以通过进给速度修调按钮调节，JOG 方式的运行状态如图 4-37 所示。通过机床控制面板上的 JOG 键选择手动运行方式。进入手动运行方式后三种具体操作步骤为：

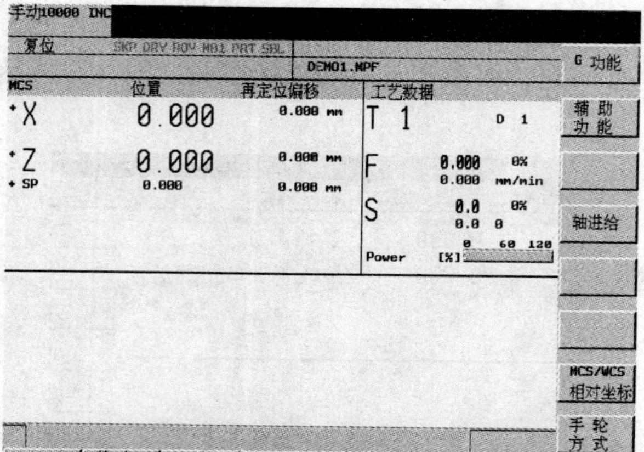

图 4-37 “JOG” 状态图

① 连续运动各个坐标轴：按相应的方向键“＋X”、“－Z”可以使坐标轴运行。只要相应的键一直按着，坐标轴就一直以机床设定数据中规定的速度连续运行。需要时可以用修调开关调节速度。如果再同时按下“快进”键，则坐标轴以快速进给速度运行。

② 增量运动各个轴：按下“增量”键可以选择 1，10，100，1 000 四种不同的增量（单位为 μm），步进量的大小也依次在屏幕上显示，此时每按一次方向键，导轨相应运动一个步进增量。如果按“点动键”，则可以结束步进增量运行方式，恢复手动状态。

③ 手轮手摇增量运动各个轴：在 JOG 方式，可以通过功能扩展键手轮方式，进入“手轮”方式操作。屏幕上显示手轮窗口，如图 4－38 所示“手轮”一窗口。

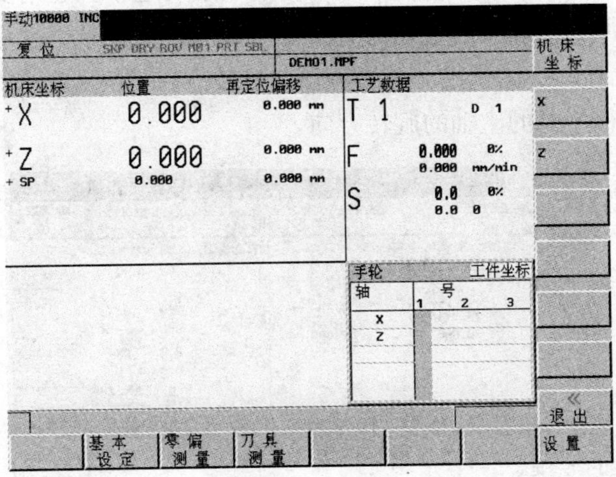

图 4－38 “手轮”一窗口

先移动光标键到所选的手轮，然后按相应的坐标轴的软键，在窗口中出现符号，按“确认”表示已选择该坐标轴手轮。按“机床坐标”或“工件坐标”软键，可以从机床坐标系或工件坐标系中选择坐标轴，用来选通手轮，所设定的状态显示在“手轮”—窗口中。摇动手轮可以像平时摇普通机床坐标轴一样实现坐标轴的增量进给。不过，初学者不宜选择较大的倍率，也不宜摇得太快。

(2) JOG 运行方式下的软功能键的功能介绍。在 JOG 运行方式下的界面中，按下软功能键 基本设定 出现基本设定菜单。在此菜单中相对坐标系中可以设定临时的参考点和基本零偏。

具体操作为：① 直接输入要求的轴位置：在加工窗口把光标定位在所要求的轴，输入新位置。按输入键或移动光标完成输入。② 把所有的轴设为零：使用 X=Z=0 的功能，分别把坐标轴的当前位置设置为零。③ 设定单个坐标轴为零：如果选择软键 X=0，Z=0，则当前的位置值被设定为零。

如图按下软功能键 设置 则出现如图 4-39 所示设置界面在此屏幕格式下可以设置返回平面、安全距离、手动进给、递增变量和旋转方向。返回平面和安全平面主要用于端面加工设置。手动进给、递增变量是设置 JOG 的进给率和增量值。旋转方向是指定在 MDA 方式下自动执行程序时的主轴的旋转方向。

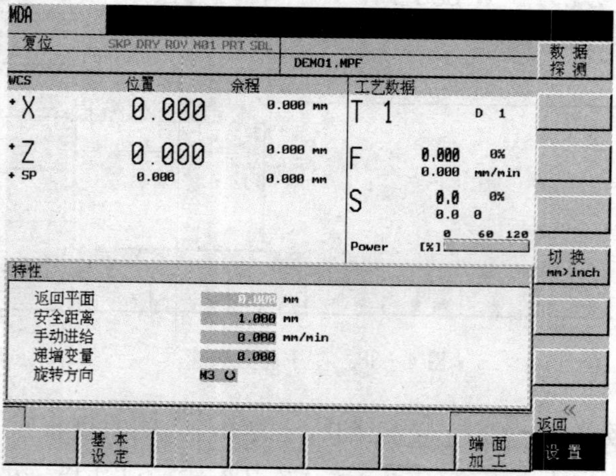

图 4-39 设置界面

软功能键[切换 mml,inch]可以在公制和英制尺寸之间进行转换。[测量 工件]键用于零点偏置。[测量 刀具]键用于测量刀具偏置。

四、MDA 运行方式（手动输入）

在 MDA 运行方式下可以编制一个零件程序段加以执行，此运行方式中所有的安全锁定功能与自动方式。

（1）通过控制面板上的“手动数据”键选择 MDA 运行方式。进入 MDA 功能界面。

（2）通过操作面板输入加工程序段，可以单段也可多段。如 T1D1；S800M3。

（3）按“程序启动”键执行输入的程序段，则系统换 1 号刀执行 1 号刀补值，主轴以 800 r/min 的转速正转，执行完毕后，输入区的内容仍保留，该程序段可以通过按数控启动键再次重新运行。

五、参数设置

在 CNC 进行工作之前，必须在 NC 上通过参数的输入和修改对机床、刀具等进行调整。设置内容为：输入刀具参数及刀具补偿参数、输入/修改零点偏置和输入设定数据。

（一）刀具的参数设定

刀具参数包括刀具几何参数、磨损量参数和刀具型号参数。

1. 刀具参数的输入

（1）操作步骤。按面板上的[OFFSET PARAM]键进入参数设置菜单，一般默认的是刀具表软键按下为刀具补偿参数窗口。如图 4-40 所示：在输入区将光标定位，输入数值后再按下[INPUT]键确定。对于一些特殊的刀具可以使用[扩展]键，填入全部参数。如图 4-41 为特殊刀具的输入屏幕格式。

（2）软键功能介绍。[测量 刀具]键用于刀具的补偿数据。[删除 刀具]键清

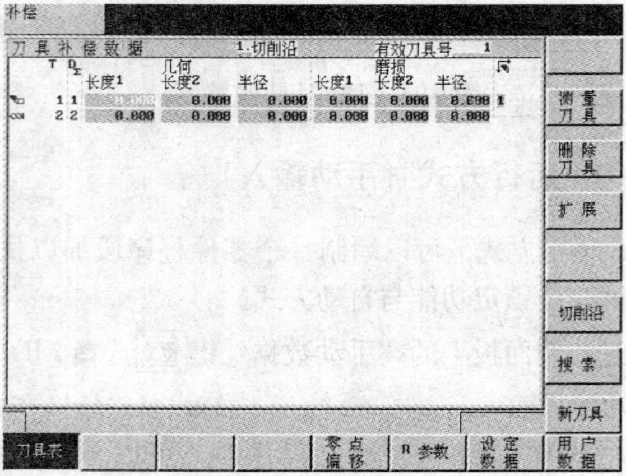

图 4－40　设置界面

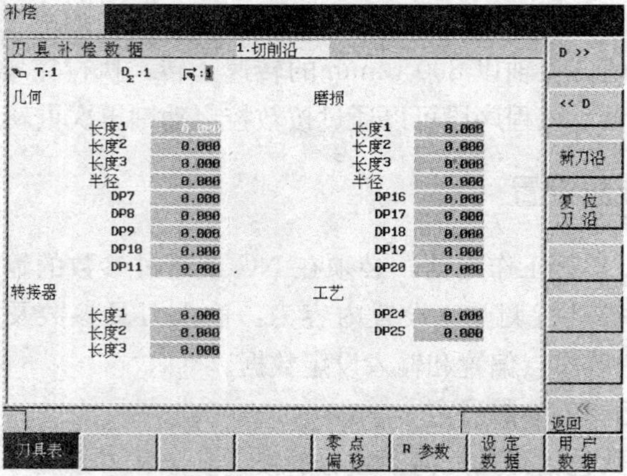

图 4－41　特殊刀具的输入屏幕格式

除刀具所有刀沿的刀具补偿参数。［扩展］键显示所有参数。按［切削沿］键则打开一个子菜单，提供所有功能，用于建立和显示其他的刀沿。［D ≫］键选择递增的刀沿。［≪ D］键选择递减的刀沿号。按下［新刀沿］键建立一个新刀沿。按［复位刀沿］键复位刀沿的所有补偿参数。［搜索］键输入待查找的刀具号，按确认键，如果所查找的刀具存在，则光标会自动移动到相应的行。使用［新刀具］键可建立一个新刀具的刀具补偿。

(3) 建立新刀具。在刀具参数补偿屏幕格式下，按下 新刀具 软键则出现如图 4－42 新刀具窗口和图 4－43 的刀具号输入窗口。在新刀具窗口中选择刀具类型，在刀具号输入窗口、输入刀具号。按下 确认 键确认输入。在刀具组清单中自动生成所设置的刀具号数据组。

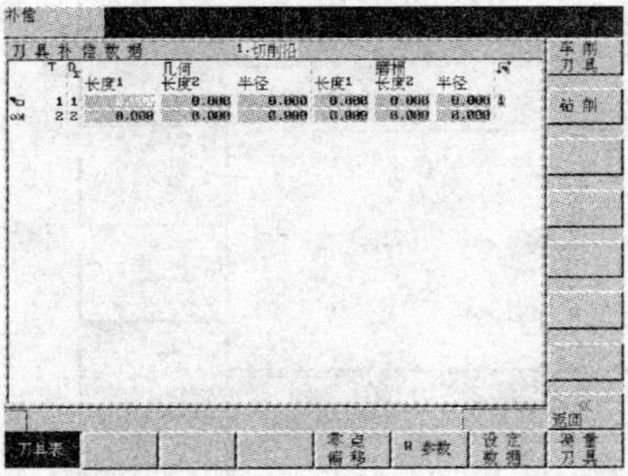

图 4－42　新刀具

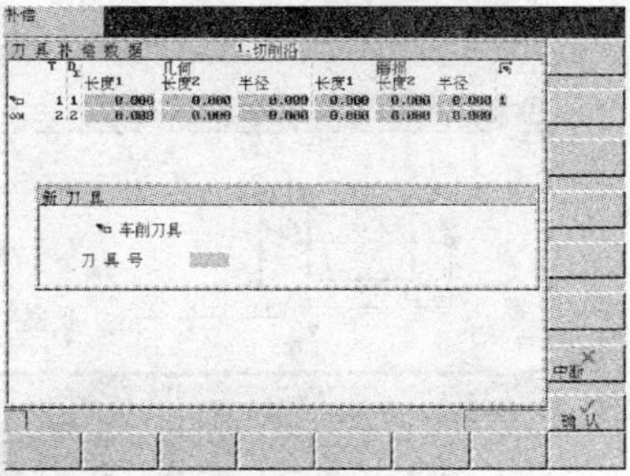

图 4－43　刀具号输入

2. 刀具参数的设定

设定刀具参数的过程实际上就是对刀的过程，其操作步骤如下。

(1) 第一把刀具（通常为外圆刀）参数的确定。在“JOG”手动状态的画面下：

1) 单击 测量刀具 键，切换到“测量刀具界面”，然后单击 手动测量 软键，进入如图 4－44 手动测量刀具长度 2 界面和图 4－45 手动测量刀具长度 1 界面所示界面。

2) 按机床操作面板上的“手动数据 MDA”键，进入 MDA 方式，在 MDA 方式窗口的程序输入区内输入程序段“S800 M03”，按 CNC 控制面板上的“输入确认”键，再按机床操作面板上的“程序启动”键，则主轴以 800 r/min 的速度正转。

3) 再单击操作面板上的键按钮，进入手动方式，用 1 号外圆刀车削工件右端面，沿 X 方向退刀。

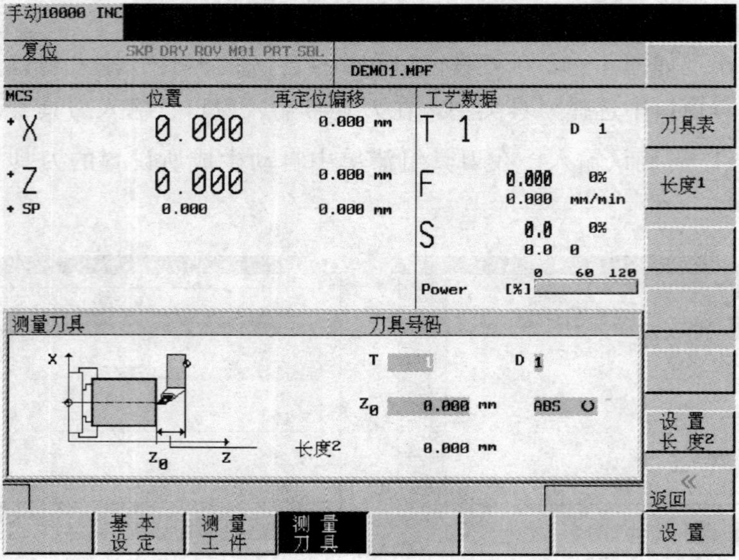

图 4-44 手动测量刀具长度 2 界面

4）单击“设置长度 2”软键，切换到 Z 的界面。在图 4-44 所示的界面中，在“Z0”后的输入框中填写“0”按下“存储位置”和“设置长度 2”软键。此时第一把刀具的轴线方向的刀具补偿值被自动置入“刀具表”内。

5）再将刀具靠近工件，试切零件外圆，车出长度 2～4 mm，沿 Z 轴正向退出刀具，停止主轴，测量被切的外圆的直径。

6）将所测得的直径值写入 ϕ 后的输入框内，如图 4-45 所示手动测量刀具长度 1 界面，按下“存储位置”和“设置长度 1”软键。此时第一把刀具的直径方向的刀具补偿值被自动置入“刀具表”内。

(2) 第二把刀具和其他刀具参数的确定。

1）按机床操作面板上的“手动数据 MDA”键，进入 MDA 方式，在 MDA 方式窗口的程序输入区内输入程序段“T2D1”，按 CNC 控制面板上的“输入确认”键，再按机床操作面板上的“程

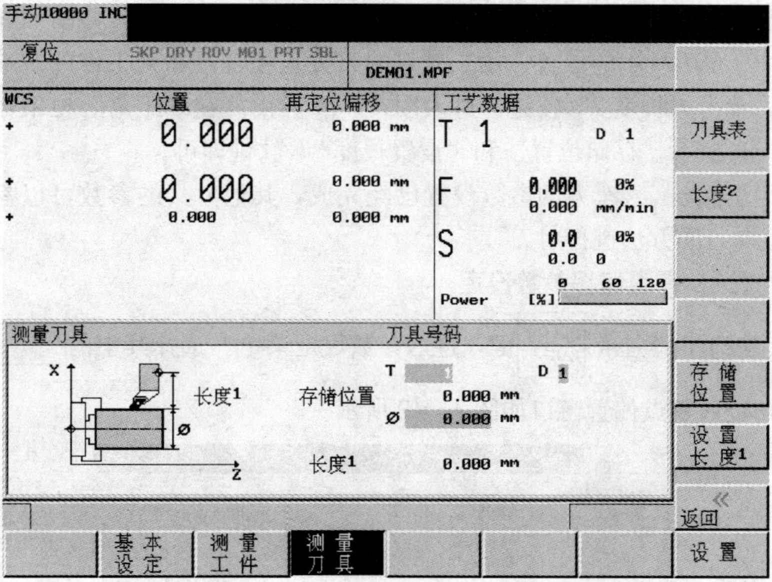

图 4-45　手动测量刀具长度 1 界面

序启动”键，则第二把刀具被换成为当前刀具。

2）第二把刀具的 X 向的参数与第一把刀具的 X 向的参数设置方法一样。一般也可以采用如图 4-46（a）所示的方法。可以不切削外圆，利用第一次车削的外圆，用第二把刀具的刀尖直接轻轻靠到外圆上，这时将所上次测得的直径值写入 ϕ 后的输入框内，按下“存储位置”和“设置长度 1”软键即可。

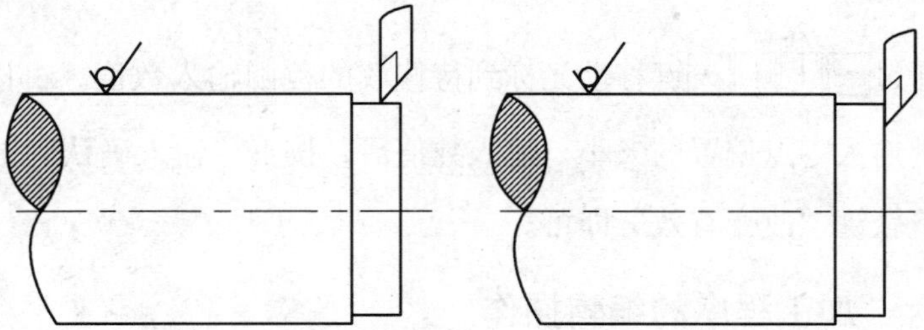

(a)　　(b)

图 4-46　第二把刀尖对刀示意图

（a）刀尖轻靠外圆；（b）刀尖轻靠工件右端面

3）X 向的参数设置完成后，在手动方式下，将刀具移动到如图 4-46（b）所示的位置，用二号刀的刀尖直接轻轻靠到工件的右端面上，单击“长度 2”软键，进入图 4-44 界面。在“距离”栏中输入“0”再按下“存储位置”和“设置长度 2”软键即可。

至此，2 号车刀的参数设置已经完成，其他刀具的参数可以参照 2 号对刀的方法进行对刀。

（二）零点偏移参数设定

按下面板上的[OFFSET PARAM]键，进入参数设定菜单。选择其中的[零点偏移]软键，进入零点偏置窗口如图 4-47 所示。

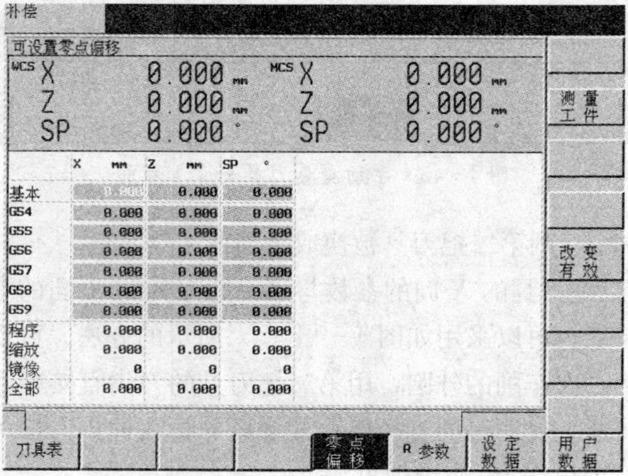

图 4-47 零点偏移

通过[←][↑][↓][→]键移动光标到待修改的范围输入数值。可以通过输入键输入零点偏置的大小。输入数值后，按下“输入确认”键[⇨]，再按下软键“改变有效”即可。

六、加工程序的编辑操作

（一）新建程序

（1）数控程序可以通过控制面板直接输入到数控系统内，新建程序的操作步骤为：在数控面板上按下选择面板操作区，按下 PAOGRAM MANASER 键打开“程序”管理器，如图 4-48 所示。在程序目录中用光标键选择零件程序。系统在罗列程序清单时，是按照程序名的第一个字母的先后排列的。

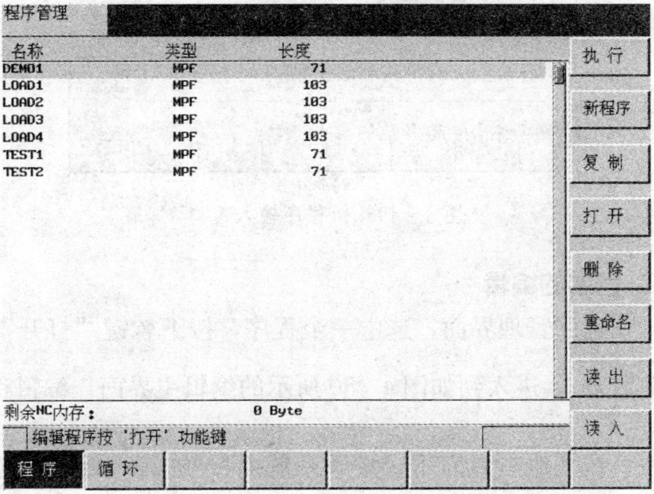

图 4-48 程序管理器窗口

在程序管理窗口可以进行零件程序的建立、程序的打开、程序的删除、程序的选择、程序的读入和读出等操作。

（2）选择“程序”操作区，显示 NC 中已经存在的程序目录。按下 程序 键后，再按下 新程序 软键后便出现如图 4-49 新程序输入屏幕格式。在弹出的菜单中输入程序名，主程序不需输入扩展名“.MPF”，而子程序输入时必须连同扩展名一起输入。如“czy1.SPF”。输入完后按下 确认 键接收输入，生成新程序文件。现在可以对新程序进行编辑。按下 中断 键中断程序的编制，并关闭此窗口，返回到程序管理窗口。

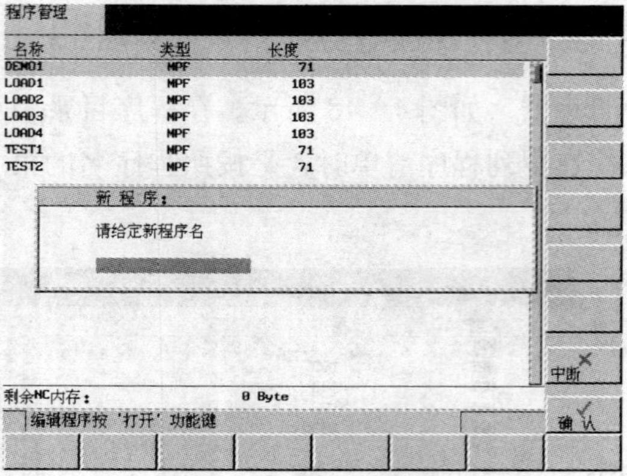

图 4-49 新程序输入窗口

（二）程序的编辑

（1）在程序管理界面，选中一个程序，按下软键“打开”或按下“INPUT” ，进入到如图 4-50 所示的编辑主界面，编辑程序为选中的程序。在其他主界面下，按下系统面板的 

键，也可以进入到编辑主界面，其中程序为前面载入的程序。

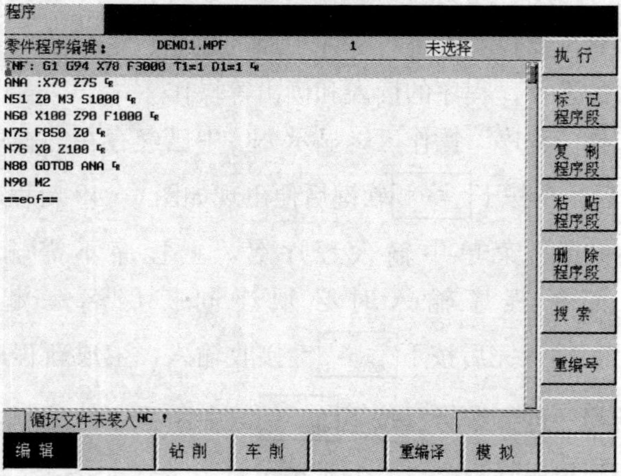

图 4-50 程序编辑窗口

（2）按下软键“执行”将当前编辑程序选为运行程序。

（3）按下软键“标记程序段”开始标记程序段。

（4）按下软键“复制程序段”，将当前选中的一段程序复制到剪切板。

（5）按下软键“粘贴程序段”当前剪切板上的程序段被粘贴到当前的光标位置。

（6）按下软键“删除程序段”可以删除当前选择标记程序段。

（7）按下软键“重编号”将重新编排行号。

（三）轨迹模拟

轨迹模拟就是把所输入系统的程序进行线框图模拟出刀具的运行轨迹。其前置条件是当前为自动运行的方式且已经选择了待加工的程序。

（1）按下[→]键，在自动模式主界面下，再按下软键[模拟]便可以进入图4-51模拟状态图。

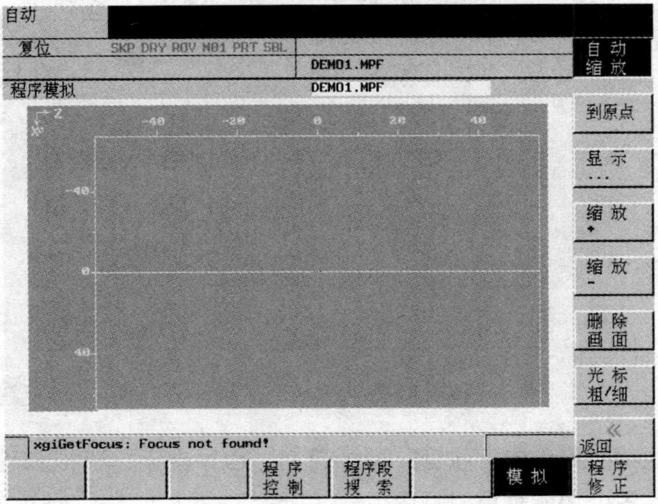

图4-51 模拟状态图

（2）按下数控启动键[◇]，系统开始模拟所选择的零件程序。在此画面中软键为：自动缩放键可以缩放轨迹窗口。到原点键可以恢复到图形的基本设定。显示键可显示整个工件。缩放+键和缩放-键可以放大和缩小显示图形。删除刀具键可以删除显示图形。光标粗/细键可以用来调整光标的步距大小。

七、自动加工操作

在自动方式下零件程序可以自动加工执行，其前提条件：机床已经回参考点，所用刀具的补偿值、刀尖半径、零点偏置等必须的参数已经设置。被加工的零件的程序输入后已经模拟校验正确。

自动方式的运行状态如图 4－52 所示。显示位置、主轴值、刀具值以及当前的程序段。

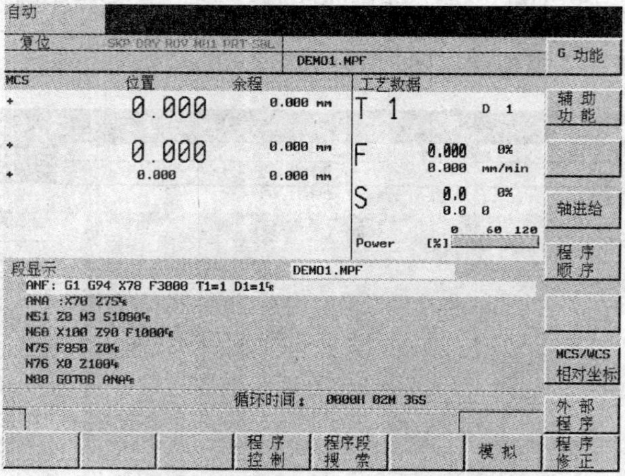

图 4－52　自动方式状态图

在此功能菜单中有软键：程序控制、程序搜索、模拟和程序修正等功能，各个功能菜单树见图 4－53 所示。

在“程序控制”一栏，“程序测试”是用来测试程序，将所有的进给轴和主轴的给定值禁止输出。“空运行进给”是指进给轴以空运行设定数据中的设定参数运行，执行空运行进给时编程指令无效。“有条件停止”是指程序执行到有 M01 指令的程序段时停止运行。“跳过”程序段前面有斜线标志的程序段在程序运行时跳过不予执行（比如“/N190”）。“单一程序段”此功能生效时，零件程序按单段执行。“ROV 有效”按下快速修调键，修调开关对于快速进给生效。

程序控制	程序段索		模拟	程序修改
程序测试	计算轮廓		自动缩放	
空运行进给	启动搜索		到原点	
有条件停止	不带计算		显示 …	
跳过	搜索断点		缩放 +	
单一程序段	搜索		缩放 -	
ROV 有效			删除画面	
			光标粗 / 细	
返回 <<	返回 <<		返回 <<	返回 <<

图 4-53　自动方式菜单树

这些用于程序控制的菜单可以控制程序的运行状态的。例如，可以对数控程序进行空运行测试，操作步骤为：按下面板上的[→]键进入自动加工状态，按下软键[程序控制]，在其屏幕格式中选择软键[程序测试]、[空运行进给]和[ROV 有效]功能，这时按下数控启动键[◇]，系统开始空运行测试选择的零件程序。测试零件程序时，机床被锁住不动，进给以空运行速度进行。注意在空运行程序时，通常要选择[程序测试]键，如果不选择此键，则机床不被锁住，这样机床以空运行的速度进行进给是很危险的。

（一）选择和启动零件程序

（1）选择机床控制面板上[→]“自动方式选择”键，机床进入自动运行方式屏幕格式。

（2）再按下操作面板上“PROGRAM”键，进入程序管理菜单，如图 4-48 所示。在“程序”菜单中显示所有的程序清单。把光标移动到指定的程序上，按下[执行]键选择待加工的程序，被选择的程序名在屏幕区“程序名”下。如果要确定程序的运行状态，则按下软键[程序控制]进行设置。

(3) 按“程序启动键”[⊕]执行零件程序。程序将自动执行。

(4) 在CNC操作面板上按“加工显示”键[M]，可显示加工过程中的有关参数，如主轴转速、进给率，显示机床坐标系（MCS）或工件坐标系（WCS）中坐标轴的当前位置及剩余行程等。

(5) 在程序自动运行过程中，可按“程序停止”键[⊗]，则暂停程序的运行，按“程序启动”键[⊕]，可恢复程序继续运行。

(6) 在程序自动运行过程中，如按“复位”键[//]，则中断整个程序的运行，光标返回到程序开头，按“程序启动”键[⊕]，程序从头开始重新自动执行。

（二）程序段搜索加工

系统处于复位状态后，如果在执行程序时，不必从头执行，需要以程序中的某一段作为开始点执行。这时就需要进行程序段的搜索加工。

程序段的搜索加工具体操作步骤为：选择软键[程序段搜索]弹出如图4-54所示程序段搜索窗口，窗口中的功能在前节已经介绍，可以将光标直接移动到要执行的程序段按下[启动搜索]键后，再次按下“程序启动”键[⊕]两次即程序便从搜索的程序段开始执行。

（三）程序段断点加工

程序中断后（用“复位”键），可以用手动方式（JOG）从轮廓退出刀具。再从刚才的断点加工的方法为：选择机床控制面板上“自动方式选择”键[→]。选择软键[程序段搜索]，再选择[搜索断点]键装入中断点坐标，按下[计算搜索]键启动中断点的搜索，使机床回中断点。执行一个到中断程序段起始点的补偿。按“程序启动”键[⊕]继续加工被中断的

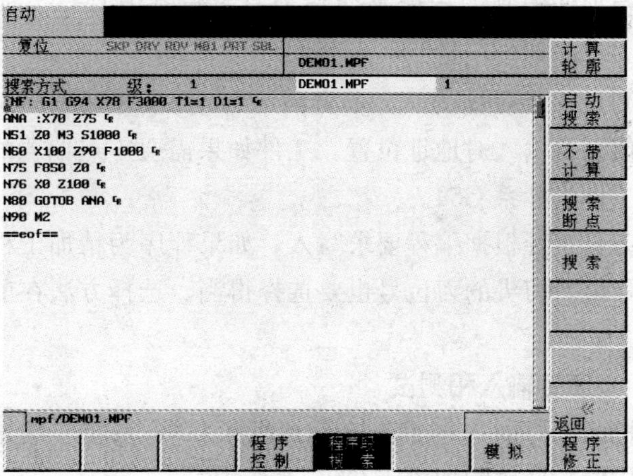

图 4-54　程序段搜索窗口

程序。

（四）执行外部程序（由 RS232 接口输入）

系统处于复位状态后，系统可以执行由 RS232 接口输入的外部程序，可以实现边传输边加工。

具体操作步骤为：按下软键[外部程序]，连接好传输线，执行程序的传输，按“程序启动”键开始执行传入的程序。缓冲存储器装满后，程序可以连续装入即程序执行一段装入一段。程序运行结束或按下“复位”键，程序自动从控制系统中退出。

八、零件的首件试切加工

零件的首件试切加工要进行的操作步骤为：

（一）准备工作（机床）

（1）打开机床接通机床电源。回参考点操作。回参考点后手动把各个轴移开参考点位置。

（2）安装夹具，找正夹具在机床中的正确安装位置。在夹具中定位好工件位置后，夹紧工件或毛坯。

(3) 根据所编制的程序来选择刀具，编制刀具号。列出刀具清单，包括刀具的切削用量。

(4) 测量各个刀具的 X、Z 方向的补偿值，按照对刀步骤操作，注意补偿值需要输入对地址位置。工件如果需要零点偏置的，需要设定正确的工件坐标系 G54。

(5) 刀具半径根据编程要求写入，如果程序为精加工程序一般填写刀具实际值，刀尖的刀位号也要选择得当。选择方法在前面章节已经介绍。

(二) 程序的输入和测试

(1) 把编制好的程序手工输入到机床 CNC 系统，或先输入计算机内再用传输软件传输到机床 CNC 系统中。

(2) 选择一个要执行零件程序，把要执行的程序从程序列表中调到当前存储区，准备进行编译加工。

(3) 空运行所选择的程序。检验其程序格式、语法等是否符合该系统的编制格式。

(4) 模拟校验程序，利用线图模拟编程的轨迹，以此来验证所编制的程序轮廓轨迹是否正确。

(5) 修改零件程序使其通过空运行测试和模拟图形校验。在自动状态下执行该程序。为了安全起见，建议使用修调倍率最小，况且最好在单步状态下执行。执行过程中如果发现有异样，就快速将倍率旋到“0”，或按下急停开关。也可按下复位键。

(三) 零件的尺寸控制

零件的首件试切得到的零件是先要检测的项目。因为所有的一切努力就是为合格的零件产品。检测零件的项目包括零件的尺寸、形位公差和表面粗糙度。零件的尺寸超差一般从切削参数、刀具磨损、编程尺寸和工艺安排等方面查找原因。

形位公差达不到要求一般要从装夹工件的夹具上查找原因。当然零件编程原点的正确与否也很重要，通常首件要到测量精度较高的仪器上测量，如三坐标测量机。对照测量的结果再次修正工件坐标系。

表面粗糙度达不到要求，首先是由于工艺安排不合理造成的。零件加工要分粗加工和精加工。其次原因是切削参数的选择不合理。再有就是机床刚性较差造成。针对上述不合理处加以改正，选择较为合理的加工工艺和切削参数，这样才可以得到较好的表面质量。

（四）参数的修改

零件首件加工完毕，经检测得到结果后，要对结果进行分析。分析出原因后，必要时要对程序执行前的参数进行修改。半径补偿值则根据刀具实际切削下的零件尺寸来校准刀具的磨损量值。填入实际的刀具磨损后的半径值。车刀刀尖半径较小，但不管多小，要想获得正确的轮廓线，必须采用半径补偿编程，否则，工件无法达到理想轮廓状态。

（五）零件程序的整理

作为在数控车上进行的首件试切加工，通常做法是一把刀具做单独的一次加工。这样做能为调整程序和零件尺寸的调整带来方便。但首件加工完毕后，对于每一个独立的程序就需要把它整理规范成一个完整的程序体。况且在加工中程序上存在的不合理之处，也需要改正。如主切削参数和进给切削参数的修改。切削轮廓的节点的修改等。把修改好的程序书写成一个连续的完整的程序便于下面零件的成批加工。

课题 5

数控车床自动编程软件实训操作

【知识要点】

了解自动编程的基本知识；了解常用的 CAD/CAM 软件；掌握 UG NX 数控车自动编程的方法。

第 1 节　自动编程概述

一、自动编程定义及常用软件介绍

自动编程即是通常讲的 CAM 软件编程。CAM 是计算机辅助制造，CAM 软件编程也就是通常所说的交互式图形编程。CAM 软件编程具有速度快、精度高、直观性好、使用简便、便于检查和修改的特点。因此，在国内、外普遍采用的数控编程方法是采用 CAM 软件编程。但 CAM 软件编程又是以 CAD 技术为前提的。故绝大多数数控程序编程软件同时具备 CAD 的功能，故称 CAD/CAM 一体化软件。

目前最常见的软件有：

(1) Unigraphics (UG)：属于 EDS 公司，是世界上处于领先地位的、最著名的几种大型的 CAD/CAM 软件之一，具有强大的造型能力和数控编程能力，功能繁多。

(2) CIMATRON：属于以色列 CIMATRON 公司，该软件具有功能齐全、操作简便、学习简单、经济实用的特点，受到小型加工企业特别是模具企业的欢迎。

(3) Master CAM：是美国 CNC Software 公司的产品，它分为 DESIGN 设计模块、MILL 铣床加工模块、LATHE 车床加工模块、WIRE 线切割加工模块，是一种简单易学、经济实用的小型 CAD/CAM 软件。

(4) CAXA ME 制造工程师：是我国北京北航海尔软件有限公司开发的一款 CAD/CAM 软件。符合中国工程师的操作习惯。高效易学（宣称“1 天会编程”），为数控加工行业提供了从造型、设计到加工代码生成、加工仿真、代码校验等一体化的解决方案。

其他常用的 CAD/CAM 软件还包括 DASAL 公司的 CATIA、PTC 公司的 PRO/E 等。

本课题介绍 UG 车削编程，UG 车削模块提供粗车、多次走刀精车、车退刀槽、车螺纹和钻孔循环等孔加工类型，能准确控制进给量、主轴转速和加工余量等参数，而且能模拟仿真刀具轨迹，可检测参数设置是否正确等功能。

二、UG 车削编程的类型与步骤

1. UG 车削的类型

双击 NX6.0 快捷图标，系统进入 UGNX6.0 软件操作系统，如图 5-1 所示 UGNX6.0 初始画面。

单击【新建】或【打开】，给出新建名或指定打开文件名，UGNX 进入操作画面，再单击【开始】点击【加工】，UGNX 便进入加工模块。如图 5-2 所示。

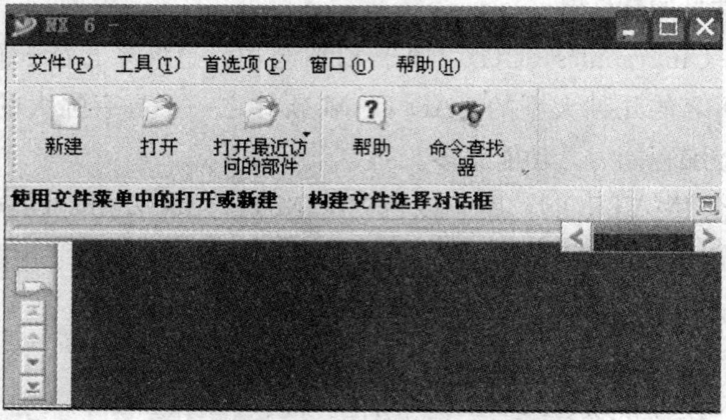

图 5-1 UGNX6.0 初始画面

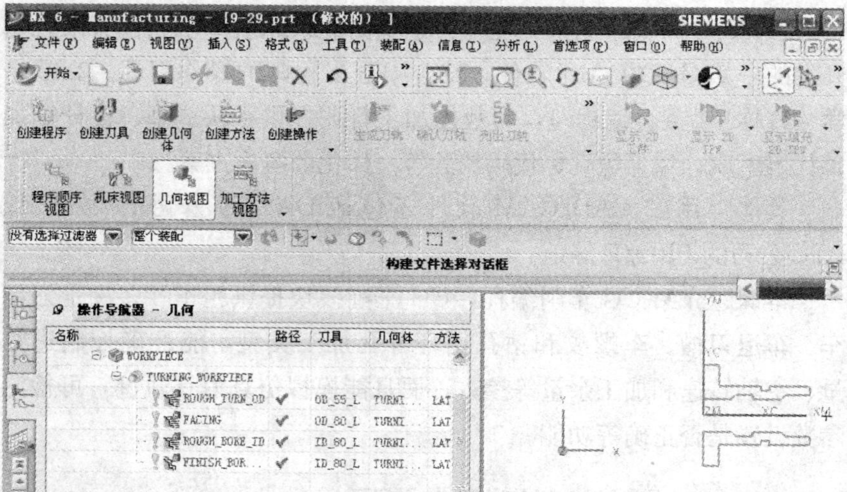

图 5-2 NX 加工模块环境

选择创建操作图标或单击【菜单栏】|【插入】|【操作】按钮，弹出创建操作对话框，如图 5-3 所示。操作子类型比较多，其中有很多子类型的操作步骤、参数设置相同。按照加工对象的不同可分为三大类型：

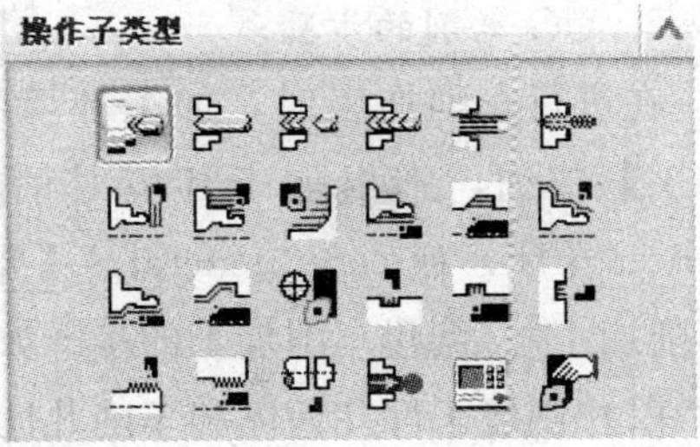

图 5-3 数控车操作子类型

(1) 循环固定加工：从中心孔到攻螺纹。

(2) 表面加工：从车端面到精镗内孔。

(3) 其他加工：从模式到用户定义。

(4) 操作子类型按图 5-3 排列，英文图标翻译为中文如下表 5-1，可以对应起来看数控车操作包含的所有操作类型和定义。

表 5-1 操作子类型中英文对照

CENTERLINE_SPOTDRILL	CENTERLINE_DRILLING	GENTERLINE_PECKDRILL	CENTERLINE_BREAKCHIP
钻中心孔	一般钻孔	深孔钻	断屑钻
CENTERLINE_REAMING	CENTERLINE_TAPPING	FACEING	POUG_HTURN_OD
绞孔	攻螺纹	车端面	粗车外圆
ROUGH_BACK_TURN	ROUGH_BOREID	ROUGH_BACK_BORE	FINISH_TURN_OD
粗车外圆	粗镗内孔	粗镗内孔	精车外圆
FINISH_BORE_ID	FINISH_BORE_ID	TEACH_MODE	GROOVE_OD
精镗内孔	精镗内孔	模式	车外圆槽
GROOVE_ID	GROOVE_FACE	THREAD_OD	THREAD_ID
车内孔槽	车端面槽	车外螺纹	车内螺纹
PARTOFF	BAR_FEED_STOP	LATHE_CONTROL	LATHE_USER
切断	主轴停止	机床控制	用户定义

2. UG车削的步骤

在进行车削加工时，加工环境的进入方式是：单击【开始】|【加工】按钮，弹出加工环境对话框，选择【CAM会话配置】为Lathe（车床）或cam_general，【要创建的CAM设置】为Turning（车削加工）。创建车削加工的步骤如下：

（1）创建工件几何体和车削几何体；

（2）创建方法、程序组和刀具；

（3）创建车削加工操作；

（4）设置操作参数；

（5）生成刀具轨迹。

三、UG车削加工的共同选项

在车削加工类型模板里，子类型都有很多共同的选项。这些选项（刀轴、进给、速度等）的设置过程、参数在每个类型里几乎是一样的。为了方便学习，对比出子类型的区别，本节将集中讲解。

1. 车削加工横截面

在车削加工中，一般采用车削加工横截面作为加工零件的边界。而车削加工横截面建立之前，需设置车床坐标系。以坐标系的某一平面剖开零件，得到车削加工横截面。

单击【工具】|【车加工横截面】按钮，弹出【车加工横截面】对话框，如图5-4所示。各按钮具体内容如下：

全剖：此类型用于完全为回转体的零件加工，一般车削加工多用此类型。【车加工横截面】对话框部分按钮有效。

复杂截面：此类型用于非完全为回转体的零件加工。【车加工横截面】对话框所有的按钮都有效。

2. 层角度

层角度是指定刀具的切削方向与主轴之间的角度，如图5-5所示。角度的基准是以车床主轴的正方向来判断。层角度设置的方法可以在层角度输入栏输入，如图5-6所示。也可以通过矢量构造器来

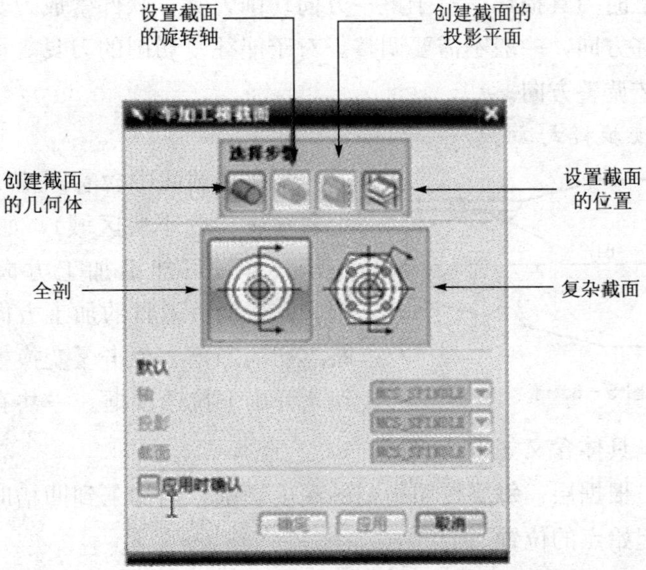

图 5-4 车加工截面对话框

确定层角度。

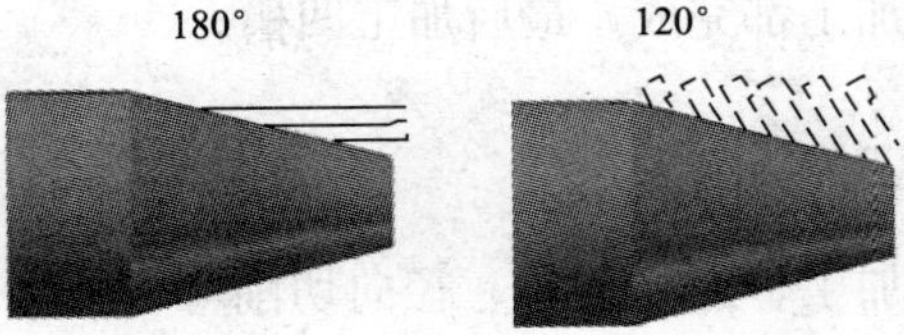

图 5-5 不同层角度

图 5-6 层角度

3. 切削方向

刀具的切削方向有两种：向前和向后，如图 5-7 所示。车加工时车刀一定要沿着规定的方向前进，如果违反方向规定软件可能拒绝生成刀路，

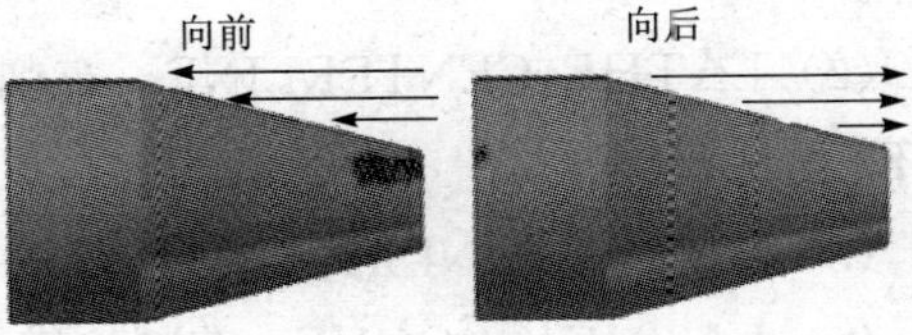

图 5-7 切削方向

甚至加工时刀具损坏。对于单一方向切削刀具，软件生成刀具轨迹时已调整好方向，一般不需要调整。对于能往复切削的刀具，可根据实际的工艺调整方向。

4. 变换模式

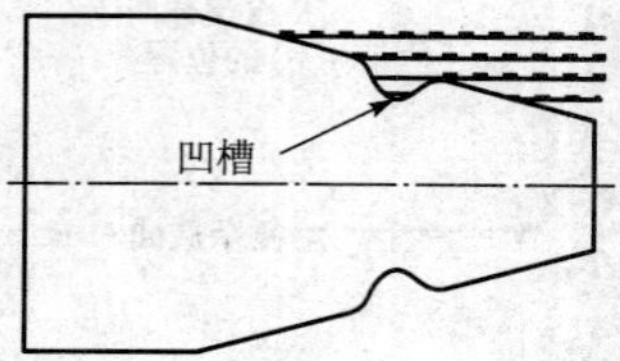

图 5-8 变换模式

当车削截面中含有凹槽（在轴向上看被遮住的小块区域），如图 5-8 所示。刀具可能沿加工方向无法切削，需要调整刀具的加工方向或者忽略不切削凹槽。单击【变换模式】按钮，弹出下拉选项框。一共有 5 种解决方法，具体含义如下：

（1）根据层：每层按照指定的深度切削，当加工到凹槽时，先加工靠近起始点的位置。

（2）反置：与根据层含义相反。

（3）最接近：每层按照指定的深度切削，当加工到凹槽时先加工最靠近凹槽的一点。

（4）以后切削：当所有的粗加工都完成，最后加工凹槽。

（5）省略：省略凹槽的加工。

5. 车加工方法

车加工方法是定义加工（孔加工、螺纹加工、径向切削等）的余量与公差等，对加工的精度起着重要的作用。软件默认的车加工方法一共有 8 种，具体含义如下：

（1）LATHE_AUXILIARY：车削辅助线，适合于孔加工固定循环。

（2）LATHE_CENTERLINE：车削中心线，适合于孔加工固定循环。

（3）LATHE_FINISH：车削精加工。

（4）LATHE_GROOVE：车削沟槽加工。

（5）LATHE_ROUGH：车削粗加工。

（6）LATHE_THREAD：螺纹加工方法。

（7）METHOD：默认。

（8）NONE：无。

创建方法的步骤如下：① 单击插入工具条中的方法图标 ，或单击【菜单栏】｜【插入】｜【方法】按钮，弹出【创建方法】对话框，如图 5－9 所示。② 输入方法名，如 LATHE_0.3。单击【确定】按钮，弹出【车削方法】对话框，如图 5－10 所示。可以设置零件所需要的余量和公差。

图 5－9　【创建方法】对话框

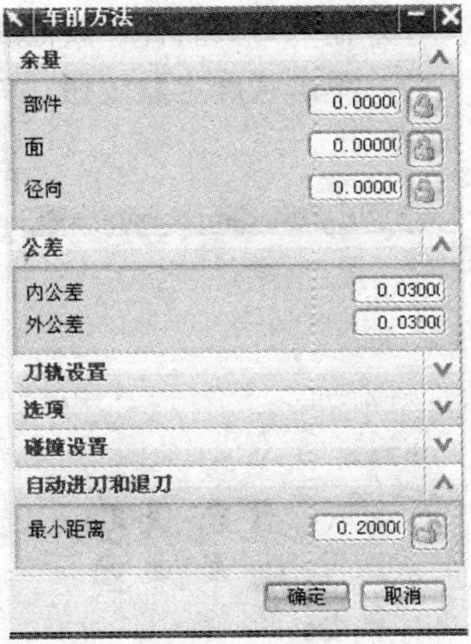

图 5－10　【车削方法】对话框

方法对话框中的部件余量是指整个车削截面的余量。其中包含了端面、径向面，也包含了任何不规则的形状。如图 5－11 所示。面的余量是指零件端面的余量。如果部件余量已经定义，则端面上的余量以面

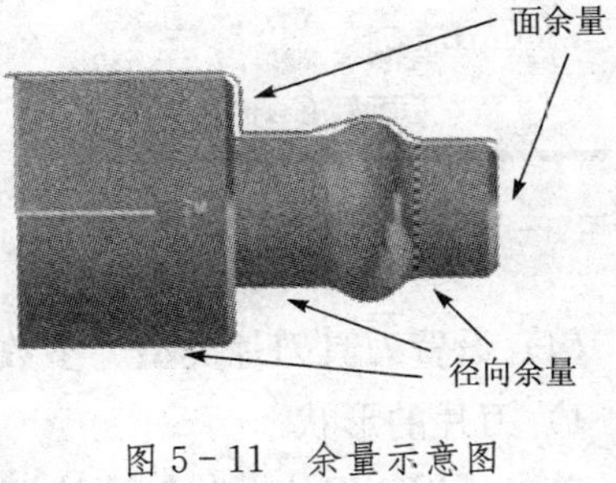

图 5－11　余量示意图

余量为准。径向余量是指零件径向面的余量。如果部件余量已经定义，则径向表面上的余量以径向余量为准。

6. 创建刀具

可转位数控刀具不同于普通整体式刀具，刀具磨损后只需要更换标准的刀片。因此，在 UG_CAM 的编程里面，刀具一般只需要设置标准刀片的类型和参数即可，详细的刀片代码请参考有关车刀类型图（刀具商提供）。

（1）单击【菜单栏】|【插入】|【刀具】按钮，弹出【创建刀具】对话框。如图 5-12 所示。

（2）输入刀具名称，其他默认。

（3）单击【确定】按钮，弹出【车刀一标准】对话框，如图 5-13 所示。

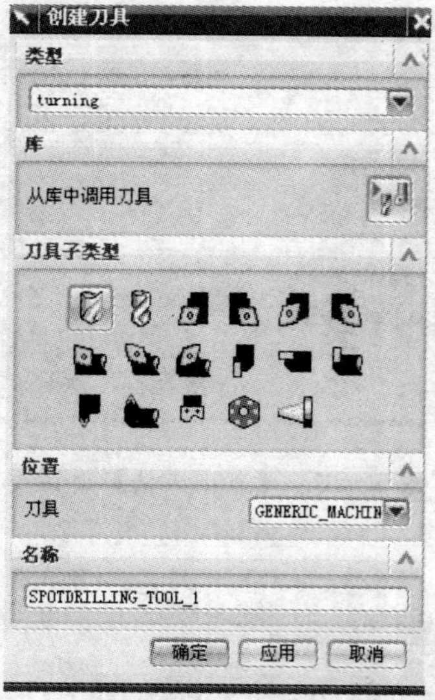

图 5-12 【创建刀具】对话框

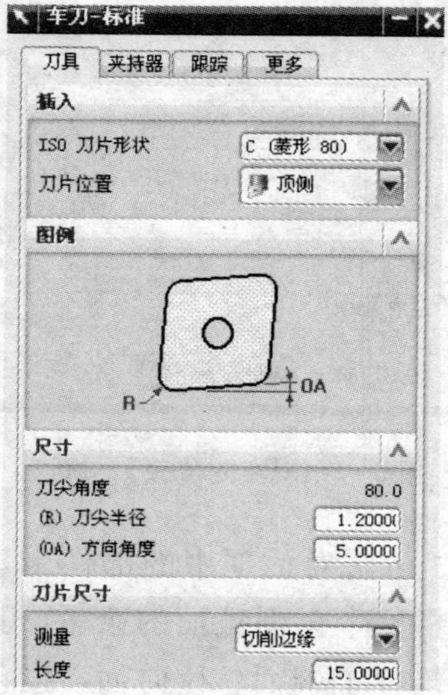

图 5-13 【车刀一标准】对话框

（4）设置刀具刀片类型、参数、是否加刀杆等。

1）刀片的形状

单击【ISO 刀片形状】下拉按钮，弹出下拉列表如图 5-14 所示：

刀片类型有：A 型、B 型、C 型、H 型等，每一种类型在图例下面都有预览图片。

2）刀片的位置

刀具与回转轴轴心的角度，有顶侧和底侧两种。顶侧刀片上表面朝着操作者，底侧是刀片底部对着操作者。

3）刀片尺寸

刀片尺寸参数的设置见图 5－15 所示，有三种方法来设置：切削边缘长度、内切圆、ANSI。设置的方法是在【刀片尺寸】的文本框中输入长度（直径）。

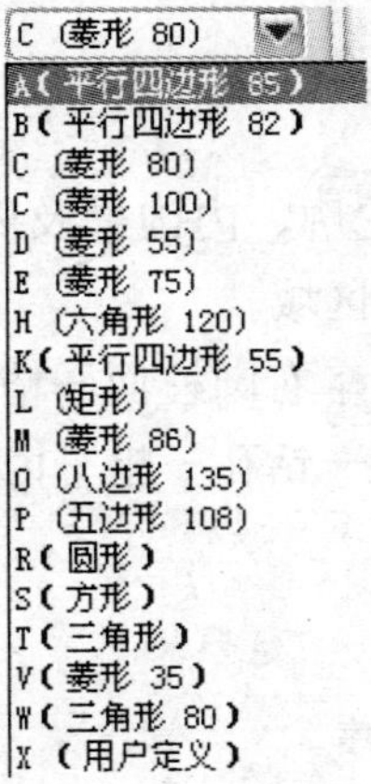

图 5－14　ISO 刀片形状

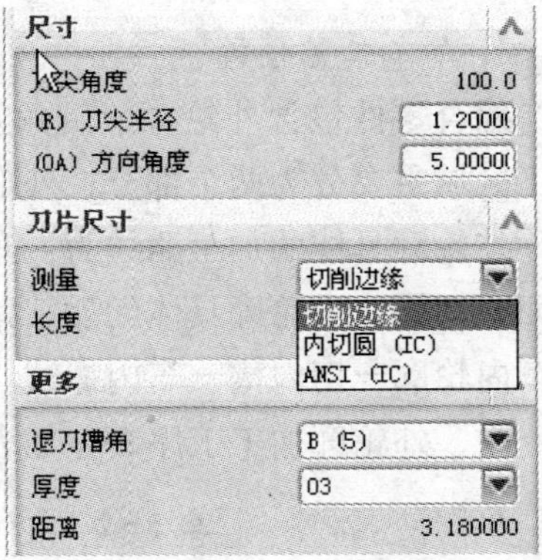

图 5－15　【刀片尺寸】下拉按钮

第 2 节　UG NX 数控车编程实例

一、综合零件的加工实例

综合零件加工模型，如图 5－16 所示。工件材料为 45＃钢。零件的毛坯为圆柱体，尺寸为 135×120。

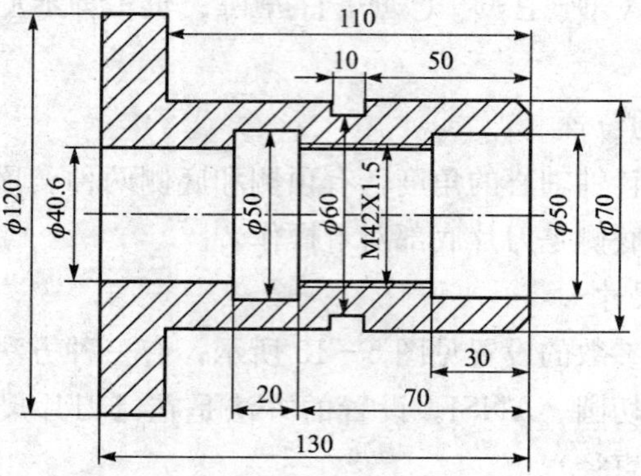

图 5-16　综合零件

1. 加工工艺分析

综合零件包含外轮廓、倒角及沟槽、内轮廓、内沟槽及内螺纹。加工区域主要分为两个部分：外部区域和内部区域。

外轮廓具体的加工路线为：车右端面—粗车右圆柱面—精车右台阶面—切槽。内轮廓具体的加工路线为：点孔—钻孔—粗车内轮廓—精车内轮廓—切内槽—车内螺纹。

内、外轮廓加工工序表，如表 5-2 所示。

表 5-2　内、外轮廓加工工序

序号	刀具	刀具规格	工　步
1	T01	80°左手车刀	(1) 车右端面；(2) 粗车右外圆轮廓
2	T02	55°左手车刀	精车右外圆轮廓
3	T03	3 mm 外切槽刀	切割外圆槽
4	T04	120°中心钻	钻内孔中心孔
5	T05	φ38 钻头	钻内孔底孔
6	T06	55°内孔车刀	(1) 粗车内轮廓表面；(2) 精车内轮廓表面
7	T07	3 mm 内切槽刀	切内沟槽
8	T08	内螺纹刀	车内螺纹 M42×1.5

2. CAM 设置

外轮廓轴为回转体需要数控车床加工，因此，使用的加工模板为车加工模板（Turning）。具体的步骤如下：

（1）启动 NX6.0，新建一个 UG 文件，单击【文件】选择【导入】DXF/DWG 文件，指定文件存放目录，如图 5-17 所示。这种方法可以将 AutoCAD 的文件转换到 UG 软件中。当然也可以在 NX6.0 软件中画出图 5-16 所示的零件图。

（2）单击【开始】|【加工】按钮，弹出【加工环境】对话框，如图 5-18 所示。

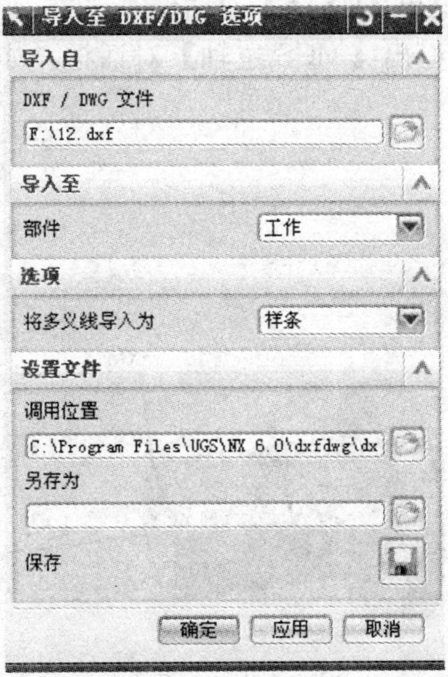

图 5-17　导入 DXF/DWG 选项菜单

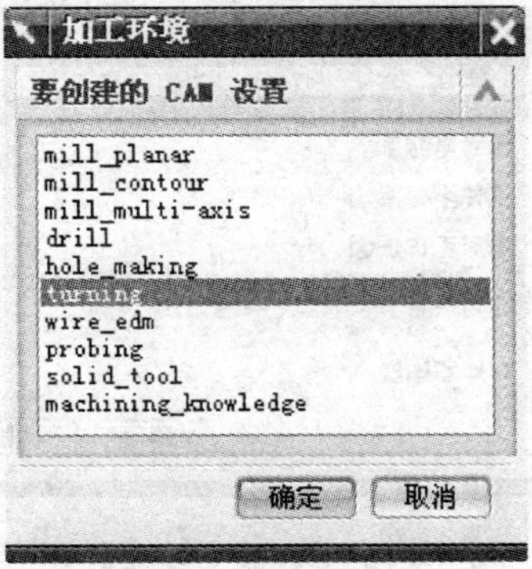

图 5-18　加工环境菜单

（3）单击【CAM 会话配置】下拉列表框，选择车床（Lathe）配置，单击【要创建的 CAM 设置】下拉列表框，选择为车加工（Turning）模板。

（4）单击【确定】按钮，进入加工环境界面。

3. 创建机床坐标系

本节机床坐标系需设置在外轮廓轴右端面圆心上，具体步骤如下：

(1) 右键在导航器内，切换视图为几何视图。

(2) 双击【MCS_MILL】按钮，弹出【MCS 主轴】对话框，如图 5-19 所示。

(3) 单击【CSYS 对话框】按钮，弹出【CSYS】对话框。

(4) 单击【确定】按钮，默认为动态模式。单击零件右端面圆心，坐标系移动到指定位置点。

(5) 单击【确定】按钮，完成退出【CSYS】对话框。

(6) 单击【确定】按钮，完成退出【MCS 主轴】对话框，如图 5-20 所示。

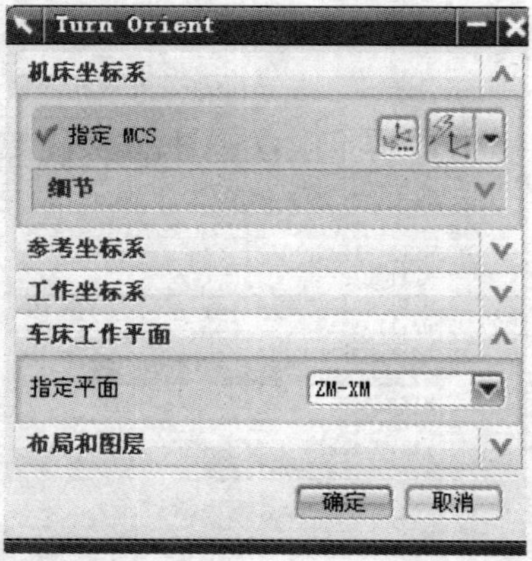

图 5-19 【MCS 主轴】对话框

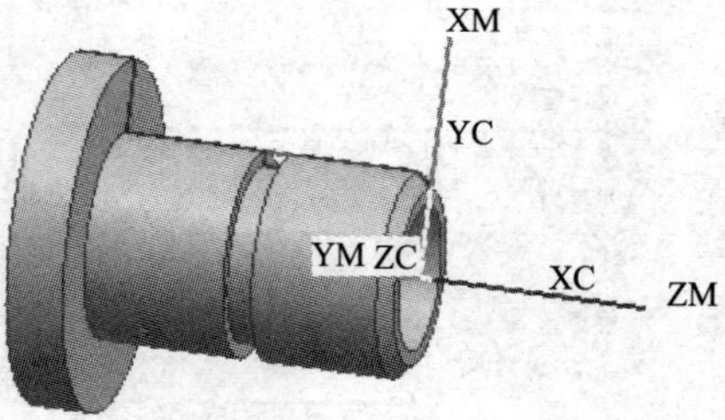

图 5-20 坐标系位置

4. 创建刀具

按照内、外轮廓轴加工工序表，本小节需要的 8 把刀具。

(1) 创建 80°左手车刀。

1) 在插入工具条中单击创建刀具图标 ，弹出【创建刀具】对话框。

2）单击外圆左手车刀图标 。在名称栏中显示 OD_80_L，如图 5－21 所示。

3）单击【确定】按钮，进入【车刀－标准】对话框。刀具参数按照图 5－22 所示设置。

4）完成后单击【确定】按钮，退出【车刀－标准】对话框。

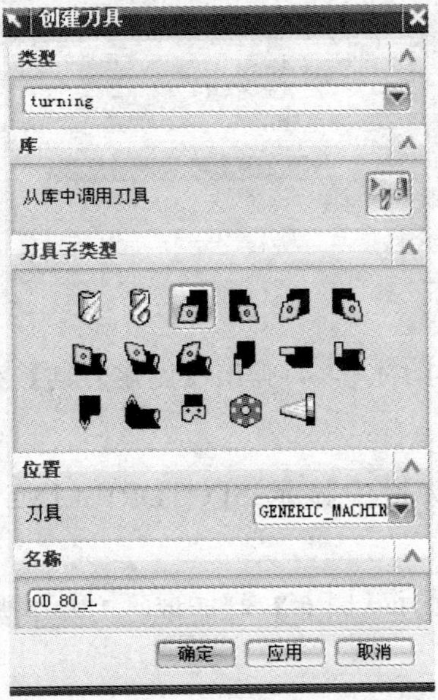

图 5－21　【创建刀具】对话框

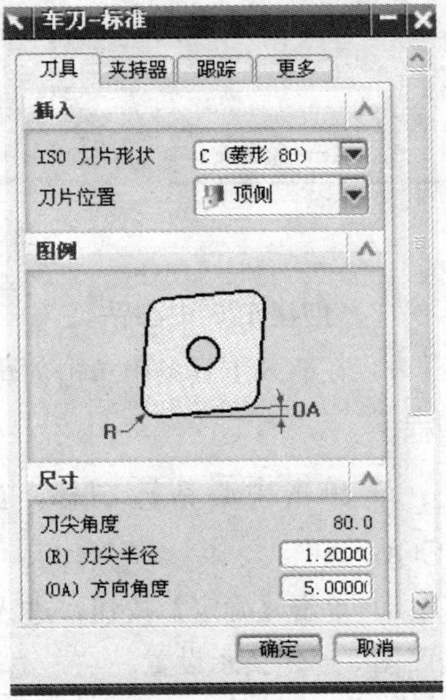

图 5－22　【车刀－标准】对话框

（2）创建 3 mm 切槽刀。

1）在插入工具条中单击创建刀具图标 ，弹出【创建刀具】对话框。

2）单击外切槽车刀图标 。在名称栏中显示 OD_GROOVE_L。

3）单击【确定】按钮，进入【车刀－标准】对话框。刀具参数按照图 5－23 所示设置。再单击【跟踪】弹出【槽刀－标准】对话框，参数按照图示设置。

4）完成后单击【确定】按钮，退出【车刀－标准】对话框。

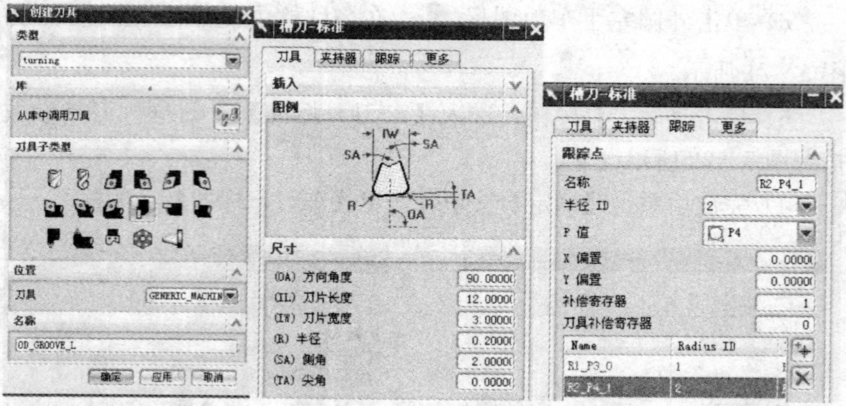

图 5-23　刀具参数设置

(3) 创建120°中心钻。

1) 在插入工具条中单击创建刀具图标，弹出【创建刀具】对话框。

2) 单击中心钻图标。在名称栏中显示SPOTDRILLING_TOOL。

3) 单击【确定】按钮，进入【车刀一标准】对话框。刀具参数按照图5-24所示设置。

4) 完成后单击【确定】按钮，退出【车刀一标准】对话框。

(4) 创建内孔螺纹车刀。

1) 在插入工具条中单击创建刀具图标，弹出【创建刀具】对话框。

2) 单击外切槽车刀图标。在名称栏中显示ID_THREAD_L。

3) 单击【确定】按钮，进入【车刀一标准】对话框。刀具参数按照图5-25所示设置。再单击【跟踪】弹出【螺纹刀一标准】对话框，参数按照图示设置。

4) 完成后单击【确定】按钮，退出【车刀一标准】对话框。

(5) 创建其他车刀，按照上述刀具的创建方法，分别创建其他的

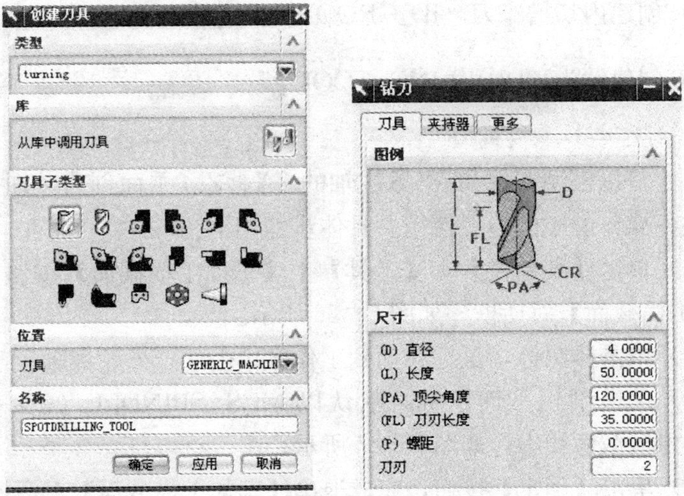

图 5-24　【车刀一标准】对话框

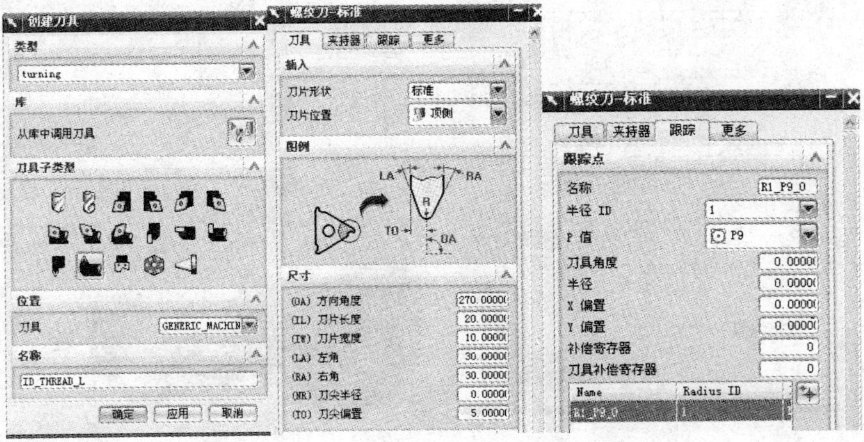

图 5-25　刀具参数设置

车刀。

1）创建 55°右手车刀，OD_55_L  。

2）创建 55°内孔车刀，ID_55_L 。

3）创建内切槽车刀，ID_GROOVE_L 。

4）创建钻头，DRILLING_TOOL 。

5. 创建车加工横截面

本小节以模型零件和 MCS 主轴的 *ZX*、*ZM* 平面创建车加工横截面，供各操作的车削边界使用。具体步骤如下：

（1）单击【菜单栏】|【工具】|【车加工横截面】按钮，弹出【车加工横截面】对话框，如图 5－26 所示。

（2）单击体图标，鼠标移动到工作区单击选择外轮廓轴。

（3）单击剖切平面图标，默认以 MCS_SPINDLE（*ZM*—*XM*）平面创建横截面线串，如图 5－27 所示。

（4）单击【确定】按钮，完成退出【车加工横截面】对话框。

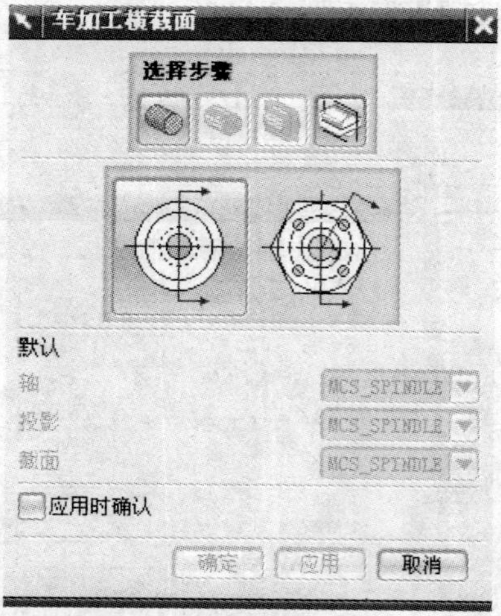

图 5－26 【车加工横截面】对话框

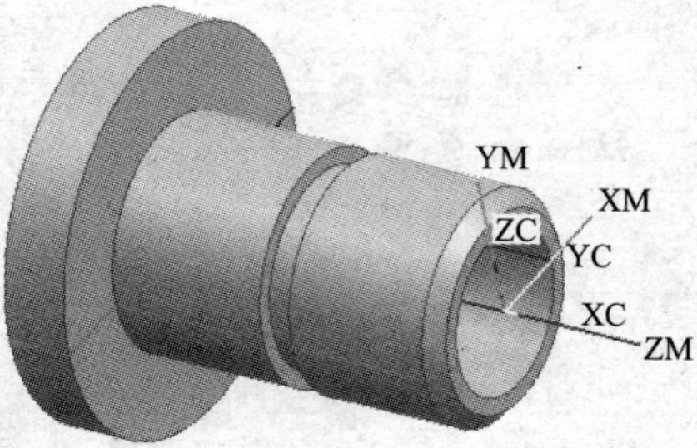

图 5－27 横截面线串

6. 创建车加工边界

（1）指定部件边界，具体步骤如下：

1）单击插入菜单中的创建几何体  弹出如图 5－28 所示对话框，按照图示参数设置，单击【确定】按钮弹出如图 5－29 所示的

【车削工件】对话框。

图 5 - 28 【创建几何体】对话框

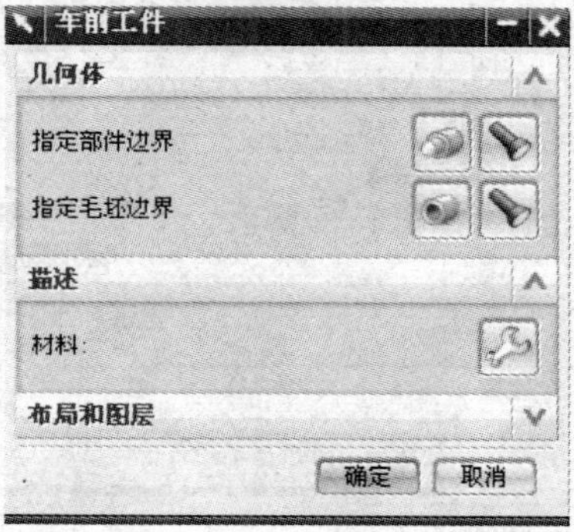

图 5 - 29 【车削工件】对话框

2）单击指定部件边界图标，弹出【部件边界】对话框，如图 5 - 30 所示。

3）单击曲线边界图标，鼠标移动到工作区，选择车加工截面线所生成的零件截面线。封闭的曲线轮廓线。如图 5 - 31 所示截面线。

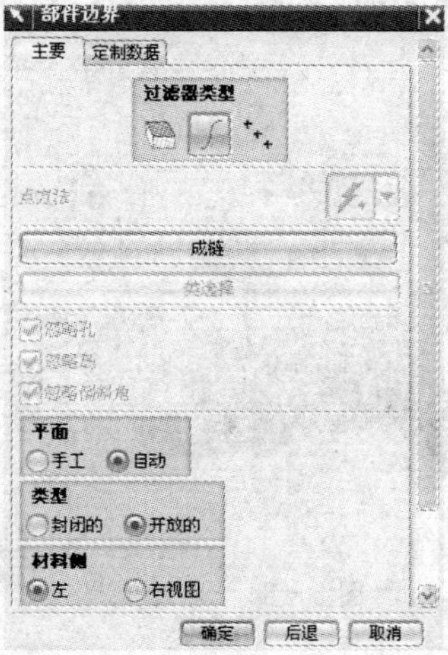

图 5 - 30 【部件边界】对话框

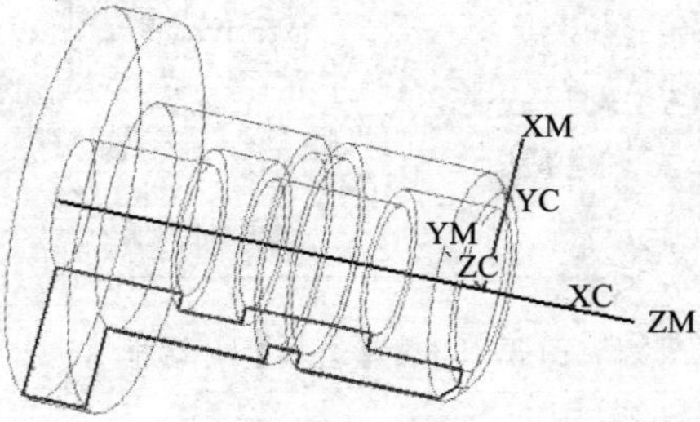

图 5 - 31 截面线串

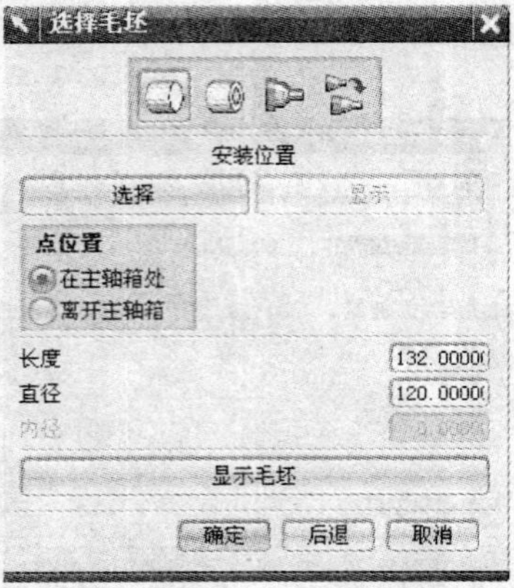

图 5-32 【选择毛坯】对话框

(2) 指定毛坯边界。通常以圆柱体的形式创建毛坯边界，输入其位置、直径、长度就可以完成设置，具体步骤如下：

1) 单击指定毛坯边界图标，弹出【选择毛坯】对话框，如图 5-32 所示。输入毛坯的参数长度 132 mm，直径 120 mm。

2) 单击曲线边界图标，单击【选择】按钮，弹出【点】对话框，如图 5-33 所示，鼠标移动到工件区，单击选择左端面圆心点，完成后单击【确定】按钮，退出【选择毛坯】对话框，毛坯效果如图 5-34 所示。

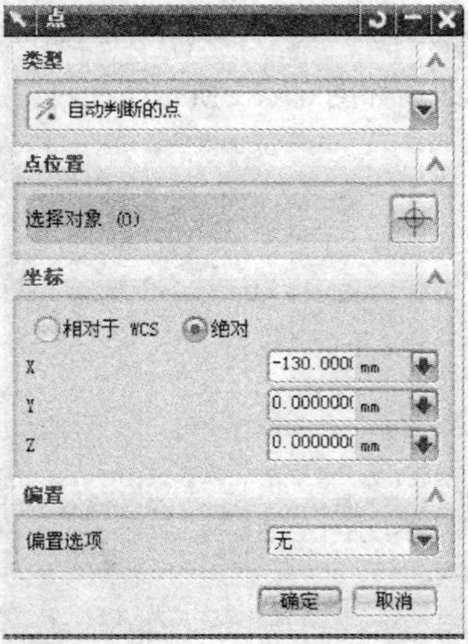

图 5-33 【选择】对话框

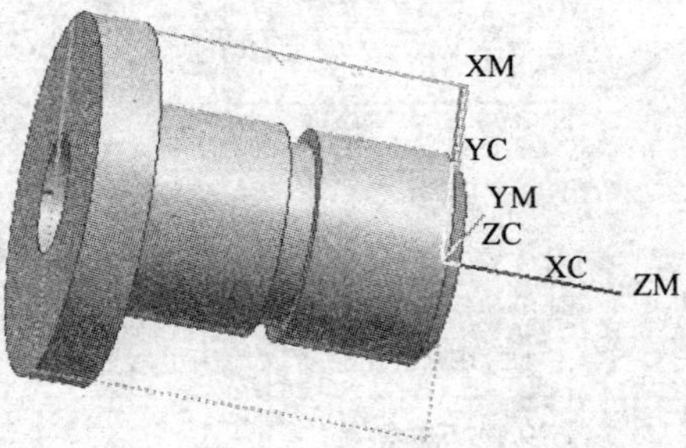

图 5-34 毛坯效果

7. 创建车加工方法

单击插入菜单中的创建几何体弹出如图 5-35 所示对话框，

输入名称为 LATH_0.3，单击【确定】按钮弹出如图 5－36 所示的【车削方法】对话框。输入部件余量为 0.3。

图 5－35 【创建方法】对话框

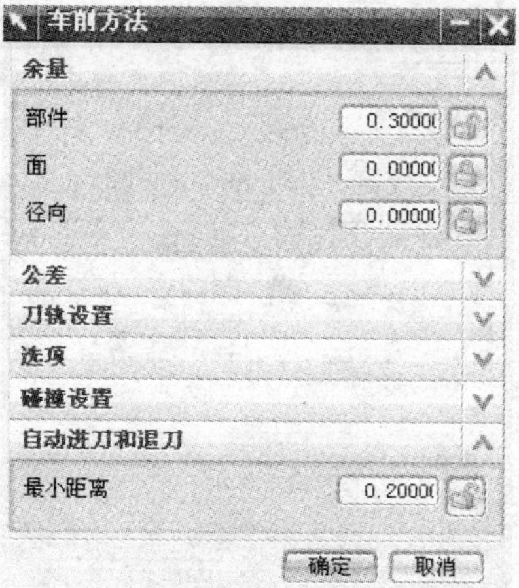

图 5－36 【车削方法】对话框

按照同样方法创建精加工方法 LATH_0，输入部件余量为 0。

8. 创建车右端面操作

（1）创建操作。车右端面使用的是车端面的子类型操作，径向切削毛坯，具体步骤如下。

1）单击插入菜单中的【创建操作】，弹出创建操作菜单栏，如图 5－37 所示【创建操作】对话框。

2）单击操作子类型中的端面车操作图标，按照图 5－37 所示设置参数。

3）单击【确定】按钮，进入【面加工】对话框，如图 5－38 所示。

（2）设置切削区域。由于当前的车加工边界包含了右边的所有区域，本操作只需要车端面，因此，使用切削区域命令修剪右端面以外的多余区域，具体步骤如下。

1）单击编辑切削区域图标，弹出【切削区域】对话框，如图

5-39所示。

图5-37 【创建操作】对话框

图5-38 【面加工】对话框

2）单击轴向修剪平面1图标，弹出【点】对话框。选择右端倒角内侧面圆心为轴向修剪平面1，裁剪去左边的区域。

3）单击显示图标，显示暗红色的线框为加工区域，如图5-40所示。

4）单击【确定】按钮，退出【切削区域】对话框。

（3）刀轨的设置。刀轨设置中需要设置的参数有：清理、切削参数、非切削参数移动等，具体操作步骤如下。

1）单击【刀轨设置】按钮，弹出下拉列表框，如图5-41所示，设置步距为变量平均值最大值为0.5。

2）单击非切削移动图标，弹出【非切削移动】对话框。

3）单击【逼近】标签，弹出【逼近】选项卡，如图5-42所示。

图 5-39　【切削区域】对话框

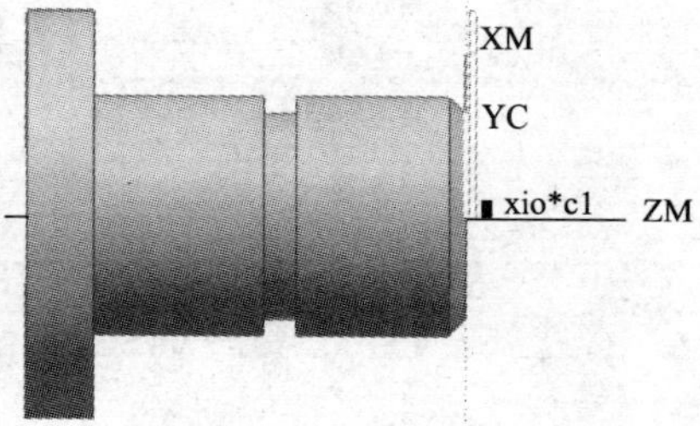

图 5-40　修剪后得到的切削区域

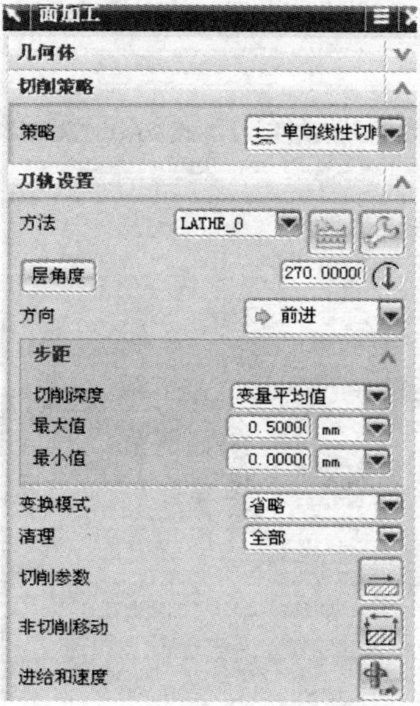

图 5-41　【面加工】对话框

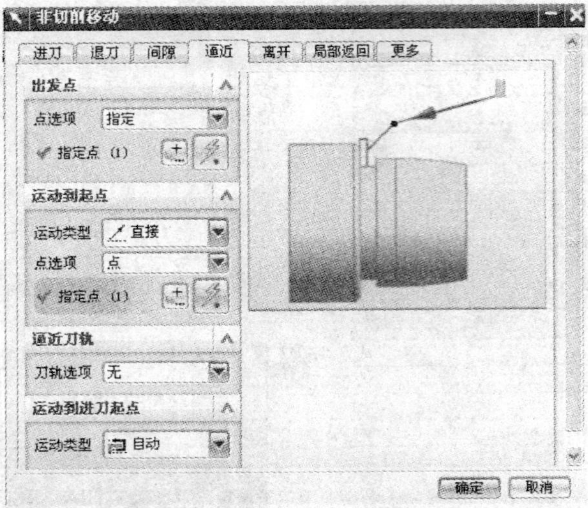

图 5-42 【非切削移动】中的逼近

4）在图中单击出发点图标，按照图 5-43 所示位置，单击设置出发点的位置。再单击运动到起点的指定图标，单击设置运动到起点位置。

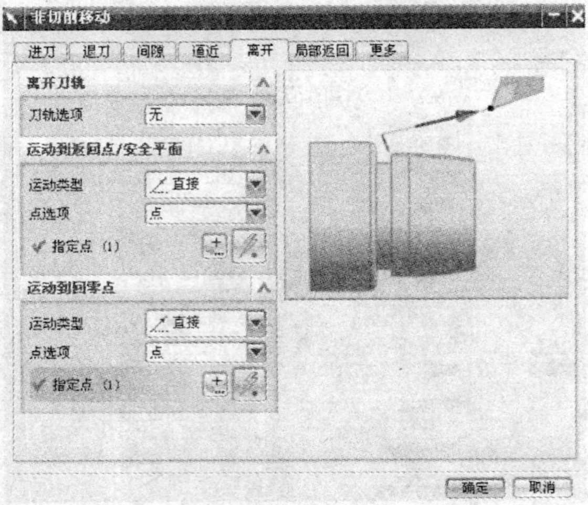

图 5-43 【非切削移动】中的离开

5）单击【离开】选项卡，弹出下拉列表框，参照逼近步骤设置运动到返回点、运动到零点的位置。

6）单击进给和速度图标，弹出【进给和速度】对话框，如图 5－45 所示，按照图示设置进给参数。

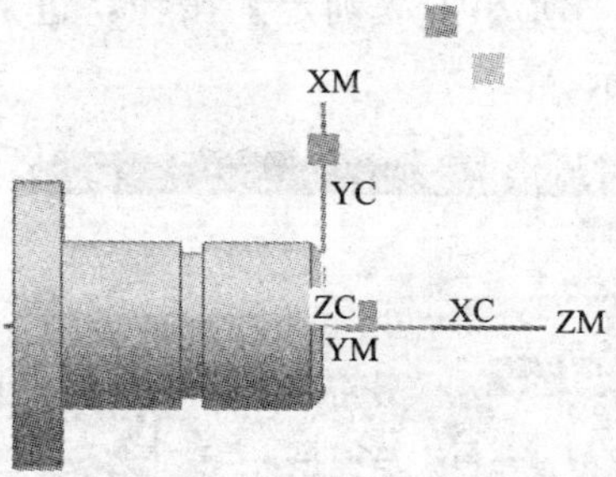

图 5－44 刀具的运动轨迹

图 5－45 【进给和速度】对话框

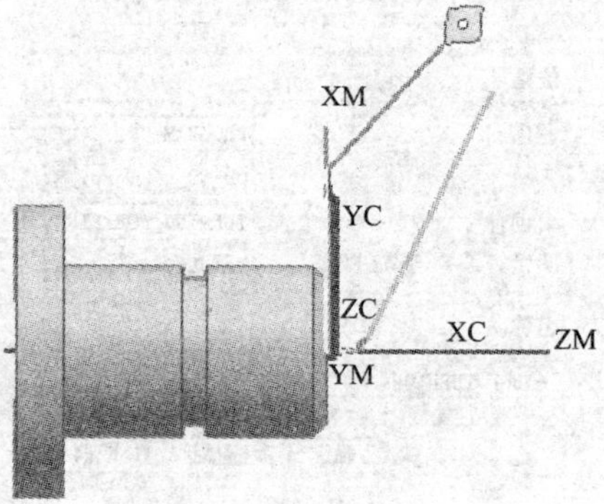

图 5－46 刀具轨迹

（4）操作。单击生成图标，生成的刀具轨迹如图 5－45 所示。

9. 创建粗车外轮廓操作

（1）创建操作。粗车外圆使用的是粗车外圆子类型操作，刀具轴向切削毛坯，具体步骤如下。

1）单击插入菜单中的【创建操作】，弹出创建操作菜单栏，如图 5－47 所示【创建操作】对话框。

2）单击操作子类型中的外圆粗车操作图标，按照图 5－47 所示设置参数。

3）单击【确定】按钮，进入【粗车 OD】对话框，如图 5－48 所示。

图 5－47　【创建操作】对话框

图 5－48　【粗车 OD】对话框

（2）刀轨的设置。按照图 5－48 所示设置刀轨，变量平均值最大值为 2 mm。变换模式选择“省略”。清理选择“全部”。

（3）操作。单击生成图标，生成的刀具轨迹如图 5－49 所示。

10. 精车右台阶面

（1）创建操作。精车外圆与粗车外圆的车削边界是一样的，使用的是精车外圆子类型操作，刀具轴向切削毛坯，具体步骤如下。

1）单击插入菜单中的【创建操作】，弹出创建操作菜单栏，如图 5－50 所示【创建操作】对话框。

2）单击操作子类型中的外圆精车操作图标，按照图 5－50 所

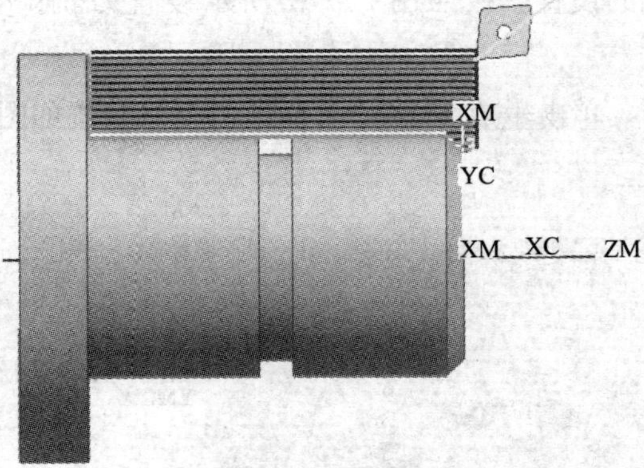

图 5-49　刀具轨迹

示设置参数。

3）单击【确定】按钮，进入【精车 OD】对话框，如图 5-51 所示。

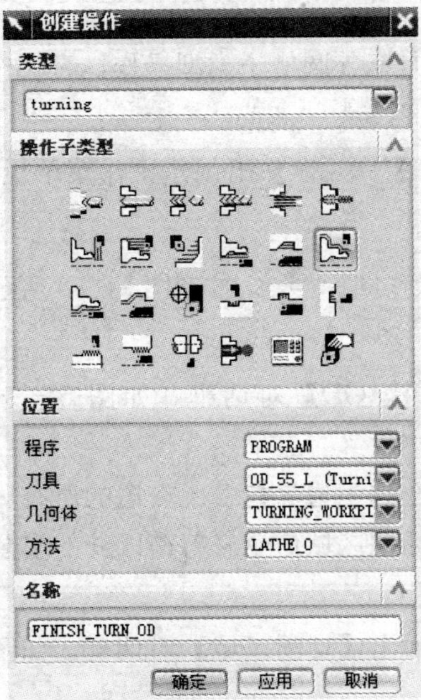

图 5-50　【创建操作】对话框

图 5-51　【精车 OD】对话框

（2）刀轨的设置。按照图 5－51 所示设置刀轨。变换模式选择“省略”。

（3）操作。单击生成图标，生成的刀具轨迹如图 5－52 所示。

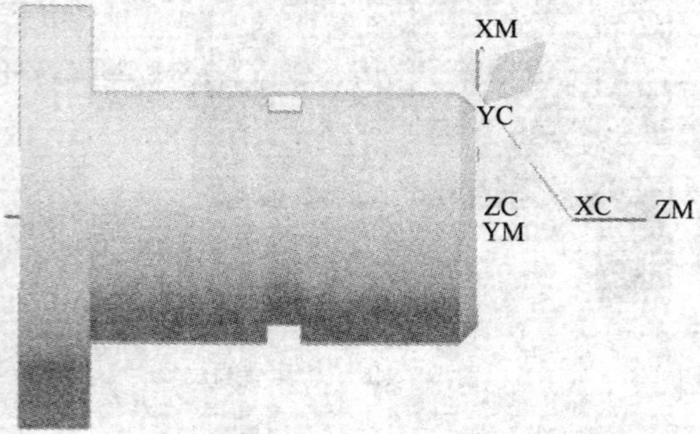

图 5－52　精车外圆刀具轨迹

11. 创建切外槽操作

（1）创建操作。切槽使用的操作是车外圆槽子类型操作，刀具作径向切削毛坯，具体步骤如下。

1）单击插入菜单中的【创建操作】，弹出创建操作菜单栏，如图 5－53 所示【创建操作】对话框。

2）单击操作子类型中的切外槽操作图标，按照图 5－53 所示设置参数。

3）单击【确定】按钮，进入【槽 OD】对话框，如图 5－54 所示。

（2）设置切削区域。由于当前的车加工边界包含了右边的所有区域，本操作只需要割槽，因此，使用切削区域命令修剪槽以外的多余区域，具体步骤如下。

1）单击编辑切削区域图标，弹出【切削区域】对话框，如图 5－55 所示。

2）单击轴向修剪平面 1 图标，弹出【点】对话框。选择外圆槽左边内侧面圆心为轴向修剪平面 1，裁剪去左边的区域。

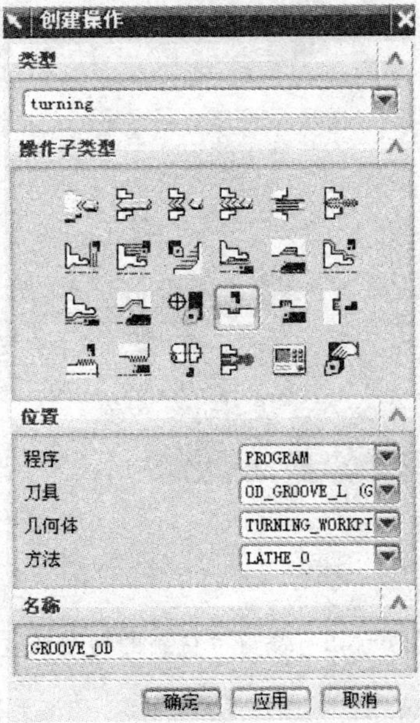

图 5-53　【创建操作】对话框

图 5-54　【槽 OD】对话框

3）单击轴向修剪平面 2 图标，弹出【点】对话框。选择外圆槽右边内侧面圆心为轴向修剪平面 2，裁剪去左边的区域。

4）单击显示图标，显示暗红色的线框为加工区域，如图 5-56 所示。

5）单击【确定】按钮，退出【切削区域】对话框。

（3）刀轨的设置。刀轨设置中需要设置的参数有：清理、切削参数、非切削参数移动等，具体操作步骤如下。

1）单击【刀轨设置】按钮，弹出下拉列表框，如图 5-57 所示，设置步距为变量平均值最大值为 75%的刀具直径值。

2）单击进给和速度图标，弹出【进给和速度】对话框，如图 5-58 所示，按照图示设置进给参数。

3）参照右端面的操作步骤，设置类似的逼近和离开参数。

图 5－55 【切削区域】对话框

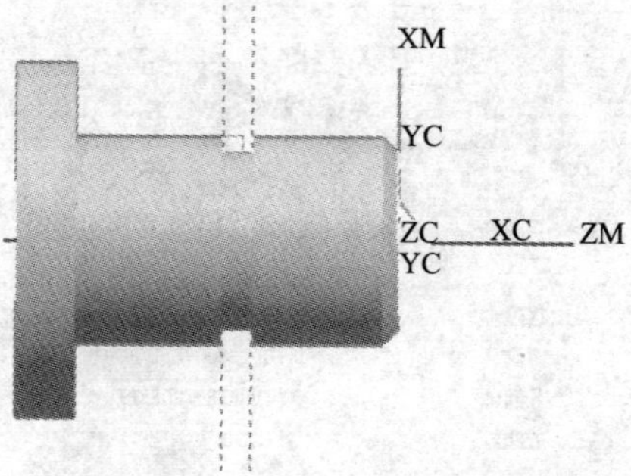

图 5－56 修剪后得到的切削区域

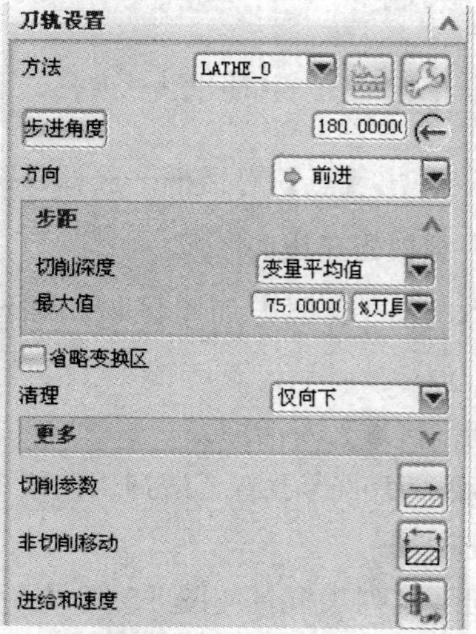

图 5－57 【刀轨设置】对话框

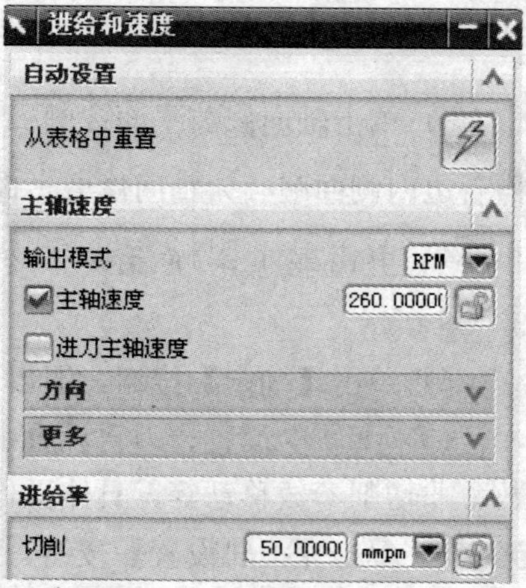

图 5－58 【进给和速度】对话框

（4）操作。单击生成图标，生成的刀具轨迹如图 5－59 所示。

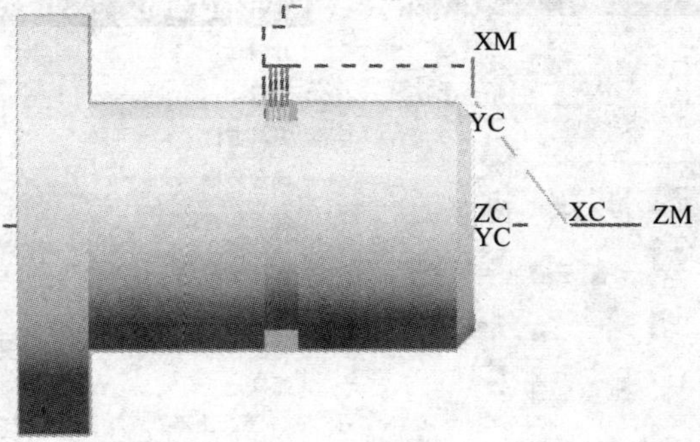

图 5-59 切槽刀具轨迹

12. 创建钻中心孔操作

用中心钻加工出右端中心孔，为了提高孔的定心精度。具体操作步骤如下。

(1) 创建操作。钻中心孔使用的操作是中心钻点孔子类型操作，具体步骤如下。

1) 单击插入菜单中的【创建操作】，弹出创建操作菜单栏，如图 5-60 所示【创建操作】对话框。

2) 单击操作子类型中的钻中心孔操作图标，按照图 5-60 所示设置参数。

3) 单击【确定】按钮，进入【中心孔点钻】对话框，如图 5-61 所示。

(2) 设置起点和深度。起点和深度设置了中心孔的位置和深度，具体步骤如下。

单击【起点和深度】标签，如图 5-61，弹出【起点和深度】选项卡。在深度选项中输入距离为 5 mm。

(3) 刀轨的设置。刀轨设置需要设置的参数主要有：驻留、非切削移动等，具体步骤如下。

1) 单击【刀轨设置】标签，弹出【刀轨设置】选项卡。按照图 5-62 所示，设置各个参数。

图 5-60 【创建操作】对话框

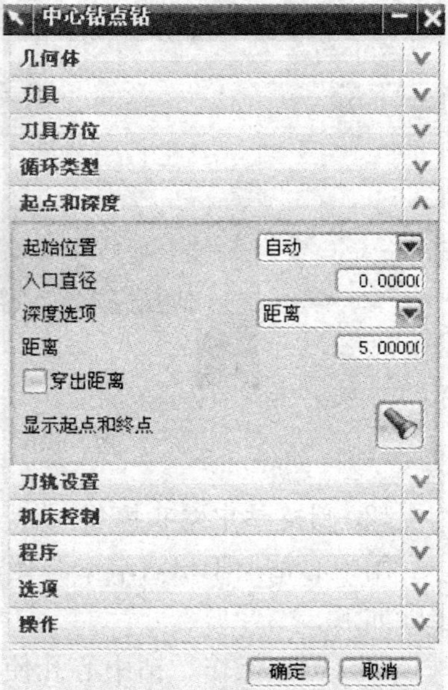

图 5-61 【中心孔点钻】对话框

2）单击非切削移动图标，在弹出的【非切削移动】对话框中设置逼近和离开选项。

3）单击进给和速度图标，弹出【进给和速度】对话框，设置主轴转速为 600 r/min，进给为 F60 mm/min。

（4）操作。单击生成图标，生成的刀具轨迹如图 5-63 所示。

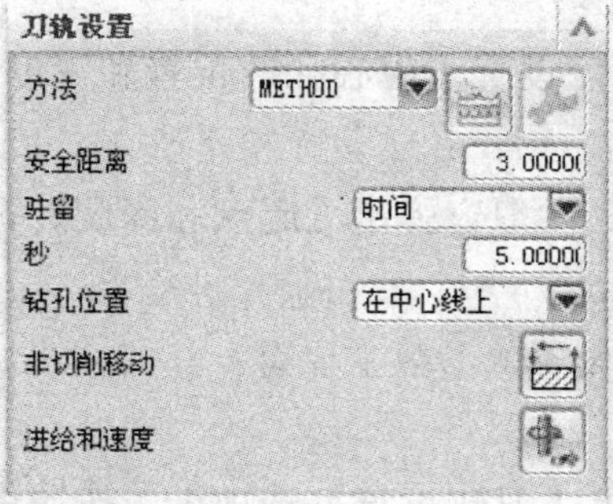

图 5-62 刀轨设置

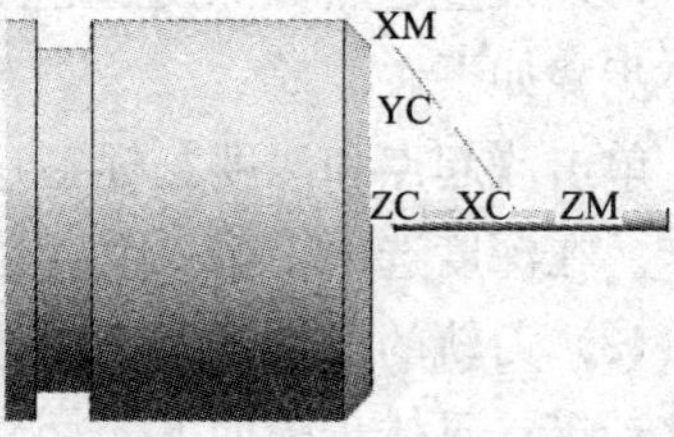

图 5-63 钻中心孔轨迹

13. 创建钻 ϕ38 孔操作

（1）创建操作。钻通孔使用的是排屑钻孔子类型。具体操作步骤如下。

1）单击插入菜单中的【创建操作】，弹出创建操作菜单栏，如图 5－64 所示【创建操作】对话框。

2）单击操作子类型中的钻深孔操作图标，按照图 5－64 所示设置参数。

3）单击【确定】按钮，进入【中心孔啄钻】对话框，如图 5－65 所示。

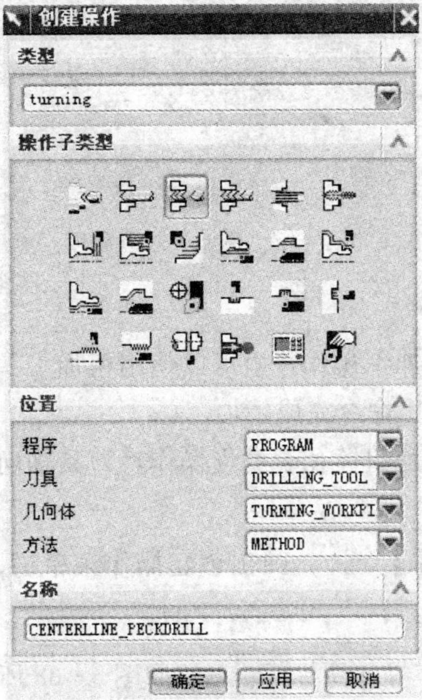

图 5－64　【创建操作】对话框

图 5－65　【中心孔啄钻】对话框

（2）设置循环类型。如图 5－65 所示，单击【循环类型】标签，弹出【循环类型】选项卡，在排屑恒定增量中输入 10，离开距离输入 2。

(3) 设置起点和深度。起点和深度设置了孔的位置和深度，如图 5－66 所示。参照图中参数设置。

(4) 操作。单击生成图标，生成的刀具轨迹如图 5－67 所示。

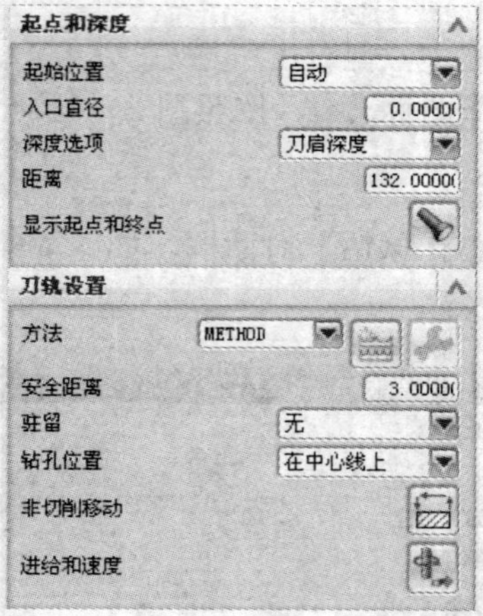

图 5－66 起点和深度

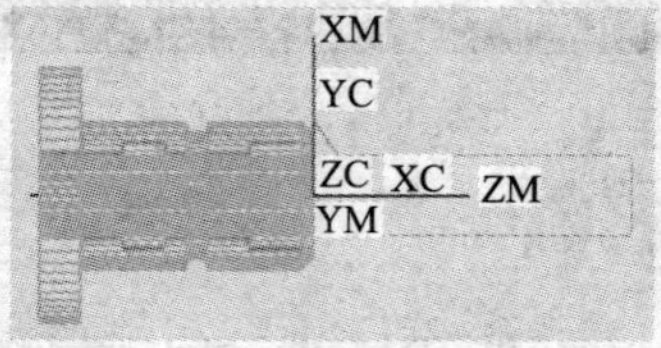

图 5－67 深孔钻刀具轨迹

14. 创建内轮廓粗、精加工操作

内轮廓的加工包含了粗加工和精加工操作：也可以使用粗加工一个操作完成，但需要开启附加轮廓加工命令完成精加工。

(1) 创建操作。粗车内圆使用的是粗镗孔子类型操作，刀具轴向切削毛坯，具体步骤如下。

1) 单击插入菜单中的【创建操作】，弹出创建操作菜单栏，如图 5－68 所示【创建操作】对话框。

2) 单击操作子类型中的内孔粗车操作图标，按照图 5－68 所示设置参数。

3) 单击【确定】按钮，进入【粗镗 ID】对话框，如图 5－69 所示。

(2) 刀轨的设置。

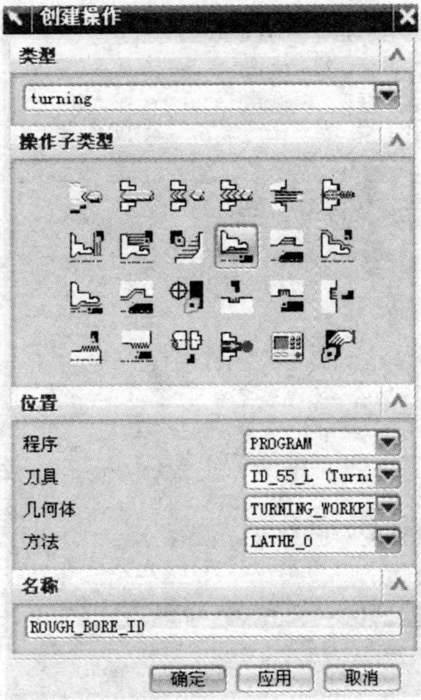

图 5-68　【创建操作】对话框

图 5-69　【粗镗 ID】对话框

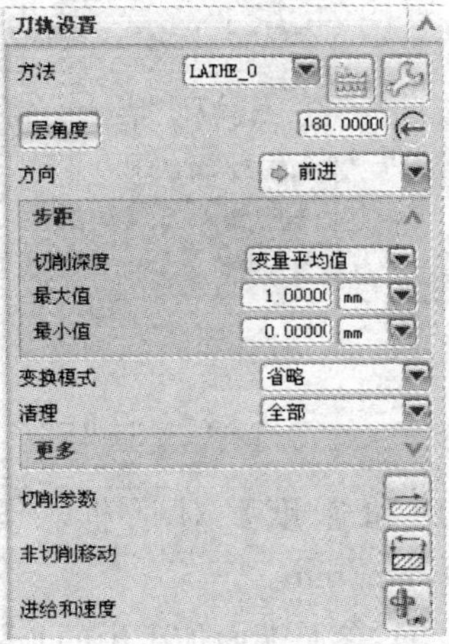

图 5-70　刀轨设置

1）按照图 5-70 所示设置刀轨，变量平均值最大值为 1 mm。变换模式选择“省略”。清理选择“全部”。

2）单击切削参数图标，弹出【切削参数】对话框，如图 5-71，单击【余量】标签，弹出【余量】选项卡，输入粗加工余量为 0.3。

3）单击【轮廓加工】标签，弹出【轮廓加工】选项卡，单击【附加轮廓加工】复选框，如图 5-72 所示。按照图中设置参数。

4）单击进给和速度图标，弹出

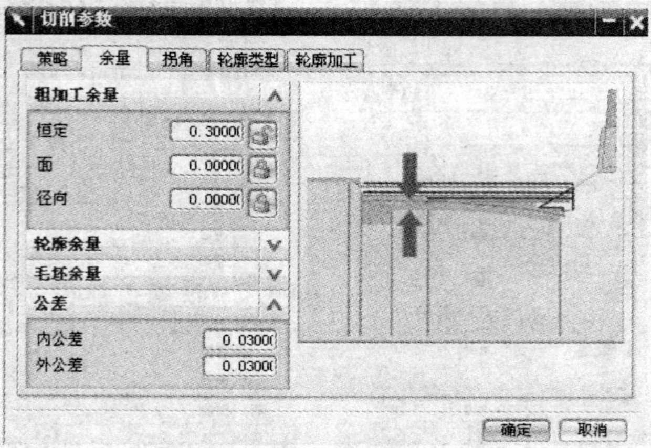

图 5-71 【切削参数】对话框

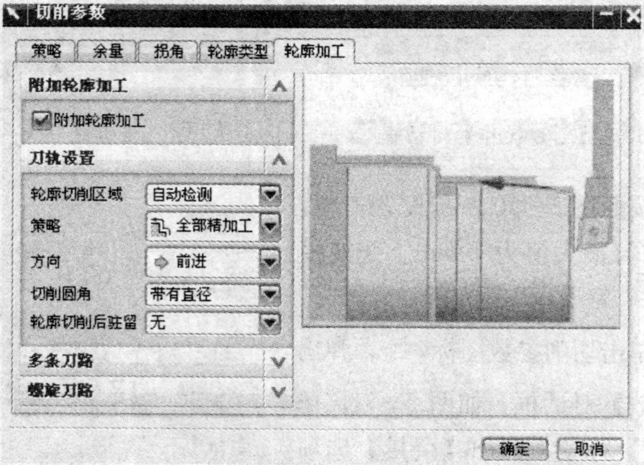

图 5-72 【切削参数】对话框

【进给和速度】对话框，设置主轴转速为 500 r/min，进给为 F80 mm/min。

5）参照端面加工中的步骤设置类似的逼近和离开参数。

（3）操作。单击生成图标，生成的刀具轨迹如图 5-73 所示。

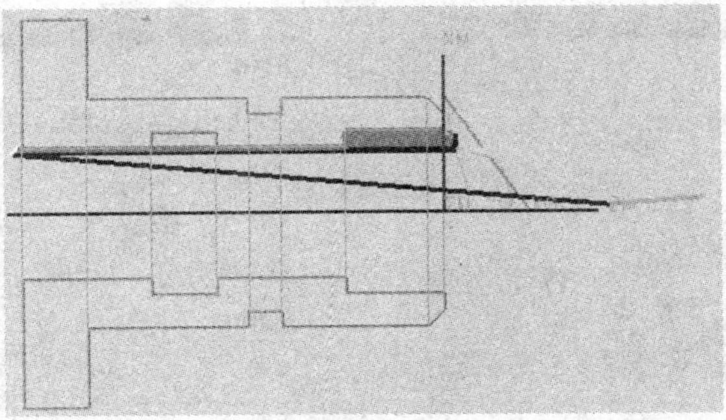

图 5-73 粗、精镗孔刀具轨迹

15. 创建内沟槽加工操作

(1) 创建操作。切槽使用的操作是车内圆槽子类型操作，刀具作径向切削毛坯，具体步骤如下。

1) 单击插入菜单中的【创建操作】，弹出创建操作菜单栏，如图 5-74 所示【创建操作】对话框。

2) 单击操作子类型中的切外槽操作图标，按照图 5-74 所示设置参数。

3) 单击【确定】按钮，进入【槽 ID】对话框，如图 5-75 所示。

(2) 设置切削区域。由于当前的车加工边界包含了右边的所有区域，本操作只需要割内槽，因此使用切削区域命令修剪槽以外的多余区域，具体步骤如下。

1) 单击编辑切削区域图标，弹出【切削区域】对话框，如图 5-76 所示。

2) 单击轴向修剪平面 1 图标，弹出【点】对话框。选择外圆槽左边内侧面圆心为轴向修剪平面 1，裁剪去左边的区域。

3) 单击轴向修剪平面 2 图标，弹出【点】对话框。选择外圆槽右边内侧面圆心为轴向修剪平面 2，裁剪去左边的区域。

4) 单击显示图标，显示暗红色的线框为加工区域，如图 5-77 所示。

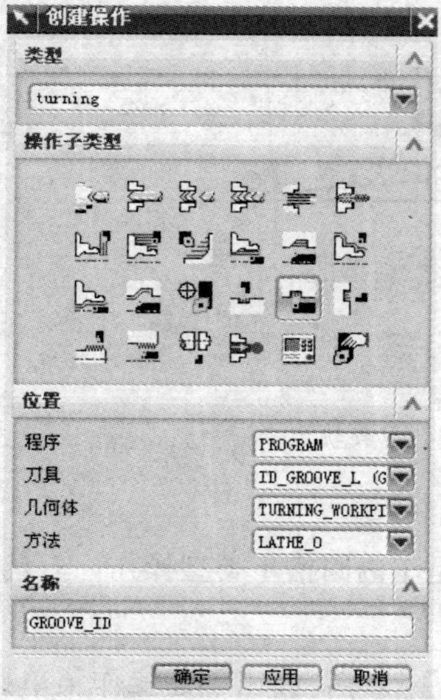

图 5-74 【创建操作】对话框

图 5-75 【槽 ID】对话框

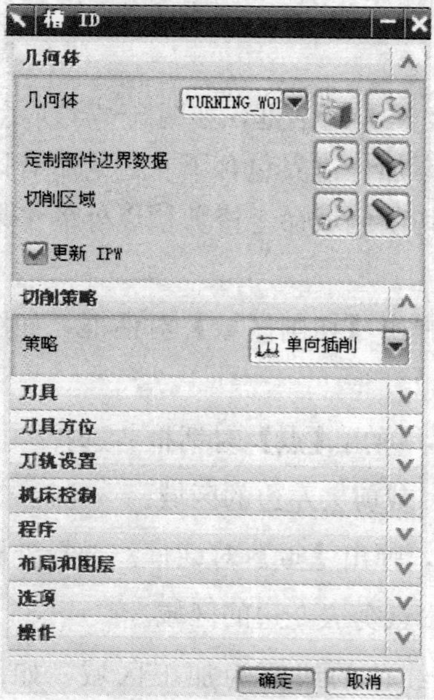

图 5-76 【切削区域】对话框

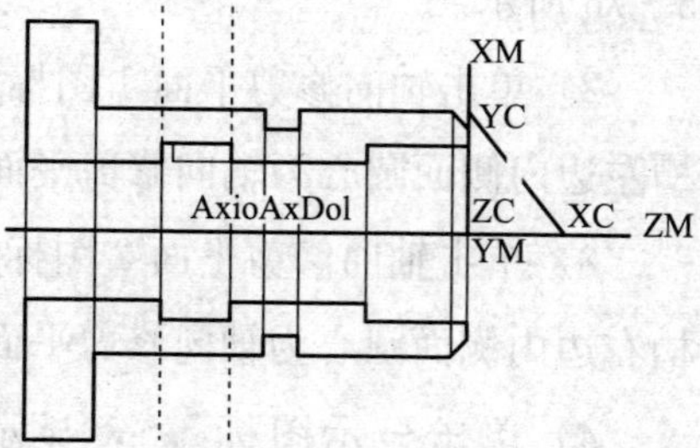

图 5-77 修剪后得到的切削区域

5）单击【确定】按钮，退出【切削区域】对话框。

（3）刀轨的设置。刀轨设置中需要设置的参数有：清理、切削参数、非切削参数移动等，具体操作步骤如下。

1）单击【刀轨设置】按钮，弹出下拉列表框，如图 5－78 所示，设置步距为变量平均值最大值为 75％的刀具直径值。

2）单击进给和速度图标，弹出【进给和速度】对话框，如图 5－79 所示，按照图示设置进给参数。

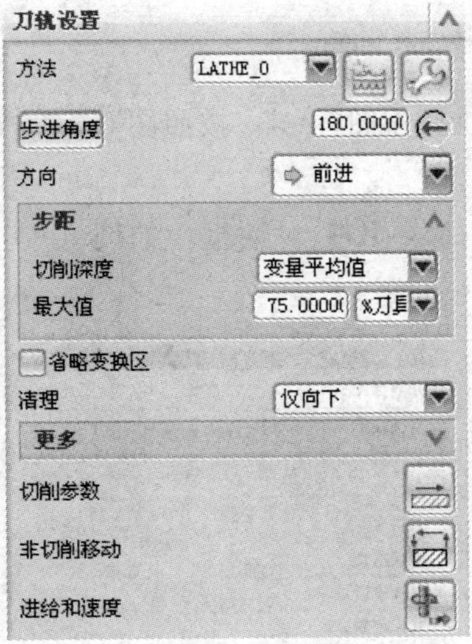

图 5－78　【刀轨设置】对话框

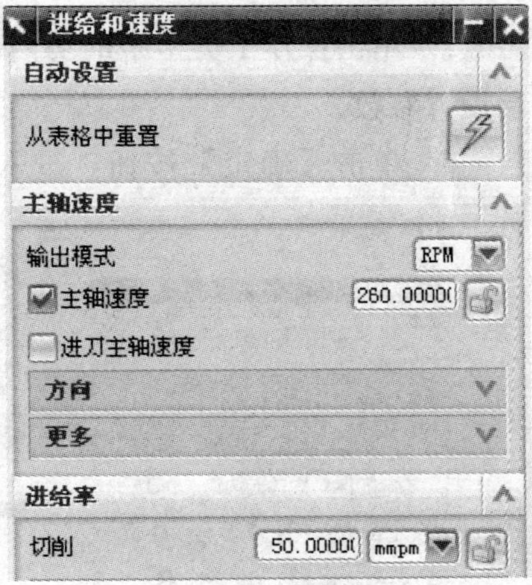

图 5－79　【进给和速度】对话框

3）参照右端面的操作步骤，设置类似的逼近和离开参数。

（4）操作。单击生成图标，生成的刀具轨迹如图 5－80 所示。

16. 创建内螺纹加工操作

（1）创建操作。车内螺纹使用的操作是车内螺纹子类型操作，具体步骤如下。

1）单击插入菜单中的【创建操作】，弹出创建操作菜单栏，如图 5－81 所示【创建操作】对话框。

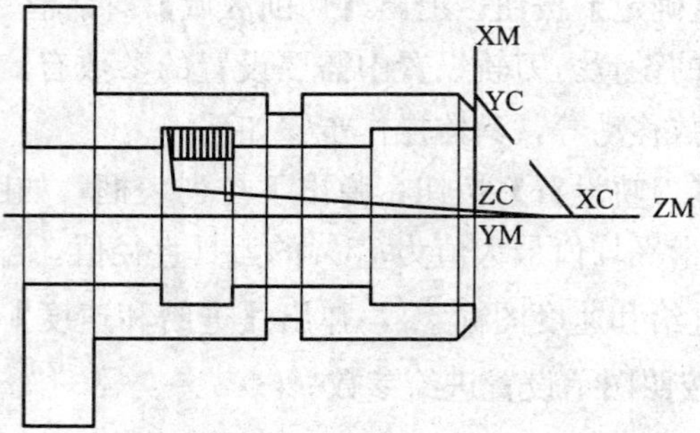

图 5-80　切内槽刀具轨迹

2）单击操作子类型中的切内螺纹操作图标，按照图 5-81 所示设置参数。

3）单击【确定】按钮，进入【螺纹 ID】对话框，如图 5-82 所示。

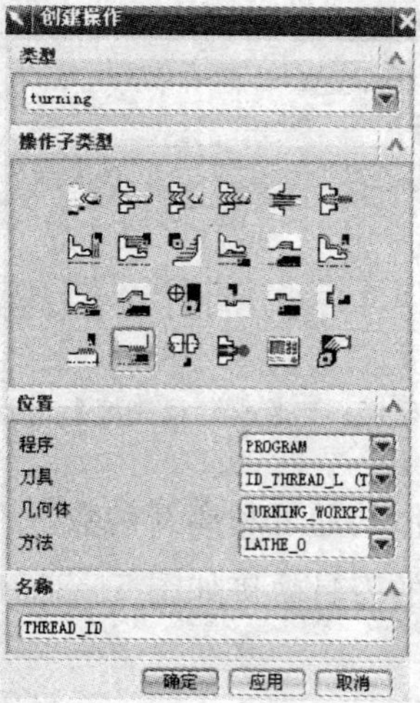

图 5-81　【创建操作】对话框

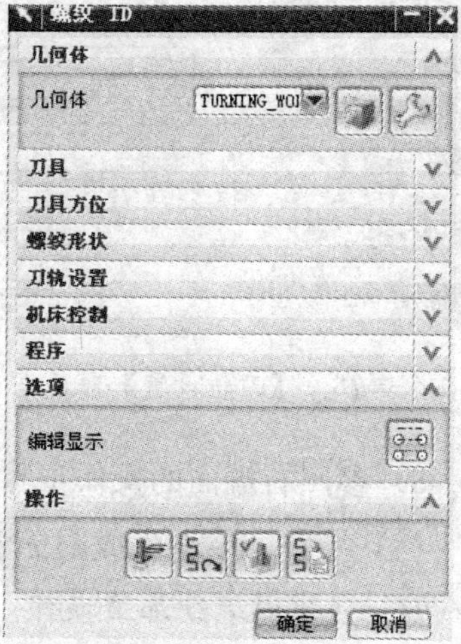

图 5-82　【螺纹 ID】对话框

（2）设置螺纹形状。单击【螺纹形状】标签，弹出【螺纹形状】选项卡，如图 5-83 所示，选择 select crest line 选项，移动鼠标在零件内孔处选择内螺纹底线。在深度选项中选择【深度和角度】分别输入螺纹深度 0.975，螺旋角 180°。

（3）刀轨的设置。

1）单击【刀轨设置】标签，弹出【刀轨设置】选项卡，如图 5-84 所示，按照图示输入参数。

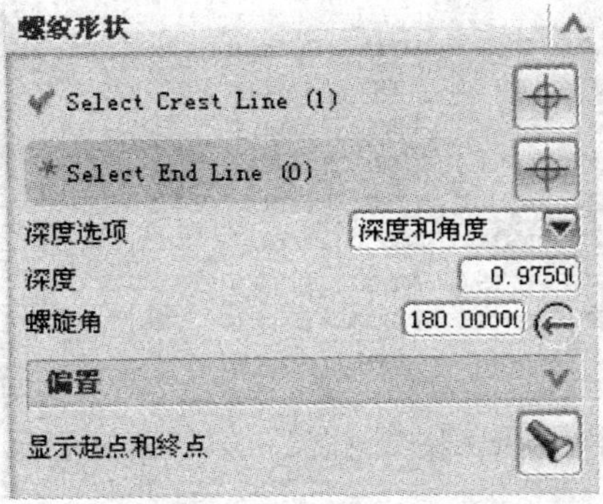

图 5-83　【螺纹形状】对话框

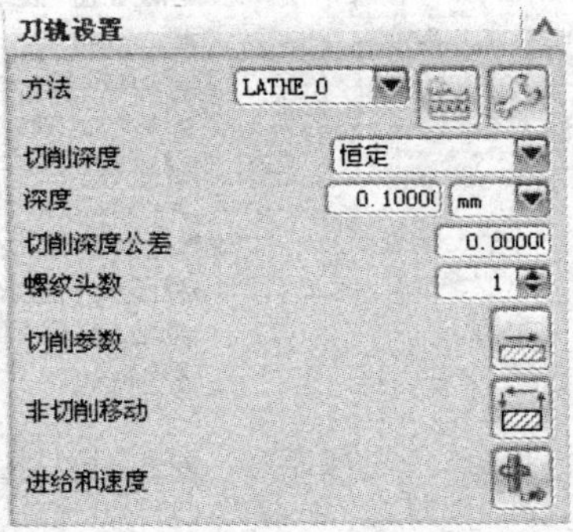

图 5-84　刀轨设置

2）参照右端面的操作步骤，设置类似的逼近和离开参数。

（4）操作。单击生成图标，生成的刀具轨迹如图 5-85 所示。

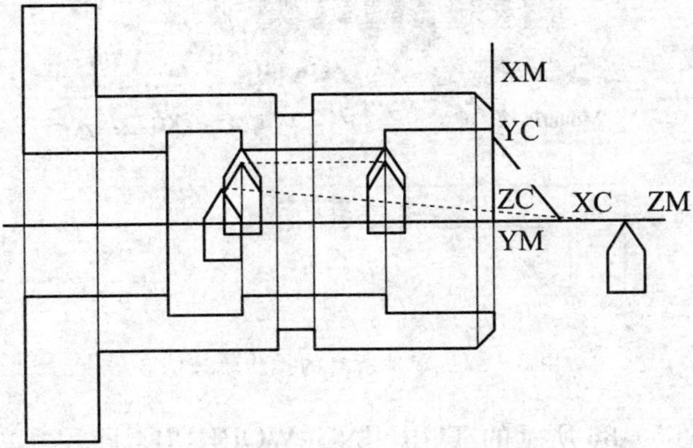

图 5-85　切内螺纹刀具轨迹

17. 零件的刀轨模拟

图 5-86 所示为本零件的所有加工操作。

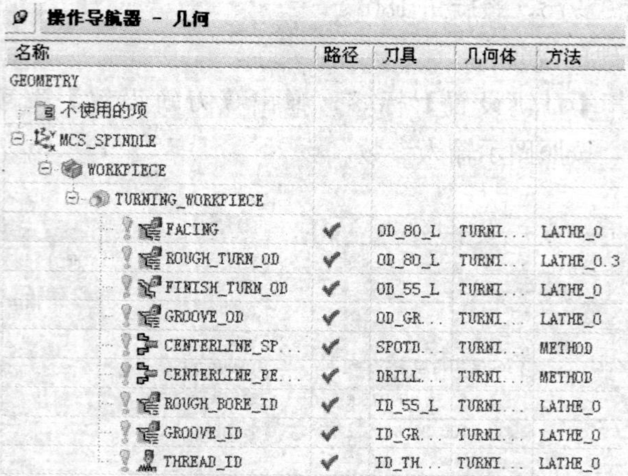

操作导航器 - 几何

名称	路径	刀具	几何体	方法
GEOMETRY				
不使用的项				
MCS_SPINDLE				
WORKPIECE				
TURNING_WORKPIECE				
FACING	✔	OD_80_L	TURNI...	LATHE_0
ROUGH_TURN_OD	✔	OD_80_L	TURNI...	LATHE_0.3
FINISH_TURN_OD	✔	OD_55_L	TURNI...	LATHE_0
GROOVE_OD	✔	OD_GR...	TURNI...	LATHE_0
CENTERLINE_SP...	✔	SPOTD...	TURNI...	METHOD
CENTERLINE_PE...	✔	DRILL...	TURNI...	METHOD
ROUGH_BORE_ID	✔	ID_55_L	TURNI...	LATHE_0
GROOVE_ID	✔	ID_GR...	TURNI...	LATHE_0
THREAD_ID	✔	ID_TH...	TURNI...	LATHE_0

图 5-86　零件所有的加工操作

图 5-87 为零件所有的操作轨迹综合图。

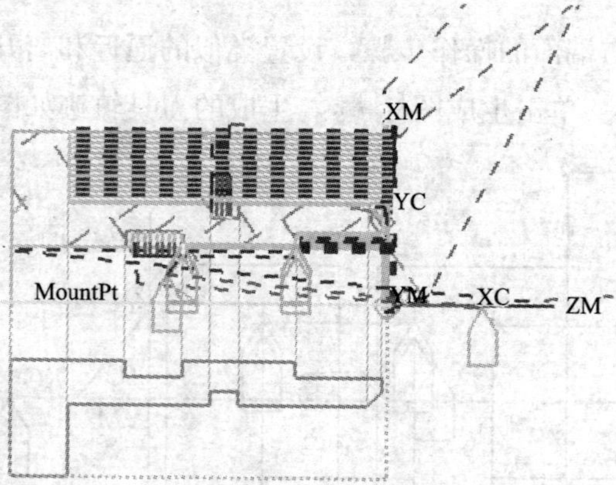

图 5-87　零件所有的操作轨迹综合

单击图 5-86 所示的 TURNING_WORKPIECE 后，单击图标确认刀轨图标，弹出如图 5-88 所示【刀轨可视化】对话框，选择【3D 动态】，单击播放按钮，零件动态实体模拟零件加工过程，最后，零件加工的结果见图 5-89 所示。

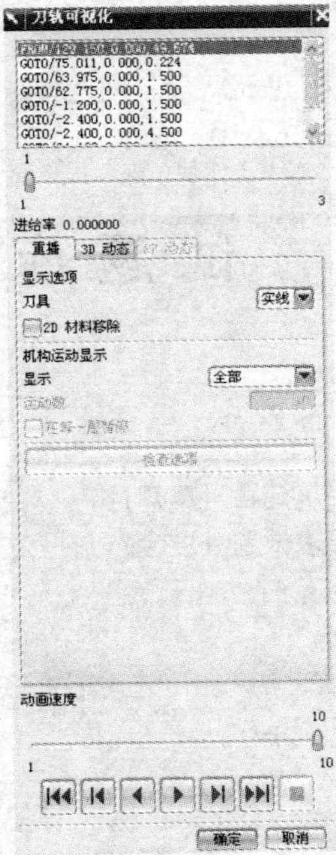

图 5-88 【刀轨可视化】对话框

单击图 5-86 所示的 TURNING_WORKPIECE 后，单击图标后处理，在【后处理】对话框中选择“LATHE AXIS TOOL_TIP”后处理器，单击【确定】后，即可生成数控车程序。

将生成的程序通过 RS232 接口传输到数控车床即可自动完成加工。

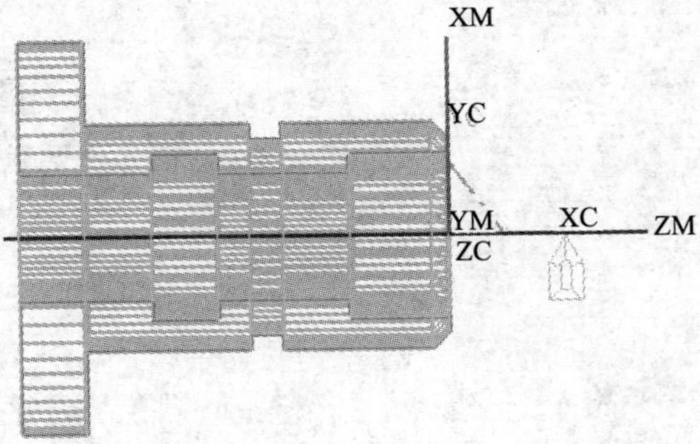

图 5-89 零件 3D 模拟结果

试 题 库

◎知识要求试题（应知）
◎技能要求试题（应会）

知识要求试题（应知）

一、判断题（正确的填"√"，错误的填"×"。）

1. 在刀具补偿状态可以变换坐标平面。 （ ）

2. 偏刀车端面，采用从中心向外进给，不会产生凹面。 （ ）

3. 确定机床坐标系时，一般先确定 X 轴，然后确定 Y 轴，再根据右手定则法确定 Z 轴。 （ ）

4. 车外圆时，车刀装得低于工件中心时，车刀的工作前角减小，工作后角增大。 （ ）

5. 加工锥螺纹时，螺纹车刀的安装应使刀尖角的中分线垂直于工件轴线。 （ ）

6. 零件的表面波纹度越低，表面粗糙度就越低。 （ ）

7. 孔用通规和止规分别是按孔的最小和最大极限尺寸制造。 （ ）

8. 轴用通规和止规分别是按轴的最小和最大极限尺寸制造。
( )

9. 安装内孔加工刀具时，应尽可能使刀尖齐平或稍高于工件中心。 ( )

10. 使用刀具圆弧半径补偿功能时，圆头车刀的刀位点方向号一般不可设为 3 号。 ( )

11. 数控车床在按 F 速度进行圆弧插补时，其 X、Z 两个轴分别按 F 速度运行。 ( )

12. C 功能刀补可用于内、外轮廓刀补。 ( )

13. 数控加工中圆弧编程，通常既可以用圆心编程也可以用半径编程。 ( )

14. 基点是零件上相邻几何元素的交点或切点。 ( )

15. 绝对坐标是相对机床坐标原点，相对坐标是相对工件原点。
( )

16. 刀具前角越大，刀具寿命越高。 ( )

17. 进给量越大零件表面粗糙度值越小。 ( )

18. 一般情况下半闭环控制系统的精度高于开环系统。 ( )

19. 闭环数控系统是不带反馈装置的控制系统。 ( )

20. 用内径百分表测量内孔时，必须摆动内径百分表，所得最大尺寸是孔的实际尺寸。 ( )

21. 一个程序段内只允许有一个 M 指令。 ( )

22. 铰削加工时，铰出的孔径可能比铰刀实际直径小，也可能比铰刀实际直径大。 ( )

23. 数控加工螺纹时，为了提高螺纹表面质量，最后精加工时应提高主轴转速。 ( )

24. 硬质合金切断中碳钢，不许用切削液以免刀片破裂。 ( )

25. 顺铣零件表面质量比逆铣好。 ( )

26. 塑性材料的抗拉强度大于抗压强度。 ( )

27. 加工左旋螺纹，车床主轴必须反转，用 M04 指令。 ( )

28. G0 和 G1 的运行轨迹都一样，只是速度不一样。（　）

29. 数控装置发出的脉冲指令频率越高，则工作台的位移速度越慢。（　）

30. 切削时，刀具、工件、切屑三者，刀具吸收的热量最多。（　）

31. 加工中心刀库的刀位数与其数控系统所允许的刀具数总是一致的。（　）

32. G41 表示刀具半径右补偿，G42 表示刀具半径左补偿。（　）

33. 在加工中心上，可以同时预置多个加工坐标系。（　）

34. 编制程序时一般以机床坐标系作为编程依据。（　）

35. 对刀点和刀位点是同一点。（　）

36. 辅助支承同主要支承的作用一样，都能限制工件的自由度。（　）

37. 刀具磨钝标准确定后，刀具寿命也就确定了。（　）

38. 粗加工时，刀具的刃倾角一般取负值。（　）

39. 在节流调速回路中并联于定量泵输出主油路的溢流阀一般处于常开状态。（　）

40. 减压阀在液压系统中起调压作用，正常工作的出口压力保持恒定，不工作时阀内回路处于常闭状态。（　）

41. 刀具主偏角越小，工件变形就越小。（　）

42. 麻花钻从外缘到钻芯，前角逐渐增大。（　）

43. 磨削硬度高的工件，应选用硬度高的砂轮。（　）

44. 机床、刀具和夹具等在热平衡前的热变形引起的加工误差属随机性误差。（　）

45. 机床、刀具和夹具等的制造误差及工艺系统的受力变形引起的加工误差属常值性系统误差。（　）

46. 选择粗基准时，应选择余量小的表面作为粗基准。（　）

47. “基准重合”一定比“基准统一”合理。（　）

48. 数控机床的定位精度就是重复定位精度。 （ ）

49. 装配图中，同一零件的剖面线在各个视图中的方向与间隔都不一致。 （ ）

50. 装配图中两零件的基本尺寸不同的非配合面必须画成一条线。 （ ）

51. 互换性要求零件按一个指定的尺寸制造。 （ ）

52. 数控机床坐标系采用的是右手笛卡尔坐标系。 （ ）

53. 切削用量的选择原则，粗加工时，一般以提高生产率为主，但也应考虑经济性和加工成本。 （ ）

54. 在圆弧加工 G02、G03 指令中 R 值，有正负之分。 （ ）

55. 工件夹紧后，工件的六个自由度都被限制了。 （ ）

56. 用 G02 或 G03 编制整圆时，不能用半径编程，必须用圆心坐标编程。 （ ）

57. 数控铣床规定 Z 轴正方向为刀具接近工件方向。 （ ）

58. 数控机床传动丝杠反方向间隙是不能补偿的。 （ ）

59. 加工工序的划分中，按加工部位划分，先加工精度比较低的部位，再加工精度比较高的部位。 （ ）

60. 装配图中，零件的某些工艺结构如小圆角、倒角及退刀槽等必须画出。 （ ）

61. 工艺规程制定包括零件的工艺分析、毛坯的选择、工艺路线的拟定、工序设计和填写工艺文件等内容。 （ ）

62. 制定工艺规程时，首先应检查零件图样是否完整和正确。 （ ）

63. 毛坯主要有铸件、锻件、型材和焊接件。 （ ）

64. 切削加工工序的安排，一般应遵循的原则是：基准先行，先主后次，先孔后面。 （ ）

65. 零件的加工集中在少数工序内完成，称为工序分散。 （ ）

66. 零件上凡已加工过的表面就是精基准。 （ ）

67. 确定加工余量大小时，应在保证加工质量的条件下，余量越

大越好。 (   )

68. 用经验估算法确定加工余量运用于大批量生产。 (   )

69. 在单件小批量生产中为确定一些重要工序的加工余量时可采用分析计算法。 (   )

70. 机床、夹具和刀具的制造误差及磨损直接影响零件的加工精度。 (   )

71. 机加工时，在切削力、惯性力及夹紧力等的作用下，工艺系统产生不同程度的热变形使原来调整好的相互位置发生变化，从而影响零件的加工精度。 (   )

72. 主偏角是基面与进给方向之间的夹角。 (   )

73. 机床原点就是换刀点。 (   )

74. 前角越大，切屑变形越厉害，断屑越易。 (   )

75. 当机床运行至 M01 指令时，机床不一定停止执行以下的程序。 (   )

76. 车床刀具角度中，刃倾角主要影响刀具锋利程度。 (   )

77. 减小前角，可以减小切削变形和切削力。 (   )

78. 后角减小，有利于提高刀具寿命和加工表面质量。 (   )

79. 数控加工路线的选择，尽量使加工路线缩短，以减少程序段，又可减少空走刀时间。 (   )

80. 后角的主要功能是减少后刀面与加工表面之间的摩擦。 (   )

81. 刀具半径补偿中，B 形刀补采用了比较复杂的刀偏矢量计算的数学模型，消除了 C 形刀补存在的不足。 (   )

82. 工件定位中，限制的自由度数少于六个的定位一定不会是过定位。 (   )

83. 每个程序段内只允许有一个 G 指令。 (   )

84. 为防止工件变形，夹紧部位尽可能与支承件靠近。 (   )

85. 编制程序时一般以机床坐标系零点作为坐标原点。 (   )

86. 非模态 G04 代码只在本程序段有效。 (   )

87. 现在中档的数控系统仍多采用 RS−232 串行接口方式与上位机通信。（　）

88. M30 不但可以完成 M02 的功能还可以使程序自动回到开头。（　）

89. 每当数控装置发出一个脉冲信号，就使步进电机的转子旋转一个固定角度，该角度称为步距角。（　）

90. 在不产生振动的前提下，主偏角越大，刀具寿命越高。（　）

91. 主偏角越小，越容易断屑。（　）

92. 精加工和半精加工时宜选用负刃倾角。（　）

93. 刃倾角为正值时，有利于保护刀尖。（　）

94. 以冷却为主要作用的切削液是切削油。（　）

95. 水溶液主要起润滑作用，一般用于精加工，可显著提高加工表面的光洁程度。（　）

96. 高速钢可允许的切削速度比普通合金工具钢高 2 倍以上。（　）

97. 最为常用的刀具材料是高速钢和硬质合金。（　）

98. 切削钢材一般选用钨钴类硬质合金。（　）

99. 用攻丝法加工螺纹时，直径小于 M16 的常用手动攻丝法，大于 M16 用机动攻丝法。（　）

100. 用弦线逼近非圆曲线时，插补误差较大，必须控制好插补段长度和插补误差。（　）

101. 当被加工零件形状与机床的插补功能不一致时，只有用直线或圆弧去逼近被加工曲线，此时，逼近曲线可与被加工曲线的交点称为基点。（　）

102. 一个简单而完整的液压传动系统由动力元件、执行元件、控制元件和辅助元件四部分组成。（　）

103. 执行元件控制系统油液的压力、流量和液流方向，以满足执行元件对力、速度和方向的要求。（　）

104. 用 G04 指令可达到提高加工表面粗糙度精度的目的。 （ ）

105. 若油缸两腔油压 P 相等，两活塞杆直径 D 相等，则双活塞杆油缸向左和向右两个方向的液压推力 F 不等。 （ ）

106. 数控机床所用 PLC 的指令必须满足数控机床信息处理和动作控制的特殊要求。 （ ）

107. 溢流阀的作用是使液压系统溢流和稳压，同定量泵并联用于节流阀调速回路中，其常态是常闭的。 （ ）

108. 节流阀通过改变阀的通流面积的大小或通道长度来改变液阻，从而控制通过阀的速度。 （ ）

109. 选用液压油时，若工作温度高、压力大、速度低，宜选用黏度性低的油。 （ ）

110. 对液压油的要求是：合适的黏度，黏湿特性好，有良好的润滑性、防腐性、化学稳定性，不起泡，杂质少，闪点高，凝固点低等。 （ ）

111. CIMS 概念中，构成制造系统的最基本的加工设备是各类数控机床。 （ ）

112. FMS 的工件输送系统按所用运输工具可分为自动传送车、轨道传送系统、带式传送系统、机器人传送系统四大类。 （ ）

113. 为了把带有工件的托盘由输送线或传送小车上送上机床，在机床前必须设置穿梭式或回转式的托盘交换装置。 （ ）

114. 尺寸链是在设计图样上相互联系且按一定顺序排列的封闭尺寸配合。 （ ）

115. 尺寸链具有两个重要特征：关联性和封闭性。 （ ）

116. CAM 中型腔零件的粗加工通常选用键槽铣刀。 （ ）

117. 图样上绘制斜度及锥度的符号时，要注意其方向。 （ ）

118. 机床参考点通常设在机床各轴工作行程的极限位置上。 （ ）

119. 轮廓控制的数控机床只要控制起点和终点位置，对加工过程

中的轨迹没有严格要求。 （ ）

120. 滚珠丝杆传动效率高、刚度大，可以预紧消除间隙，但不能自锁。 （ ）

121. 开环控制系统一般适用于经济型数控机床和旧机床数控化改造。 （ ）

122. 点位控制的数控钻床只控制刀具运动起点和终点，对中间过程轨迹没有严格要求。 （ ）

123. 举升或直纹曲面构建时，截面轮廓线的起点必须相应一致，最好在同一平面中，否则生成扭曲的曲面。 （ ）

124. 功能字 M 代码主要用来控制机床主轴的开、停、冷却液的开关和工件的夹紧与松开等辅助动作。 （ ）

125. 机床参考点在机床坐标中的坐标值由系统设定，用户不能改变。 （ ）

126. 感应同步器的相位工作方式就是给滑尺的正弦绕组和余弦绕组分别通以频率相同、幅值相同，但时间相位相差 270°的交流励磁电压。 （ ）

127. G96 S100 表示切削速度是 100 m/min。 （ ）

128. CAE 的含义是计算机辅助运算。 （ ）

129. 一般情况下钻夹头刀柄夹持精度高于弹簧夹头刀柄。

（ ）

130. 视图上的粗实线表示不可见轮廓线，虚线表示可见轮廓线。

（ ）

131. 正等轴测图三个坐标轴向的变形系数不相等。 （ ）

132. 一般来说，轴测图上的虚线必须画出。 （ ）

133. 正等轴测图三个轴间角相等，都是 120°。 （ ）

134. 局部剖视图中，剖切的位置和范围大小不能根据需要来决定。 （ ）

135. 零件图的主视图的安放位置既符合零件在机器中的工作位置，又符合零件在机床上的加工位置。 （ ）

136. 零件图的内容包括视图、尺寸、技术要求和标题栏等。 （ ）

137. 加工偏心工件时，应保证偏心的中心与机床主轴的回转中心重合。 （ ）

138. 数控车床适宜加工轮廓形状特别复杂或难于控制尺寸的回转体零件、箱体类零件、精度要求高的回转体类零件、特殊的螺旋类零件等。 （ ）

139. 步进电机采用三相六拍的通电方式，此时的步距角为 30°。 （ ）

140. 恒线速控制的原理是工件的直径越大，主轴速度越慢。 （ ）

141. 数控机床的伺服系统由伺服驱动和伺服执行两个部分组成。 （ ）

142. 一般情况下，在使用砂轮等旋转类设备时，操作者必须戴手套。 （ ）

143. 数控车床具有运动传动链短，运动副的耐磨性好，摩擦损失小，润滑条件好，总体结构刚性好，抗震性好等结构特点。 （ ）

144. 平行度、对称度同属于位置公差。 （ ）

145. 影响数控车床加工精度的因素很多，要提高加工工件的质量，有很多措施，其中采用混合编程方式能提高加工精度。 （ ）

146. 在轮廓铣削加工中，若采用刀具半径补偿指令编程，刀补的建立与取消应在轮廓上进行，这样的程序才能保证零件的加工精度。 （ ）

147. 在轮廓加工中，主轴的径向和轴向跳动精度不影响工件的轮廓精度。 （ ）

148. 带有刀库、动力刀具、C 轴控制的数控车床通常称为车削中心。 （ ）

149. 铣削时若发现切屑不易排出，可改用较大螺旋角的铣刀。 （ ）

150. 零件的每一尺寸，一般只标注一次，并应标注在反映该结构最清晰的图形上。（　）

151. 对称度框格中给定的对称度公差值是指被测中心平面不得向任一方向偏离基准中心面的极限值。（　）

152. 零件图上的重要尺寸，应从基准直接标注，辅助基准和主要基准间要标注联系尺寸。（　）

153. 多片式摩擦离合器的摩控片调得越紧越好。（　）

154. 凡是较长的零件（轴、杆、型材、连杆等），沿长度方向的形状一致或按一定规律变化时可断开后缩短绘制，并仍按设计要求的尺寸进行标注。（　）

155. 读图是画图的相反过程，即由视图确定空间物体。（　）

156. 在 CAD/CAM 软件中作图时，工作层别中的当前层与其他层一样可以设为可见层、不可见层。（　）

157. 同一产品的图样只能采取一种图框格式。（　）

158. 轮廓线可以用细实线来表示。（　）

159. 对图样上给定的形位公差与尺寸公差采取彼此无关的处理准则称为独立原则，反之则称为相关原则。（　）

160. 自动编程能对一些计算烦琐、手工编程无法编出的三维零件进行自动编程。（　）

161. 在视图中，有时可以出现参考尺寸。（　）

162. 标注尺寸的三要素是尺寸数字、尺寸界线和箭头。（　）

163. 有效螺纹的终止界线，不论在视图或剖视图中，都应用粗实线表示。（　）

164. “刀位点”是指车刀、镗刀的刀尖，钻头的钻尖。（　）

165. 视图、剖视图等画法和标注规定只适用于零件图，不适用于装配图。（　）

166. 攻丝与钻孔的区别在于：攻丝必须严格保证刀具与工件相对转一转，其轴向相对运行一个导程的移动量，而钻孔进给量则没有严格要求。（　）

167. 刀具耐用度是表示一把新刀从投入切削开始，到报废为止的总的实际切削时间。（ ）

168. 在刀尖圆弧补偿中，各种不同的刀尖有不同的刀尖位置序号。（ ）

169. 标准公差分为 20 个等级，用 IT01，IT0，IT1，IT2，…，IT18 来表示。等级依次增大，标准公差值依次降低。（ ）

170. 半闭环数控系统装有检测反馈装置，它的反馈信号取自于电动机轴端的检测装置而不是机床的最终移动部件。（ ）

171. 在数控机床坐标系中，以刀具相对于静止工件而运动的原则，按刀具远离工件的运动方向为坐标的负方向。（ ）

172. 对于接触式码盘来说，码道的圈数越多，则其所能分辨的角度越小，测量精度越高。（ ）

173. 铰孔可以纠正孔的位置精度。（ ）

174. 莫尔条纹节距与指示光栅刻线和标尺光栅刻线的夹角成正比，夹角越小，则放大倍数越小。（ ）

175. 绝对式光电码盘与增量式光电码盘工作原理相似。（ ）

176. 滚珠丝杠副由于不能自锁，故在垂直安装应用时须添加平衡或自锁装置。（ ）

177. 对于一般数控机床和加工中心，由于采用了电机无级变速，故简化了机械变速机构。（ ）

178. 轮廓控制的数控机床，必须对进给运动的位置和运动速度两方面同时实现自动控制。（ ）

179. 铰刀可以修正孔的直线度。（ ）

180. 基本偏差为一定的轴的公差带与不同基本偏差的孔的公差带形成各种配合的一种制度，称为基轴制。（ ）

181. 刀库是自动换刀装置最主要的部件之一，圆盘式刀库因其结构简单，取刀方便而应用最为广泛。（ ）

182. 顺序选刀方式具有无须刀具识别装置，驱动控制简单的特点。（ ）

183. 主轴准停装置分机械控制和电气控制两种形式。（　）

184. 采用步进驱动的数控机床利用齿轮传动，可以实现减速，达到所需要的脉冲当量，以满足结构要求和增大转矩。（　）

185. 用中等切削速度加工脆性材料时，易产生积屑瘤。（　）

186. 昆式曲面、举升曲面的构建有自动和手动两种方式。（　）

187. 检测环节的作用是将位置或速度等被测参数经过一系列转换由物理量转化为计算机所能识别的数字脉冲信号，送入到伺服系统。（　）

188. 公差等级是选用常类比法，也就是参考从生产实践中总结出来的经验资料，进行比较选用。（　）

189. 数控机床适用于加工多品种、中小批量的产品。（　）

190. 数控机床按数控系统的刀具轨迹分类，可以分为开环系统、半闭环和闭环系统。（　）

191. 码盘又称为编码器，是一种旋转式测量元件，它能将角位移转换成增量脉冲形式或绝对式的代码形式。（　）

192. 互换性表现为对产品零部件在装配过程中的要求是：装配前不需作任何挑选，装配不需任何加工，装配后满足使用性能的要求。（　）

193. 尺寸公差用于限制尺寸误差，其研究对象是尺寸而形位公差用于限制几何要素的形状和位置误差，其研究对象是几何要素。（　）

194. 螺纹加工指令 G92 加工螺纹，螺纹两端要设置进刀段与退刀段。（　）

195. 标准公差系列包含三项内容：公差等级、公差单位和基本尺寸分段。（　）

196. 样条采样法进行插补时，采样次数越多插补精度越高。（　）

197. 零件图未注出公差的尺寸，可以认为是没有公差要求的

尺寸。 （ ）

198. 偏置号的指定，长度偏移用 H，半径补偿用 D。 （ ）

199. Mastercam 中的曲面造型是特征建模方法。 （ ）

200. 位置公差就是位置度公差的简称，故位置度公差可以控制所有的位置误差。 （ ）

201. 刀补的建立就是在刀具从起点接近工件时，刀具中心从与编程轨迹重合过渡到与编程轨迹偏离一个偏置量的过程。 （ ）

202. 配合是指基本尺寸相同，相互结合的孔、轴公差带之间的关系。 （ ）

203. 刀具偏置矢量是二维矢量。其大小等于 D 代码所规定的偏置量。 （ ）

204. 当屏幕上出现“EMG”时，主要原因是超行程错误。 （ ）

205. 立式加工中心的工作台是水平的，而卧式加工中心的工作台是垂直的。 （ ）

206. 由于执行了“ISO”标准，所以现在所有的数控功能指令代码得到了统一。 （ ）

207. 高速钢车刀不仅用于冲击较大的场合，也常用于高速切削。 （ ）

208. 互换性按其互换程度可分为完全互换和不完全互换两类。 （ ）

209. 数控加工的插补过程，实际上是用微小的直线段来逼近曲线的过程。 （ ）

210. 根据孔、轴公差带之间的关系，配合分为三大类，即间隙配合、过盈配合和过渡配合。 （ ）

211. 基本尺寸是设计时给定的尺寸，因此，零件的实际尺寸越接近基本尺寸越好。 （ ）

212. 优先选用基孔制，是因为选用基孔制可以减少孔用定值刀具和量具等的数目，而用于加工轴的刀具多不是定值的。 （ ）

213. 数控机床与计算机进行DNC通信时，两边的通信参数可以不一致。 ( )

214. 具有对称平面的机件，可用半剖视图来表示。 ( )

215. 基本偏差为一定的孔的公差带与不同基本偏差的轴的公差带形成各种配合的一种制度，称为基孔制。 ( )

216. 用硬质合金铣刀铣削不锈钢时，铣刀材料应选用与不锈钢化学亲和力小的YG类合金，如能选用含钽、铌的YW类合金最好。 ( )

217. 当普通外螺纹的公称直径为24 mm，中径和大径公差带代号分别为5g和6g，粗牙左旋，旋合长度时，它的标记为M24－5g6g－LH。 ( )

218. 表面粗糙度符号的尖端可以从材料的外面或里面指向被注表面。 ( )

219. 感应同步器和旋转变压器均属于电磁式测量传感器。 ( )

220. 同一公差等级时，轴的粗糙度值应比孔的小。 ( )

221. 对刀具材料的基本要求有：高的硬度、高的耐磨性、足够的强度和韧性、高的耐热性、良好的工艺性。 ( )

222. 加工轴，采用一夹一顶时，该种定位必定是重复定位。 ( )

223. 标准麻花钻顶角一般为118°。 ( )

224. 高速钢车刀通常都不允许采用负前角。 ( )

225. 车螺纹时，螺距精度的超差，与车床丝杠的轴向窜动有关。 ( )

226. V形铁定位的特点是，一个方向的定位误差为零。 ( )

227. 增大活塞杆运动速度的方法有两种：一是增大流量；二是增大压力。 ( )

228. 满足螺纹互换性的基本要求是可旋入性和连接可靠性。 ( )

229. 用数字化信息进行控制的自动控制技术称为数字控制技术，采用数控技术控制的机床，称之为数控机床。（ ）

230. 公差等级的选用就是确定工件尺寸的制造精度。（ ）

231. 国家标准中规定了两种平行的基准制：基孔制和基轴制。（ ）

232. 热处理调质是指淬火后再进行退火处理，以获得较好的综合机械性能。（ ）

233. 执行 G29 这条指令，可以使刀具从参考点出发，经过一个中间点到达由这个指令后面 X、Y、Z 坐标值所指令的位置。（ ）

234. 在一般情况下应优先选用基轴制。（ ）

235. 转塔式的自动换刀装置是数控车床上使用最普遍，最简单的自动换刀装置。（ ）

236. G06 指令是双曲线插补指令。（ ）

237. 确定尺寸精确程度的等级称为公差等级。（ ）

238. 尺寸线不能用其他线来代替，一般也不得与其他图线重合或画在其延长线上。（ ）

239. 各种不同刀具不管多复杂，通常就其中一个刀齿来说，可把它作为一个车刀头来分析。（ ）

240. 车削外圆零件时，如不用刀补，锥度或圆弧的尺寸会变小。（ ）

241. 切削塑性材料通常选择较大的前角。（ ）

242. 在数控机床上加工精度要求较高的锥面和圆弧时，必须加上刀尖圆弧半径补偿功能。（ ）

243. 程序“G00 X_ Y_ M99”的书写格式是不允许的。（ ）

244. 切削液有冷却、润滑和清洗作用。（ ）

245. 通常情况下端铣刀齿数增加可显著提高生产率和加工质量。（ ）

246. 剖视图可分为全剖视图、半剖视图和局部剖视图三种。（ ）

247. CAT 的含义是计算机辅助工艺分析。 （ ）

248. 标注角度时，尺寸线应画成圆弧，其圆心是该角度的顶点。 （ ）

249. 在数控机床上通常要经过首件试切来调试加工程序。 （ ）

250. 铰削钢件时，如果发现孔径缩小，则应该改用锋利的铰刀或减小铰削用量。 （ ）

251. 任何一把刀具一旦刃磨成形后，不管其加工方式如何，其主、副切削刃便完全确定了。 （ ）

252. 切削塑性材料时比切削 20 号钢应选择更大的前角。（ ）

253. 在滚珠丝杠副轴向间隙的调整方法中，常用双螺母结构形式，其中以齿差调隙式调整最为精确方便。 （ ）

254. 组合夹具是由规格化、系列化的通用元件组合而成，俗称积木式夹具。 （ ）

255. 切削用量三要素是切削速度，切削深度和进给量。 （ ）

256. 局部放大图上方标注的比例是指放大图与原图形的相应要素的线性尺寸之比。 （ ）

257. FANUC 系统中，程序格式“T0203”是错误的。 （ ）

258. 增大副偏角，可以减小工件表面粗糙度。 （ ）

259. 按刀头固定形式，镗刀分为三种，即整体式镗刀、机械夹固式镗刀和浮动式镗刀。 （ ）

260. 双点划线用做断裂画法时，只能适用于中断处。 （ ）

261. 接触式码盘属于绝对式的检测方式。 （ ）

262. 在常用尺寸段内，对于较高精度等级的配合时，由于孔比轴难加工，选定孔比轴高一级精度。 （ ）

263. 滚动轴承是标准件，因此轴承内径与轴径的配合应为基轴制，轴承外径与外壳孔的配合应为基孔制。 （ ）

264. 对于数控铣床，加工路线是指刀具中心的轨迹和方向。 （ ）

265. 钨、钴、钛类硬质合金的坚韧性较好，适用于加工铸铁等脆性材料或冲击性较大的场合。（ ）

266. 全闭环数控机床不需要对进给机构进行传动反向间隙补偿。（ ）

267. 若要避免铰孔出现多角形，必须保证铰孔前孔的圆度，并设法消除铰削时铰刀的振动。（ ）

268. 伺服电动机驱动的使能信号无效时，电机不工作。（ ）

269. 机床原点是机床一个固定不变的极限点。（ ）

270. FANUC 系统中，G00 指令设定为非线性插补定位时，刀具轨迹通常不是直线。（ ）

271. 在气动控制中，一般用二位三通阀代替二位二通阀，这样可以多一个排气孔。（ ）

272. 数控机床按加工工艺范围来划分有点位控制、直线控制与轮廓轨迹控制。（ ）

273. 数控机床所加工出的轮廓，只与采用的程序有关，而与所选用的刀具无关。（ ）

274. 外形铣削功能，可以铣削二维或三维的零件轮廓。（ ）

275. 图形视角快捷菜单中 ZOOM 功能，能放大缩小图形的尺寸。（ ）

276. Mastercam 中工作坐标系的定义为：X 轴正朝右，Y 轴正向朝上，Z 轴正向指向操作者。（ ）

277. 若要避免铰孔出现多角形，必须保证铰孔前孔的圆度，并设法消除铰削时铰刀的振动。（ ）

278. 压缩空气是流动传动的工作介质，它是一种比较昂贵的能量传递方法。（ ）

279. 浮动式镗刀在镗削时能自动处于孔中心位置。（ ）

280. 车削螺纹时，车刀的工作前角和工作后角发生变化是由于螺纹升角使切削平面和基面位置发生了变化。（ ）

281. 用数控车床车削台阶面时，不需用刀补功能。（ ）

282. 数控车床中当刀具磨损后或工件尺寸有误差时，只需修改每把刀具相应存储器中的数值。（ ）

283. 采用大螺旋角立铣刀铣削时，由于刀刃比较锋利，常用于一般钢件的加工。（ ）

284. 用恒线速度指令控制加工零件时，必须限定主轴的最高转速。（ ）

285. 在气动传动中，压缩空气必须有良好的调理，不得含有灰尘和水分。（ ）

286. 用面铣刀铣平面时，其直径尽可能大，这样可提高铣削效率。（ ）

287. Mastercam 中修剪过的曲面边界，不能产生延伸曲面。（ ）

288. 子程序不可以在纸带或存储器方式下调出使用。（ ）

289. 实体造型方法主要有 CSG 结构实体造型表达法和 B—rep 实体边界表达法。（ ）

290. 在自动编程中，两相交曲面倒圆角，两曲面的法向决定倒圆角的位置。（ ）

291. 压力损失有两种，一种是沿程损失；另一种是局部损失，其中局部损失是主要的。（ ）

292. 双出杆活塞液压缸，当进入液压缸的流量一定时，活塞往复运动速度是一致的。（ ）

293. 单出杆活塞式液压缸不管是缸体固定还是活塞杆固定，液压缸或活塞杆运动范围是其有效行程的两倍。（ ）

294. 液压油是液压传动的工作介质，它是不可压缩的。（ ）

295. 带有刀库的数控铣床一般称为加工中心。（ ）

296. 加工中心是可以完成一个工件所有加工工序的数控机床。（ ）

297. 数控机床的定位精度与重复定位精度是同一概念。（ ）

298. 点位控制系统只控制刀具从一点到另一点的位置而不控制移

动的轨迹。 (　)

299. 数控机床的坐标系方向的判定，一般假设刀具静止，通过工件相对位移来确定。 (　)

300. 液压泵是将电能转换成液压能的装置。 (　)

301. 数控系统操作面板上的复位键的功能是解除报警和数控系统的复位。 (　)

302. PLC 中所有的元件均为软继电器。 (　)

303. 恒线速度控制的原理是工件的直径越大，进给速度越慢。 (　)

304. 在 Auto CAD 中，所画的剖面线是一个整体。 (　)

305. 高速钢淬火后具有较高的强度、韧性和耐磨性，因此，适用于制造各种结构复杂的刀具。 (　)

306. 在卧式车床上车削时进给运动可以是刀具，也可以是工件。 (　)

307. 由于机床传动零件的缺陷所引起的振动，如传动齿轮的齿距误差等，引起的振动属于强迫振动。 (　)

308. 衡量机床主轴回转误差的主要指标是主轴前端的径向圆跳动和轴向窜动。 (　)

309. 提高工艺系统刚度和减小产生变形的切削力可以减小工艺系统的受力变形引起的误差。 (　)

310. 当编程时，如果起点与目标点有一个坐标值没有变化时，该坐标值可以省略。 (　)

311. 数控车床的运动量是由数控系统内的可编程控制器 PLC 控制的。 (　)

312. 数控车床传动系统的进给运动有纵向进给运动和横向进给运动。 (　)

313. 增大刀具前角 γ_0 能使切削力减小，产生的热量少，可提高刀具的使用寿命。 (　)

314. 数控车床的机床坐标系和工件坐标系零点重合。 (　)

315. 恒线速度控制适用于切削工件直径变化较大的零件。（　）

316. 数控装置是数控车床执行机构的驱动部件。（　）

317. Auto CAD 中用 ERASE（擦除）命令可以擦除边界线而只保留剖面线。（　）

318. 焊接式车刀制造简单，成本低，刚性好，但存在焊接应力，刀片易裂。（　）

319. 加工轴套类零件采用三爪自定心卡盘能迅速夹紧工件并自动定心。（　）

320. 滚珠丝杠副按其使用范围及要求分为六个等级精度，其中 C 级精度最高。（　）

321. 数控机床的参考点是机床上的一个固定位置点。（　）

322. 积屑瘤在高速和低速时最容易产生。（　）

323. 当电源接通时，每一个模态组内的 G 功能维持上一次断电前的状态。（　）

324. Auto CAD 中既可以设置 0 层的线型和颜色，也可以改变 0 层的层名。（　）

325. 数控系统操作面板上的复位键的功能是解除报警和数控系统的复位。（　）

326. 钻盲孔时为减少加工硬化，麻花钻的进给应缓慢地断续进给。（　）

327. 辅助功能 M00 指令为无条件程序暂停，执行该程序指令后，所有的运转部件停止运动，且所有的模态信息全部丢失。（　）

328. 焊接式车刀制造简单，成本低，刚性好，但存在焊接应力，刀片易裂。（　）

329. 车削细长轴时，跟刀架调整越紧越有利于切削加工。（　）

330. 高速钢在低速、硬质合金在高速下切削时，粘结磨损所占比重大。（　）

331. 高速钢锻造后必须经退火处理，以降低硬度，便于切削加工。（　）

332. 工件的材料越硬，主偏角应该选择越大，这样可以增大散热面积，增强刀具耐用度。（　）

333. 模态指令的内容在下一程序段会不变，而自动接收该内容，因此，称为自保持功能。（　）

334. 用砂轮磨削加工不容易获得高的加工精度和高的表面光洁度。（　）

335. 数控车床具有运动传动链短，运动副的耐磨性好，摩擦损失小，润滑条件好，总体结构刚性好，抗震性好等结构特点。（　）

336. 淬火的目的是提高低碳钢的力学性能，改善切削加工性，细化晶粒，消除组织缺陷。（　）

337. 孔、轴公差带代号由基本偏差与标准公差数值组成。（　）

338. 在机械加工中，为了保证加工可靠性，工序余量留得过多比留得太少要好。（　）

339. 车削细长轴时，为了减小刀具对工件的径向作用力，应尽量增大车刀的主偏角。（　）

340. 当传动中心距较大且工作环境恶劣时，宜采用带传动。（　）

341. 计算机数控装置的作用是把计算机产生的脉冲信号转换成机床移动部件的运动。（　）

342. 如果工件的六个自由度用六个支承点与工件接触使其完全消除，则该工件在空间的位置就完全确定了。（　）

343. 圆弧插补指令中，I、J、K 地址的值无方向，用绝对值表示。（　）

344. 中碳钢的含碳量在 0.25%～0.60%。（　）

345. 在车削加工中心上可以进行钻孔、螺纹加工和磨削加工。（　）

346. 数控加工的编程方法主要分为手工编程和自动编程两大类。（　）

347. 液压传动中，将液压能转换为直线运动的装置是液压马达。（　）

348. 直线进给系统工作的载荷特点是恒功率。（　）

349. 数控机床的伺服系统由伺服驱动和伺服执行两个部分组成。（　）

350. 几个 FMC 用计算机和输送装置连接起来可以组成 CIMS。（　）

二、选择题（选择一个正确的答案，将相应的字母填入题内的括号中）。

1. 数控机床的位置精度主要指标有（　）。

A. 定位精度和重复定位精度　B. 分辨率和脉冲当量

C. 主轴回转精度　D. 几何精度

2. 对于非圆曲线加工，一般用直线和圆弧逼近，在计算节点时，要保证非圆曲线和逼近直线或圆弧之法向距离小于允许的程序编制误差，允许的程序编制误差一般取零件公差的（　）。

A. 1/2～1/3　B. 1/3～1/5　C. 1/5～1/10　D. 等同值

3. 回转体零件车削后，端面产生垂直度误差主要原因是（　）。

A. 主轴有轴向跳动　B. 主轴前后支承孔不同轴

C. 主轴支承轴颈有圆度误差

4. 数控机床进给传动系统中不能用链传动是因为（　）。

A. 平均传动比不准确　B. 瞬时传动比是变化的

C. 噪声大

5. 数控机床配置的自动测量系统可以测量工件的坐标系、工件的位置度以及（　）。

A. 粗糙度　B. 尺寸精度

C. 圆柱度　D. 机床的定位精度

6. 在 CIMS 中，涉及 CAD、CAM、CAPP 等各种（　）。

A. 系统工程　B. 管理科学

C. 现代机械制造技术　D. 计算机辅助技术

7. 采用闭环控制系统的数控铣床，在 X、Y 平面内加工圆弧，当系统增益相同时，若 X、Y 两轴的跟随误差增大，会使工件的（　　）。

A. 尺寸和形状误差都减小　　B. 尺寸误差增大

C. 形状误差增大　　D. 尺寸和形状误差都增大

8. 数控机床采用伺服电机实现无级变速仍采用齿轮传动主要目的是增大（　　）。

A. 输入速度　B. 输入扭矩　C. 输出速度　D. 输出扭矩

9. 三相六拍，即 A－AB－B－BC－C－CA－A 是（　　）的通电规律。

A. 直流伺服电机　　B. 交流伺服电机

C. 变频电机　　D. 步进电机

10.（　　）加紧机构不仅结构简单，容易制造，而且自锁性能好，夹紧力大，是夹具上用得最多的一种加紧机构。

A. 斜楔形　B. 螺旋　C. 偏心　D. 铰链

11. 判断交流伺服电机有无故障，可将电动机与机械装置分离，用手转动电动机转子，下列几种情况，（　　）表示电动机无故障。

A. 转子能连续转几圈并自由停下

B. 转动转子时感觉有阻力，转一个角度后手放开，转子有返回现象

C. 用手转不动电动机的转子

D. 转动转子时感觉无阻力，转一个角度后手放开，转子无返回现象

12. FMS 是（　　）的单元技术。

A. CAM　B. CNC　C. CIMS　D. CAD

13. CAD/CAM 系统中，（　　）是自动设计和图形处理的基础。

A. 任务处理　B. 交互软件　C. 几何建模　D. 数据库

14. 在全闭环数控系统中，位置反馈量是（　　）。

A. 机床的工作台位移　　B. 进给电机角位移

C. 主轴电机转角　　　　　　D. 主轴电机转速

15. 在数控车床加工过程中，零件长度为 50 mm，割刀宽度为 2 mm，如以割刀的左刀尖为刀位点，则编程时 Z 方向应定位在（　　）处割断工件。

A. 50 mm　　B. 52 mm　　C. 48 mm

16. 基本偏差代号为 J、K、M 的孔与基本偏差代号为 h 的轴可以构成（　　）。

A. 间隙配合　　　　　　B. 间隙或过渡配合

C. 过渡配合　　　　　　D. 过盈配合

17. 数控车床 X 方向对刀时，车削外圆后只能沿（　　）方向退刀，主轴停转后测量外径尺寸。

A. X　　B. Z　　C. X、Z 都可以

18. 在半闭环数控系统中，位置反馈量是（　　）。

A. 进给伺服电机的转角　　　　B. 机床的工作台位移

C. 主轴电机转速　　　　　　D. 主轴电机转角

19. 假设用剖切平面将机件的某处切断，仅画出断面的图形称为（　　）。

A. 剖视图　　B. 剖面图　　C. 半剖视　　D. 半剖面

20. G71　U(△d)R(e)

G71　P(ns)Q(nf)U(△u)W(△w)F(f)S(s)T(t)中的 e 表示（　　）。

A. Z 方向精加工余量　　　　B. 进刀量　　C. 退刀量

21. 螺纹的轮廓线和牙底线分别是（　　）。

A. 粗实线和细实线　　　　B. 细实线和粗实线

C. 粗实线和粗实线　　　　D. 细实线和细实线

22. HT200 中的“200”是指（　　）。

A. 抗拉强度　　B. 抗压强度　　C. 抗弯强度　　D. 抗冲击韧性

23. 四爪卡盘是（　　）。

A. 专用夹具　　B. 通用夹具　　C. 组合夹具　　D. 可调夹具

24. 切削用量就是（　　）。

A. 背吃刀量

B. 切削速度、背吃刀量、进给量

C. 加工余量、背吃刀量　　　D. 加工余量、转速

25. 公差配合 H7/g6 是（　　）。

A. 间隙配合，基轴制　　　B. 过渡配合，基孔制

C. 过盈配合，基孔制　　　D. 间隙配合，基孔制

26. 材料 45 钢的含碳量是（　　）。

A. 45%　　B. 4.5%　　C. 0.45%　　D. 0.045%

27. 材料 Q235 中的数字是（　　）。

A. 抗拉强度　B. 屈服极限　C. 抗压强度　D. 硬度

28. 在车床上钻深孔，由于钻头刚性不足，钻削后（　　）。

A. 孔径变大，孔中心线不弯曲 B. 孔径不变，孔中心线弯曲

C. 孔径变大，孔中心线平直　D. 孔径不变，孔中心线不变

29. 在钻床上钻深孔由于钻头刚性不足钻削后（　　）。

A. 孔径变大，孔中心线不弯曲 B. 孔径不变，孔中心线弯曲

C. 孔径变大，孔中心线弯曲　D. 孔径不变，孔中心线不弯

30. 用硬质合金 YG3 和 YT30 制造的刀具适用于（　　）。

A. 粗加工　　B. 半精加工　C. 精加工

31. 用硬质合金 YG8 和 YT5 制造的刀具适用于（　　）。

A. 粗加工　　B. 半精加工　C. 精加工

32. 车外圆时，如果车刀安装（刀尖）高于工件中心线在不考虑合成运动的前提下则刀具的（　　）。

A. 工作前角变大，工作后角变小

B. 工作前角变小，工作后角变大

C. 工作前后角不变

D. 工作前角不变，工作后角变小

33. 选择切削用量的次序是（　　）。

A. V_c　f　a_p　　　B. V_c　a_p　f

C. a_p f V_c D. f V_c a_p

34. 精车三角形螺纹时，车刀的前角应取（ ）度。

A. +5 B. −5 C. −10 D. 0

35. 要求执行机构运动速度平稳，应选用（ ）。

A. 节流阀 B. 减压阀 C. 调速阀 D. 溢流阀

36. 齿轮精度等级“6−7−7GM10095−88”中的“6”是指（ ）。

A. 传递运动的准确性的精度等级

B. 传动的平稳性的精度等级

C. 载荷分布的均匀性的精度等级

37. 检验机床主轴回转精度时，芯棒上远轴端的检测点距近轴端的检测点的距离是（ ）。

A. 250 mm B. 300 mm C. 350 mm D. 400 mm

38. 中间工序的工序尺寸公差按（ ）。

A. 上偏差为正，下偏差为零标准

B. 下偏差为负，上偏差为零标准

C. 按“入体”原则标准

D. 按“对称”原则标准

39. 划分工序的依据是（ ）。

A. 工作地点和加工工具不变

B. 工作地点不变，加工过程连续

C. 加工表面和加工工具均不变

40. 划分工步的依据是（ ）。

A. 工作地点和加工工具不变

B. 工作地点不变，加工过程连续

C. 加工表面和加工工具均不变

41. 配合的松紧程度取决于（ ）。

A. 基本尺寸 B. 极限尺寸 C. 基本偏差 D. 标准公差

42. 主轴毛坯锻造后需进行（ ）热处理，以改善切削性能。

A. 正火　　B. 调质　　C. 淬火　　D. 退火

43. 皮带轮转动中，皮带包角一般应（　　）120°。

A. 大于　　B. 小于　　C. 等于　　D. 无要求

44. 尺寸 $40^{+0.30}_{+0.20}$ 的公差为（　　）。

A. 0.3　　B. +0.1　　C. 0.1　　D. +0.3

45. 安装螺纹车刀时，刀尖应与中心等高，刀尖角的对称中心线（　　）工件轴线。

A. 平行于　　B. 倾斜于　　C. 垂直于　　D. 呈 75°

46. 一面两削定位属于（　　）定位。

A. 完全　　B. 不完全　　C. 欠定位　　D. 不完全欠

47. 主轴准停功能分为机械准停和电气准停，二者相比，机械准停（　　）。

A. 结构复杂　　B. 准停时间更短

C. 可靠性增加　　D. 控制逻辑简化

48. 在全闭环数控系统中，用于位置反馈的元件是（　　）。

A. 直线感应同步器　　B. 圆光栅

C. 旋转变压器　　D. 圆感应同步器

49. 数控系统软件中前台程序又称（　　），完成实时控制任务后台程序又称（　　），完成无实时要求的任务。

A. 系统程序　　B. 中断服务程序

C. 应用程序　　D. 背景程序

50. （　　）是将液压能转变为机械能的元件。

A. 液压泵　　B. 液压缸　　C. 溢流阀　　D. 减压阀

51. 在数控机床的 $X+$ 方向有两个行程开关，连续向 $X+$ 方向移动过程中，首先压下（　　）行程开关。

A. 超程　　B. 回零　　C. 二者同时压下

52. 粗加工应选用（　　）。

A. (3～5)%乳化液　　B. (10～15)%乳化液

C. 切削液　　D. 煤油

53. 数控系统中逐点比较法插补的四个节拍依次是（　　）。

A. 偏差判别、偏差计算、坐标进给、终点判别

B. 偏差判别、坐标进给、偏差计算、终点判别

C. 偏差计算、偏差判别、坐标进给、终点判别

54. 在铰孔和浮动镗孔等加工时都是遵循（　　）原则的。

A. 互为基准　B. 自为基准　C. 基准统一

55. 在高温下刀具材料保持常温硬度的性能称为（　　）。

A. 硬度　B. 强度　C. 耐热性　D. 刚度

56. 用板牙套螺纹时，应选择（　　）的切削速度。

A. 较高　B. 中等　C. 较低　D. 高速

57. 常用的高速钢牌号是（　　）。

A. W18Cr4V　B. W18Cr4　C. W18V

58. 工程图中，标注圆弧半径时，半径应注在（　　）。

A. 投影为圆弧的视图上　B. 投影为非圆弧的视图上

C. A、B 均可

59. 一般数控车床 X 轴的脉冲当量是 Z 轴脉冲当量的（　　）。

A. 1/2　B. 相等　C. 2 倍

60. 对于配合精度要求较高的圆锥工件，在工厂一般采用（　　）检验。

A. 万能角度尺 B. 角度样板　C. 圆锥量规涂色

61. 轴类零件用中心孔定位加工外圆和端面符合（　　）。

A.“基准重合”原则　B.“互为基准”原则

C.“基准统一”原则

62. 在全闭环数控系统中，用于位置反馈的元件是（　　）。

A. 光栅尺　B. 圆光栅

C. 旋转变压器　D. 圆感应同步器

63. 加工中心的定位精度会影响工件上被加工孔的（　　）。

A. 位置精度　B. 孔径尺寸精度

C. 形状精度

64. 铣削薄壁零件的面铣刀的主偏角应选（　　）。

A. 45°　　B. 60°　　C. 75°　　D. 90°

65. 切削用量中，对刀具寿命影响最大的是（　　）。

A. 切削速度　B. 背吃刀量　C. 进给量

66. 改善低碳钢材料的切削加工性，可通过（　　）处理。

A. 回火　　B. 退火　　C. 正火

67. 铣削零件上的内槽要求走刀路线短并获得较好的表面粗糙度，应选择（　　）。

A. 行切法　B. 环切法　C. 行环综合切法

68. 一对模数为 3 mm 的标准安装外啮合直齿圆柱齿轮，齿数分别为 54 与 20，则其中心距为（　　）。

A. 74 mm　B. 222 mm　C. 111 mm　D. 100 mm

69. 对于机床齿轮箱中的齿轮，其常见失效形式是（　　）。

A. 轮齿折断　B. 齿面点蚀　C. 齿面胶合　D. 齿面磨损

70. 油泵的理论流量取决于（　　）。

A. 转速和结构参数　　B. 转速和工作压力

C. 转速和工作温度　　D. 结构参数和工作压力

71. 硬质合金中钴的含量越高，则材料的（　　）。

A. 强度和韧性越好　　B. 硬度和耐磨性越好

C. 导热性越好

72. 在液压传动中，负载运动速度大小取决于（　　）。

A. 流体压力 P　B. 流量 Q　C. A 或 B 均可　D. 负载 F

73. 气压传动的优点是（　　）。

A. 可长距离输送　　B. 稳定性好

C. 输出压力高

74. 塑性材料与脆性材料的失效极限应力分别是（　　）。

A. 屈服极限，强度极限　　B. 强度极限，屈服极限

C. 比例极限，屈服极限　　D. 强度极限，比例极限

75. 顺铣适用于（　　）。

A. 进给机构有间隙，工件有硬皮

B. 进给机构无间隙，工件无硬皮

C. 进给机构无间隙，工件有硬皮

76. 对于非熟练操作工而言，应用较广的确定加工余量的方法是（　　）。

A. 经验估算法 B. 查表修正法 C. 分析计算法

77. 重要的零件和结构复杂的零件在加工前和加工过程中都应安排时效处理，以清除（　　）对加工精度的影响。

A. 弹性变形　B. 热变形　C. 内应力　D. 磨损

78. 刃倾角是主切削刃在切削平面内的投影与（　　）之间的夹角。

A. 前刀面　B. 基面　C. 切削平面　D. 后刀面

79. 刃倾角为负值时，切屑流向已加工表面，故适用于（　　）。

A. 精加工　B. 半精加工　C. 粗加工　D. 光整加工

80. 各种浓度的（　　）广泛用于磨削和其他粗精切削加工中。

A. 水溶液　B. 切削油　C. 乳化液

81. 高性能高速钢通过改变高速钢的（　　）来提高其切削性能，用于难加工材料的切削加工。

A. 化学成分　B. 硬度　C. 抗弯硬度　D. 冲击韧性

82. 硬质合金允许的切削速度比高速钢高（　　）倍。

A. 2倍　B. 3倍　C. 4～10倍　D. 10～12倍

83. 钨钴类硬质合金的刚性、可磨削性和导热性较好，一般用于切削（　　）和有色金属及其合金。

A. 碳钢　B. 工具钢　C. 合金钢　D. 铸铁

84. 在大批大量生产中加工塑性材料的外螺纹时，宜选用（　　）。

A. 车削螺纹　B. 攻丝　C. 铣削螺纹　D. 滚压螺纹

85. 在数控机床上，霍尔开关的作用是（　　）。

A. 限位　B. 测主轴转速

C. 测进给电机位置反馈　　D. 测工作台位移

86. 大批量生产中，传动丝杠和蜗杆的粗加工常用（　　）。

A. 车削螺纹　B. 铣削螺纹　C. 攻丝　D. 滚压螺纹

87. 单件小批量生产中加工轴、盘、套类零件与轴线同心的内外螺纹常用（　　）。

A. 车削螺纹　B. 攻丝　C. 铣削螺纹　D. 滚压螺纹

88. 用直线段去逼近非圆曲线时，用得较多的是（　　）。

A. 切线法　B. 弦线法　C. 割线法

89.（　）需要二次逼近，第一次用数学方程式逼近，第二次用直线或圆弧逼近。

A. 椭圆　B. 双曲线　C. 抛物线　D. 列表曲线

90. 液压传动的以（　）为工作介质，借助于其压力能传递运动和动力。

A. 高压水　B. 压力油　C. 压缩空气　D. 润滑油

91. G71　U(△d)R(e)

G71　P(ns)Q(nf)U(△u)W(△w)F(f)S(s)T(t)中的△d表示（　）。

A. *Z*方向精加工余量　B. *X*方向精加工余量

C. 每刀切削深度

92. 莫尔条纹的形成主要是利用光的（　）现象。

A. 透射　B. 干涉　C. 反射　D. 衍射

93. EIA标准穿孔纸带检验位在第（　）位。

A. 5　B. 6　C. 7　D. 8

94. 画局部剖视图时，用做视图与局部剖视的分界线应采用（　）。

A. 波浪线　B. 双折线　C. A或B均可　D. 双点画线

95. 码盘在数控机床中的作用是（　　）。

A. 测温　B. 测压　C. 测流量　D. 测速度

96. PMC的PC产品属于国外（　　）公司。

A. 西门子　　B. 法那科　　C. 三菱　　D. 大卫

97. 普通螺纹的配合精度取决于（　　）。

A. 公差等级与基本偏差

B. 基本偏差与旋合长度

C. 公差等级、基本偏差和旋合长度

D. 公差等级和旋合长度

98. 直齿圆柱齿轮的直径为（　　）。

A. πR/z　　B. πm　　C. mz　　D. πZ

99. 加工零件时影响表面粗糙度的主要原因是（　　）。

A. 刀具装夹误差　　B. 机床的几何精度

C. 进给不均匀　　D. 刀痕和振动

100. 码盘在数控机床中的作用是（　　）。

A. 测主轴转速　　B. 限位

C. 测工作台位移　　D. 测主轴电机转角

101. 车刀的前角增大时，切削力（　　），切削温度（　　）。

A. 减小　　B. 增大　　C. 不变　　D. 下降

E. 上升

102. G73　U(△i)W(△k)R(d)

G73　P(ns)Q(nf)U(△u)W(△w)D(△D)F(f)S(s)T(t)中的△i 表示（　　）。

A. Z 方向精加工余量　　B. X 方向精加工余量

C. X 方向总加工余量的半径值

103. FMS 中文含义是（　　）。

A. 柔性制造系统　　B. 计算机集成制造系统

C. 计算机数字控制系统

104. 修磨麻花钻横刃的目的是（　　）。

A. 减小横刃处前角　　B. 增加横刃强度

C. 增大横刃处前角、后角　　D. 缩短横刃，降低钻削力

105. 建立机床坐标系与工件坐标系之间关系的指令是（　　）。

A. G34　　B. G54　　C. G04　　D. G94

106. 数控机床主轴转速 S 的单位是（　　）。

A. mm/min　　B. mm/r　　C. r/min

107. 按伺服系统的控制方式分类，数控机床的步进驱动系统是（　　）数控系统。

A. 开环　　B. 半闭环　　C. 全闭环

108. 同一时间内控制一个坐标方向上的移动系统是（　　）控制系统。

A. 点位　　B. 直线　　C. 轮廓

109. 机床上的卡盘、中心架等属于（　　）夹具。

A. 专用　　B. 通用　　C. 组合

110.（　　）元件将油液的压力能转换为对外做功的机械能，完成对外做功。

A. 动力　　B. 执行　　C. 控制　　D. 辅助

111.（　　）向液压系统提供压力油，将电机输出的机械能转换为油液的压力能。

A. 动力元件　　B. 执行元件　　C. 控制元件　　D. 辅助元件

112. 液压系统中采用的容积式油泵，其吸油和压油是通过改变封闭的工作（　　）来实现。

A. 流量　　B. 容积　　C. 压力　　D. 速度

113. 空气压缩机属于（　　）。

A. 动力元件　　B. 执行元件　　C. 控制元件　　D. 辅助元件

114. 气压传动中的汽缸属于（　　）。

A. 动力元件　　B. 执行元件　　C. 控制元件　　D. 辅助元件

115. 气压传动中的气源净化装置如过滤器属于（　　）。

A. 动力元件　　B. 执行元件　　C. 控制元件　　D. 辅助元件

116. 液压油的（　　）是选用的主要依据。

A. 黏度　　B. 润滑性　　C. 粘湿特性　　D. 化学积定性

117. 产品销售经营包含在（　　）中。

A. CIMS　　B. CAD　　C. CAM　　D. FMS

118.（　）的核心是建立一个与生产系统中各功能子系统连接起来的集成信息的系统，以保证企业各功能子系统可用信息数据的一致性、准确性、及时性、共享性。

A. CAM　　B. CAD　　C. CIMS　　D. CAPP

119. 在零件加工过程中或机器装配过程中最终形成的环为（　）。

A. 组成环　　B. 封闭环　　C. 增益　　D. 减环

120. 数控机床有以下特点，其中不正确的是（　）。

A. 具有充分的柔性

B. 能加工复杂形状的零件

C. 加工的零件精度高，质量稳定

D. 大批量、高精度

121. 在增量式光电码盘测量系统中，使光栅板的两个夹缝距离比刻线盘两个夹缝之间的距离小于1/4节距，使两个光敏元件的输出信号相差1/2相位，目的是（　）。

A. 测量被检工作轴的回转角度　B. 测量被检工作轴的转速

C. 测量被检工作轴的旋转方向　D. 提高码盘的测量精度

122. G73　U(△i)W(△k)R(d)

G73　P(ns)Q(nf)U(△u)W(△w)D(△D)F(f)S(s)T(t)中的d表示（　）。

A. *Z*方向精加工余量　　B. 加工循环次数

C. *Z*方向粗加工余量

123. 刀具材料在室温下的硬度应高于（　）。

A. 235HBS　　B. 43HRC　　C. 60HRC　　D. 200HBS

124. 下列不属于数控信息载体的是（　）。

A. 纸带　　B. 程序　　C. 磁带　　D. 磁盘

125. 步进电动机按原理可分为下列哪一类（　）。

A. 伺服式、功率式　　B. 轴向式、径向式

C. 反应式、励磁式　　　　　　D. 反应式、混合式

126. 机床回零时，到达机床原点行程开关被压下，所产生的机床原点信号送入（　　）。

A. 伺服系统　B. 数控系统　C. 显示器

127. GCr15SiMn是（　　）。

A. 高速钢　B. 中碳钢　C. 轴承钢　D. 不锈钢

128. 开放式数控系统一般采用（　　）。

A. 硬件数控　B. 软件数控　C. 混合数控　D. 独立PC

129. 贴塑导轨的摩擦性质，属（　　）摩擦导轨。

A. 滚动　B. 滑动　C. 液体润滑

130. 零件图的（　　）的投影方向应能最明显地反映零件图的内外结构形状特征。

A. 俯视图　B. 主视图　C. 左视图　D. 右视图

131. 若电动机转轴上有换向器，则此电动机是（　　）。

A. 直流电动机　　　　　　B. 同步电动机

C. 鼠笼式异步电动机　　　D. 绕线式异步电动机

132. 下列机械传动中传动效率高的是（　　）。

A. 螺旋传动　B. 带传动　C. 齿轮传动　D. 蜗杆传动

133. 在液压传动中，液压缸是（　　）。

A. 动力元件　B. 执行元件　C. 控制元件　D. 辅件

134. 在液压系统中，压力的大小取决于（　　）。

A. 负载　B. 流量　C. 流速

135. 将原材料转变为产品的全过程称为（　　）过程。

A. 生产服务　B. 生产　C. 生产工艺　D. 产品装配

136. 用符号“IT”表示（　　）的公差。

A. 尺寸精度　B. 形状精度　C. 位置精度　D. 表面粗糙度

137. 下列属于位置公差项目的是（　　）。

A. 圆柱度　B. 面轮廓度　C. 圆跳动　D. 圆度

138. 制造一个零件或一台产品必需的一切费用总和称为（　　）。

A. 可变成本　B. 不变成本　C. 生产成本　D. 工艺成本

139. 在金属切削机床加工中，下述运动中（　）是主运动。

A. 铣削时工件的移动　B. 钻削时转头直线运动

C. 磨削时砂轮的旋转运动　D. 牛头刨床工作台的水平移动

140. 车床数控系统中，可以用哪一组指令进行恒线速控制（　）。

A. G0　S__　B. G96　S__　C. G01　F__　D. G98　S__

141. 图样上一般退刀槽，其尺寸的标注形式按：（　）。

A. 槽宽 X 直径或槽宽 X 槽深　B. 槽深 X 直径

C. 直径 X 槽宽　D. 直径 X 槽深

142. 标注尺寸时，出现平行并列的尺寸，应使（　）。

A. 较小的尺寸靠近视图，较大的尺寸应依次向外分布

B. 较大的尺寸靠近视图，较小的尺寸应依次向外分布

C. 为了方便标注，较小或较大的尺寸靠近视图都可以

143. 铰削铸件孔时，选用（　）。

A. 硫化切削液　B. 活性矿物油

C. 煤油　D. 乳化液

144. 无论外螺纹或内螺纹，在剖视图或断面图中的剖面线都应划到：（　）。

A. 细实线　B. 牙底线　C. 粗实线　D. 牙根线

145. 对于公差的数值，下列说法正确的是：（　）。

A. 必须为正值　B. 必须大于零或等于零

C. 必须为负值　D. 可以为正、为负、为零

146. 孔 $\phi60^{+0.060}_{+0.034}$ 与轴 $\phi60^{+0.041}_{-0.002}$ 相配合属于哪种配合（　）。

A. 过渡配合　B. 间隙配合

C. 过盈配合　D. 不能确定哪一种配合

147. 空间互相平行的两线段，在同一轴侧图投影中（　）。

A. 根据具体情况，有时相互不平行，有时两者不平行

B. 互相不平行

C. 一定相互垂直

D. 一定相互平行

148. 图样中标注锥度时，其锥度符号应配置在（　　）。

A. 基准线上　　B. 引出线上

C. 轴线上　　D. 基准线或引出线上

149. 机械图样所采用的投影法为（　　）。

A. 中心投影法

B. 斜投影法

C. 正投影法

D. 正投影法、中心投影法、斜投影法均可采用

150. 程序校验与首件试切的作用是（　　）。

A. 检查机床是否正常　　B. 提高加工质量

C. 检验参数是否正确

D. 检验程序是否正确及零件的加工精度是否满足图纸要求

151. 麻花钻有 2 条主切削刃、2 条副切削刃和（　　）横刃。

A. 2 条　　B. 1 条　　C. 3 条　　D. 没有横刃

152. 机械效率值永远是（　　）。

A. 大于 1　　B. 小于 1　　C. 等于 1　　D. 负数

153. 数控机床中，码盘是（　　）反馈元件。

A. 速度　　B. 温度　　C. 压力　　D. 流量

154. 切削脆性金属材料时，在刀具前角较小、切削厚度较大的情况下，容易产生（　　）。

A. 带状切屑　　B. 节状切屑　　C. 崩碎切屑　　D. 粒状切屑

155. 脉冲当量是数控机床数控轴的位移量最小设定单位，脉冲当量的取值越小，插补精度（　　）。

A. 越高　　B. 越低　　C. 与其无关　　D. 不受影响

156. 尺寸链按功能分为设计尺寸链和（　　）。

A. 封闭尺寸链　B. 装配尺寸链　C. 零件尺寸链　D. 工艺尺寸链

157. 测量与反馈装置的作用是为了（　　）。

A. 提高机床的安全性

B. 提高机床的使用寿命

C. 提高机床的定位精度、加工精度

D. 提高机床的灵活性

158. 砂轮的硬度取决于（　）。

A. 磨粒的硬度　　B. 结合剂的黏结强度

C. 磨粒粒度　　D. 磨粒率

159. 精基准是用（　）作为定位基准面。

A. 未加工表面　　B. 复杂表面

C. 切削量小的　　D. 加工后的表面

160. 在现代数控系统中系统都有子程序功能，并且子程序（　）嵌套。

A. 只能有一层　　B. 可以有限层

C. 可以无限层　　D. 不能

161. 三爪卡盘、平口钳等属于（　）。

A. 通用夹具　B. 专用夹具　C. 组合夹具　D. 可调夹具

162. 机械零件的真实大小是以图样上的（　）为依据。

A. 比例　B. 公差范围　C. 技术要求　D. 尺寸数值

163. 采用固定循环编程，可以（　）。

A. 加快切削速度，提高加工质量

B. 缩短程序长度，减少程序所占内存

C. 减少换刀次数，提高切削速度

D. 减少吃刀深度，保证加工质量

164. 蜗杆传动的承载能力（　）。

A. 较低　　B. 较高

C. 与传动形式无关　　D. 上述结果均不正确

165. 为了保障人身安全，在正常情况下，电气设备的安全电压规定为（　）。

A. 42 V　B. 36 V　C. 24 V　D. 12 V

166. 机床主轴与导轨之间的平行度、垂直度以及主轴的端面跳动和径向跳动等均属于机床的（　　）精度。

A. 运动　　B. 传动　　C. 几何　　D. 动态

167. 数控机床中（　　）的主要功能是将数控指令信息，经功率放大后，按指令要求驱动机床相关部件。

A. 控制介质　　B. 数控装置

C. 伺服系统　　D. 机床本体及机械部件

168.（　　）加工可以通过透明介质（如玻璃）进行加工。

A. 电火花　　B. 超声波　　C. 激光　　D. 切削

169. 将钢加热到适当温度，保持一定时间，然后缓慢冷却的热处理工艺叫（　　）。

A. 退火　　B. 回火　　C. 正火　　D. 调质

170. 数控机床的旋转轴之一 B 轴是绕（　　）直线轴旋转的轴。

A. X 轴　　B. Y 轴　　C. Z 轴　　D. W 轴

171. 球头铣刀的球半径通常（　　）加工曲面的曲率半径。

A. 小于　　B. 大于

C. 等于　　D. A，B，C 都可以

172. 下列机构中，能将直线运动变为回转运动的是（　　）机构。

A. 普通螺旋　　B. 蜗杆传动　　C. 曲柄滑块　　D. 凸轮

173. 数控机床适于（　　）生产。

A. 大型零件　　B. 小型高精密零件

C. 中、小批量复杂形体零件

174. 粗加工时，为了提高生产效率，选用切削用量时，应首先选择较大的（　　）。

A. 进给量　　B. 切削深度　　C. 切削速度　　D. 切削厚度

175. 在刀具几何角度中，影响切削力最大的角度是（　　）。

A. 主偏角　　B. 前角　　C. 后角　　D. 刃倾角

176. 采用刀具半径补偿编程时，可按（　　）编程。

A. 位移控制　B. 工件轮廓　C. 刀具中心轨迹

177. 用硬质合金刀具加工某零件发现有积屑时，请采取（　　）措施以避免或减轻其影响。

A. V↑　B. V↓　C. F↓　D. F↑

178. 在下列指令中，具有非模态功能的指令是（　　）。

A. G40　B. G53　C. G04　D. G00

179. 全闭环进给伺服系统与半闭环进给伺服系统的主要区别在于（　　）。

A. 位置控制器　B. 反馈单元的安装位置

C. 伺服控制单元　D. 数控系统性能优劣

180. 美国工业电子协会标准的英文缩写是（　　）。

A. ISO　B. EAI　C. EIA　D. JB

181. ISO 代码中同步孔的位置在（　　）。

A. 7～6　B. 5～4　C. 4～3　D. 2～1

182. 图样中所标注的尺寸，没有另加说明时，则指（　　）。

A. 所示工件的最后完工尺寸　B. 所示工件的坯料尺寸

C. 所示工件的加工中尺寸　D. 不能确定的尺寸

183. 进给不停顿连续路径加工方式指令是（　　）。

A. G60　B. G64　C. G62　D. G63

184. FANUC 加工中心系统中，用于深孔加工的代码是（　　）。

A. G73　B. G81　C. G82　D. G86

185. ϕ30H7/h6 的孔轴配合，此配合为（　　）。

A. 间隙配合　B. 过渡配合　C. 过盈配合

186. 五坐标加工中心与三坐标加工中心的区别是（　　）。

A. 多二根轴　B. 多两个方向的运动

C. 多一个分度头　D. 多一个换刀装置

187. 数控车床通常采用的是（　　）。

A. 点位控制系统　B. 直线控制系统

C. 轮廓控制系统　D. 其他系统

188. 常见的程序段格式为（　　）。

A. 字—地址格式　　B. 分隔符程序段格式

C. 固定程序段格式　　D. 字母—数字格式

189. 生产批量很大时一般采用（　　）。

A. 组合夹具　B. 可调夹具　C. 专用夹具　D. 其他夹具

190. 用于反镗孔的指令是（　　）。

A. G84　B. G85　C. G86　D. G87

191. ISO 标准的穿孔纸带检验位在第（　　）位。

A. 8　B. 7　C. 6　D. 5

192. 孔的形状精度主要有（　　）和（　　）。

A. 垂直度　B. 圆度　C. 平行度　D. 同轴度

E. 圆柱度

193. 机床操作面板上用于程序更改的键是（　　）。

A. ALTER　B. INSRT　C. DELET　D. EOB

194. 随着数控技术的不断发展，我们对数控机床伺服系统将提出更高的要求，目前高档数控设备要求达到（　　）精度。

A. 0.01 mm　B. 0.001 mm　C. 0.000 5 mm　D. 0.000 1 mm

195. 用硬质合金车刀精车时，为了提高工件表面光洁程度，应尽量提高（　　）。

A. 进给量　B. 切削厚度　C. 切削速度　D. 切削深度

196. 当允许表面粗糙度参数的所有实测值不得超过规定值时，应在图纸上标注表面粗糙度参数的（　　）。

A. 上限值或下限值　　B. 最大值或最小值

C. 上限值或最大值　　D. 下限值或最小值

197. 下列一组公差带代号，哪一个可与基准孔 ϕ42H7 形成间隙配合（　　）。

A. ϕ42g6　B. ϕ42n6　C. ϕ42m6　D. ϕ42s6

198. 有一普通螺纹的公称直径为 12 mm，螺距为 1 mm，单线，中径公差代号为 6g，顶径公差代号为 6g，旋合长度为 L，左旋。则正确标记为（　　）。

A. M12×1—6g　6g—LH　　B. M12×1　LH—6g6g—L

C. M12×1—6g　6g—L 左　　D. M12×1　左—6g6g—L

199. 对于不连续的同一表面，可以用以下哪一种连接后标注一次尺寸（　　）。

A. 双点画线　B. 细点画线　C. 虚线　D. 细实线

200. 限位开关在机床中起的作用是（　　）。

A. 短路开关　B. 过载保护　C. 欠压保护　D. 行程控制

201. 在基面投影上测量出的车刀角度有（　　）。

A. 前角　B. 后角　C. 主偏角　D. 刃倾角

202. 车外圆时，当车刀装得低于工件中心，造成的结果可能是（　　）。

A. 前角增大，后角减小，切削负载减小

B. 前角减小，后角增大，切削负载减小

C. 前角减小，后角增大，切削负载增大

D. 前角增大，后角减小，切削负载增大

203. 切断时，防止产生振动的措施是（　　）。

A. 增大前角　　B. 减小前角

C. 减小进给量　　D. 提高切削速度

204. 某加工程序中的一个程序段为：G91 G18 G94 G2 X30 Y35 I30 F100 LF

该段程序的错误在于（　　）。

A. 不应该用 G91　　B. 不应该用 G18

C. 不应该用 G94　　D. 不应该用 G2

205. 单方向要求精确定位的孔加工指令是（　　）。

A. G00　B. G60　C. G73　D. G83

206. 车削用量的选择原则是：粗车时，一般（　　），最后确定一个合适的切削速度 V。

A. 应首先选择尽可能大的吃刀量 a_p，其次选择较大的进给量 f

B. 应首先选择尽可能小的吃刀量 a_p，其次选择较大的进给量 f

C. 应首先选择尽可能大的吃刀量 a_p，其次选择较小的进给量 f

D. 应首先选择尽可能小的吃刀量 a_p，其次选择较小的进给量 f

207. 程序校验与首件试切的作用是（　　）。

A. 检查机床是否正常

B. 提高加工质量

C. 检验程序是否正确及零件的加工精度是否满足图纸要求

D. 检验参数是否正确

208. 加工曲线轮廓时，对于有刀具半径补偿的数控系统，只需按照（　　）的轮廓曲线编程。

A. 刀具左补偿　　B. 刀具右补偿

C. 被加工工件　　D. 刀具中心

209. 采用三爪卡盘和顶尖装夹轴类元件时限制的自由度是（　　）个。

A. 三　　B. 四　　C. 五　　D. 六

210. 麻花钻的横刃由于具有较大的（　　），使得切削条件非常差，造成很大的轴向力。

A. 负前角　　B. 后角　　C. 主偏角　　D. 副偏角

211.（　　）主要用于经济型数控机床的进给驱动。

A. 步进电机　　B. 直流伺服电机

C. 交流伺服电机　　D. 直流进给伺服电机

212. 在夹紧装置中用来改变夹紧力的大小和方向的部分是（　　）。

A. 力源装置　　B. 中间传力机构

C. 夹紧元件　　D. 夹紧机构

213. 影响开环伺服系统定位精度的主要因素是（　　）。

A. 插补误差　　B. 传动元件的传动误差

C. 检测元件的检测误差　　D. 机构热变形

214. 用以确定公差带相对于零线位置的上偏差或下偏差的公差称

为（　　）。

A. 尺寸偏差　B. 基本偏差　C. 尺寸公差　D. 标准公差

215. 按国家标准“数字控制机床位置精度的评定方法”（GB 10931—1989）规定，数控坐标轴定位精度的评定项目有三项，（　　）不是标准中所规定的。

A. 坐标轴的原点复归精度　B. 轴线的定位精度

C. 轴线的方向差值　D. 轴线的重复定位精度

216. 下面关于夹具公差制定和技术要求的基本原则中，不正确的说法是（　　）。

A. 夹具制造误差通常是工件允许误差的1/3～1/2

B. 为增加夹具使用寿命，必须考虑夹具使用中的磨损补偿

C. 夹具中的尺寸、公差和技术要求要标识清楚

D. 夹具中对精度较高的定位元件，应采用较好的材料制造

217. 闭环进给伺服系统与半闭环进给伺服系统的主要区别在于（　　）。

A. 位置控制器　B. 检测单元

C. 伺服单元　D. 控制对象

218. 高速切削塑性金属材料时，若没有采取适当的断屑措施，则容易形成（　　）。

A. 挤裂切屑　B. 带状切屑　C. 崩碎切屑　D. 短切屑

219. 位移速度与指令脉冲的频率（　　）

A. 相等　B. 相反　C. 成正比　D. 成反比

220. 尺寸链按功能分为设计尺寸链和（　　）。

A. 封闭尺寸链　B. 装配尺寸链

C. 零件尺寸链　D. 工艺尺寸链

221. CNC系统中的PLC是指（　　）。

A. 可编程序逻辑控制器　B. 显示器

C. 多微处理器　D. 环形分配器

222. 砂轮的硬度是指（　　）。

A. 磨粒的硬度

B. 结合剂的黏结强度

C. 磨粒粒度

D. 磨粒在磨削力的作用下，从砂轮表面上脱落的难易程度

223. 通常 CNC 系统通过输入装置输入的零件加工程序存放在（　　）。

A. EPROM　　B. RAM　　C. ROM　　D. EEPROM

224. 粗基准的选择原则不包括（　　）

A. 尽量选择未加工的表面作为粗基准

B. 尽量选择加工余量最小表面

C. 粗基准可重复使用

D. 选择平整光滑的表面

225. 在程序中同样轨迹的加工部分，只需制作一段程序，把它称为（　　），其余相同的加工部分通过调用该程序即可。

A. 调用程序　　B. 固化程序　　C. 循环指令　　D. 子程序

226. 生产准备中所进行的工艺选优，编制和修改工艺文件，设计补充制造工艺装备等属于（　　）准备。

A. 人力　　B. 物料、能源

C. 工艺技术　　D. 设备完好

227. 数控机床的优点是（　　）

A. 加工精度高、生产效率高、工人劳动强度低、可加工复杂型面、减少工装费用

B. 加工精度高、生产效率高、工人劳动强度低、可加工复杂型面、工时费用低

C. 加工精度高、专用于大批量生产、生产效率高、工人劳动强度低、可加工复杂型面、减少工装费用

D. 加工精度高，生产效率高，对操作人员的技术水平要求较高，可加工复杂型面，减少工装费用

228. 机械零件的真实大小是以图样上的（　　）为依据。

A. 比例　B. 公差范围　C. 技术要求　D. 尺寸数值

229. 数控机床的数控装置包括（　　）。

A. 光电读带机和输入程序载体

B. 步进电机和伺服系统

C. 输入、信息处理和输出单元

D. 位移、速度传感器和反馈系统

230. 在（50，50）坐标点，钻一个深 10 mm 的孔，*Z* 轴坐标零点位于零件表面上，则指令为（　　）。

A. G85 X50 Y50 Z－10 R0 F50　B. G81 X50 Y50 Z－10 R0 F50

C. G81 X50 Y50 Z－10 R5 F50　D. G83 X50 Y50 Z－10 R5 F50

231. 按数控系统的控制方式分类，数控机床分为：开环控制数控机床、（　　）、闭环控制数控机床。

A. 点位控制数控机床　B. 点位直线控制数控机床

C. 半闭环控制数控机床　D. 轮廓控制数控机床

232. 编排数控机床加工工序时，为了提高精度，可采用（　　）。

A. 精密专用夹具　B. 一次装夹多工序集中

C. 流水线作业法　D. 工序分散加工法

233. 关于圆柱外螺纹的四种左视图，判断正确的是（　　）。

A. c、d　B. a、b　C. b、c　D. b、c、d

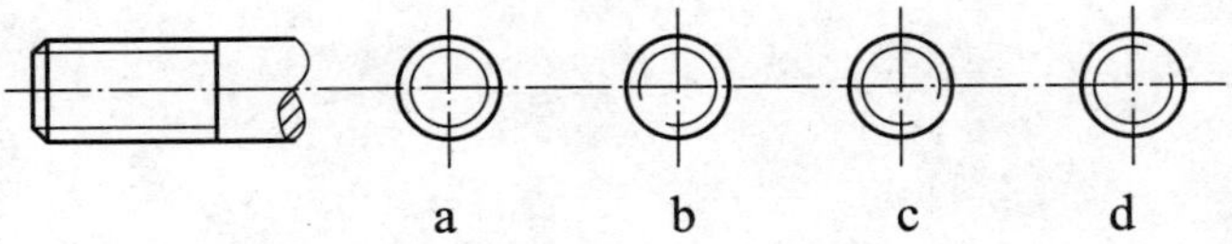

234. 淬火、退火和正火在操作上的主要区别在于（　　）。

A. 热处理的温度不同　B. 冷却速度不同

C. 处理环境不同　D. 生产效率不同

235. 准备功能 G 代码中，能使机床作某种运动的一组代码是（　　）

A. G00、G01、G02、G03、G40、G41、G42

B. G00、G01、G02、G03、G90、G91、G92

C. G00、G04、G18、G19、G40、G41、G42

D. G01、G02、G03、G17、G40、G41、G42

236. 蜗杆蜗轮适用于（　　）运动的传递机构中。

A. 等速　　B. 减速　　C. 增速　　D. 加速

237. 为了综合地判断数控机床所能达到的精度，应做的检测实验项目是（　　）

A. 几何精度　　B. 插补精度　　C. 定位精度　　D. 工作精度

238. 当孔的公差带位于轴的公差带之上时，轴与孔装配在一起则必定存在着（　　）。

A. 间隙配合　　B. 过盈配合

C. 过渡配合　　D. 以上三种都有可能

239.（　　）是编程人员在编程时使用的，由编程人员在工件上指定某一固定点为原点，所建立的坐标系。

A. 标准坐标系　　B. 机床坐标系

C. 右手直角笛卡尔坐标系　　D. 工件坐标系

240. 分析切削层变形规律时划分的三个变形区中，消耗大部分功率并产生大量切削热的区域是（　　）。

A. 第一变形区　　B. 第二变形区

C. 第三变形区　　D. 第二、第三变形区

技能要求试题（应会）

一、高级数控车工应会试题 1

表 6-1 数控车床高级工操作题 1 评分标准

准考证号				操作时间	300 min		
试题编号		1		系统类型			
序号	考核项目	考核内容及要求		评分标准	配分	检测结果	得分
1	件 1	$\phi 48_{-0.016}^{0}$	IT	每超差 0.01 扣 1 分	3		
2			$Ra1.6$	每降 1 级扣 1 分	2		
3		$\phi 42_{-0.016}^{0}$	IT	每超差 0.01 扣 1 分	3		
4			$Ra1.6$	每降 1 级扣 1 分	2		
5		$\phi 36h7\ (_{-0.016}^{0})$	IT	每超差 0.01 扣 1 分	3		
6			$Ra1.6$	每降 1 级扣 1 分	2		
7		$\phi 35H8\ (_{0}^{+0.039})$	IT	每超差 0.01 扣 1 分	3		
8			$Ra1.6$	每降 1 级扣 1 分	2		
9		M30×1.5—6H		超差不得分	8		
10		97±0.05		每超差 0.01 扣 1 分	2		
11		椭圆	形状	超差不得分	3		
12			面轮廓度 0.04	每超差 0.01 扣 1 分	2		
13		5±0.03		超差不得分	8		
14		垂直度 0.02		超差不得分	2		
15		$SR38$		超差不得分	2		
16		40°，20°		超差不得分	2		
17		倒角（4 处）		错、漏 1 处扣 1 分	4		
18		端面 $Ra1.6$		每降 1 级扣 1 分	2		

续表

<table>
<tr><td colspan="2">准考证号</td><td colspan="3"></td><td colspan="2">操作时间</td><td>300 min</td></tr>
<tr><td colspan="2">试题编号</td><td colspan="2">1</td><td>系统类型</td><td colspan="3"></td></tr>
<tr><td>序号</td><td>考核项目</td><td colspan="2">考核内容及要求</td><td>评分标准</td><td>配分</td><td>检测结果</td><td>得分</td></tr>
<tr><td>19</td><td rowspan="9">件 2</td><td rowspan="2">ϕ35h7 ($^{0}_{-0.025}$)</td><td>IT</td><td>每超差 0.01 扣 1 分</td><td>3</td><td></td><td></td></tr>
<tr><td>20</td><td>Ra1.6</td><td>每降 1 级扣 1 分</td><td>2</td><td></td><td></td></tr>
<tr><td>21</td><td colspan="2">M30×1.5−6g</td><td>超差不得分</td><td>8</td><td></td><td></td></tr>
<tr><td>22</td><td colspan="2">16.5$^{+0.05}_{0}$</td><td>每超差 0.01 扣 1 分</td><td>2</td><td></td><td></td></tr>
<tr><td>23</td><td colspan="2">52±0.05</td><td>每超差 0.01 扣 1 分</td><td>2</td><td></td><td></td></tr>
<tr><td>24</td><td rowspan="2">椭圆</td><td>形状</td><td>每超差 0.01 扣 1 分</td><td>1</td><td></td><td></td></tr>
<tr><td>25</td><td>面轮廓度 0.04</td><td>每超差 0.01 扣 1 分</td><td>1</td><td></td><td></td></tr>
<tr><td>26</td><td colspan="2">倒角</td><td>错、漏 1 处扣 1 分</td><td>1</td><td></td><td></td></tr>
<tr><td>27</td><td colspan="2">端面 Ra1.6</td><td>每降 1 级扣 1 分</td><td>2</td><td></td><td></td></tr>
<tr><td>28</td><td rowspan="2">配合</td><td colspan="2">螺纹配合</td><td>超差不得分</td><td>8</td><td></td><td></td></tr>
<tr><td>29</td><td colspan="2">椭圆面过渡顺滑</td><td>超差不得分</td><td>4</td><td></td><td></td></tr>
<tr><td>30</td><td>安全文明生产</td><td colspan="2">1. 遵守机床安全操作规程；
2. 刀具、工具、量具放置规范；
3. 设备保养、场地整洁</td><td>酌情扣 1～5 分</td><td>3</td><td></td><td></td></tr>
<tr><td>31</td><td>工艺合理</td><td colspan="2">1. 工件定位、夹紧及刀具选择合理；
2. 加工顺序及刀具轨迹路线合理</td><td>酌情扣 1～5 分</td><td>3</td><td></td><td></td></tr>
<tr><td>32</td><td>程序编制</td><td colspan="2">1. 指令正确，程序完整；
2. 数值计算正确、程序编写表现出一定的技巧，简化计算和加工程序；
3. 刀具补偿功能运用正确、合理；
4. 切削参数、坐标系选择正确、合理</td><td>酌情扣 1～5 分</td><td>5</td><td></td><td></td></tr>
</table>

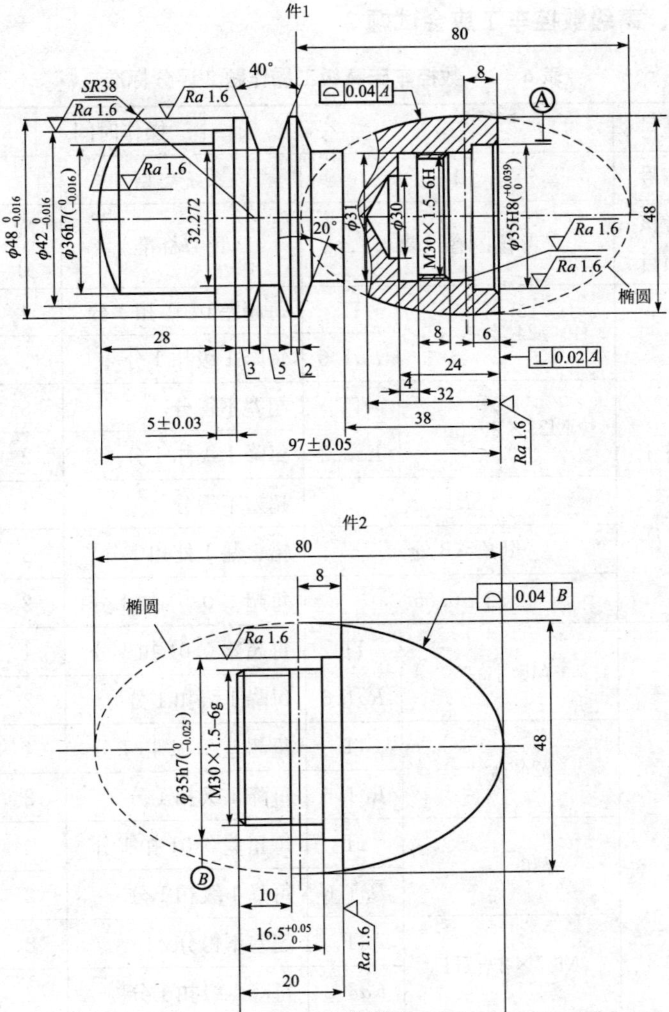

技术要求

1. 锐边倒角0.3*C*。
2. 未注倒角1*C*。
3. 圆弧过渡光滑。
4. 未注公差尺寸按IT12加工和检验。

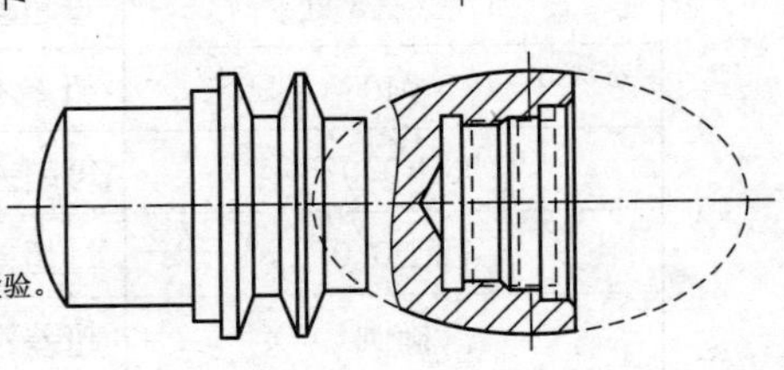

图 6－1　高级数控车工应会试题 1

二、高级数控车工应会试题 2

表 6-2　数控车床高级工操作题 2 评分标准

准考证号				操作时间	300 min	
试题编号		1		系统类型		
序号	考核项目	考核内容及要求		评分标准	配分	检测结果
1	件 1	$\phi24_{-0.021}^{0}$	IT	每超差 0.01 扣 1 分	4	
2			*Ra*1.6	每降 1 级扣 1 分	2	
3		M27×2−6g	IT	超差不得分	8	
			*Ra*3.2	每降 1 级扣 1 分	2	
4		*SR*12		超差不得分	4	
5		倒角（3 处）		错、漏 1 处扣 1 分	3	
6		52±0.05		每超差 0.01 扣 1 分	2	
7	件 2	$\phi46_{-0.016}^{0}$	IT	每超差 0.01 扣 1 分	4	
8			*Ra*1.6	每降 1 级扣 1 分	2	
11		$\phi24_{0}^{+0.021}$	IT	每超差 0.01 扣 1 分	4	
12			*Ra*1.6	每降 1 级扣 1 分	2	
13		$\phi36_{-0.025}^{0}$	IT	每超差 0.01 扣 1 分	4	
14			*Ra*1.6	每降 1 级扣 1 分	2	
15		M27×2−7H	IT	超差不得分	8	
			*Ra*3.2	每降 1 级扣 1 分	2	
16		$5_{0}^{+0.03}$（3 处）		每超差 0.01 扣 1 分	9	
		$\phi40$		超差不得分	3	
17		36±0.025		每超差 0.01 扣 1 分	3	
18		72±0.05		每超差 0.01 扣 1 分	2	
19		椭圆		超差不得分	8	
21		倒角（3 处）		错、漏 1 处扣 1 分	3	

续表

准考证号			操作时间	300 min	
试题编号		1	系统类型		
序号	考核项目	考核内容及要求	评分标准	配分	检测结果
22	配合	螺纹配合	超差不得分	8	
23	安全文明生产	1. 遵守机床安全操作规程； 2. 刀具、工具、量具放置规范； 3. 设备保养、场地整洁	酌情扣1～5分	3	
24	工艺合理	1. 工件定位、夹紧及刀具选择合理； 2. 加工顺序及刀具轨迹路线合理	酌情扣1～5分	3	
25	程序编制	1. 指令正确，程序完整； 2. 数值计算正确、程序编写表现出一定的技巧，简化计算和加工程序； 3. 刀具补偿功能运用正确、合理； 4. 切削参数、坐标系选择正确、合理	酌情扣1～5分	5	

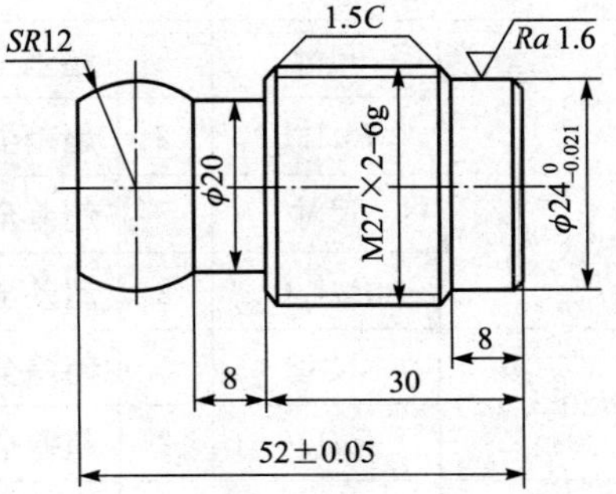

件1

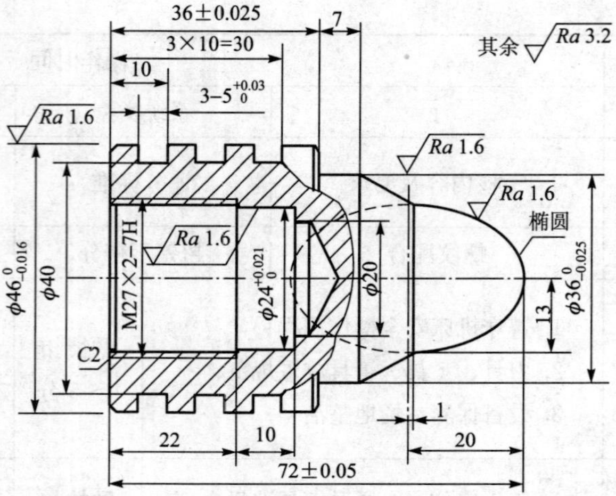

件2

图 6-2　高级数控车工应会试题 2

三、高级数控车工应会试题 3

表 6-3　数控车床高级工操作题 3 评分标准

准考证号				操作时间		300 min	
试题编号		1		系统类型			
序号	项目	检测内容		配分	评分标准	实测	得分
1	外圆	$\phi38^{0}_{-0.05}$	尺寸	5	超差全扣		
2			$Ra1.6$	2	超差全扣		
3		$\phi36^{0}_{-0.05}$	尺寸	5	超差全扣		
4			$Ra1.6$	2	超差全扣		
5		$\phi20^{0}_{-0.05}$	尺寸	5	超差全扣		
6			$Ra1.6$	2	超差全扣		
7	内孔	$\phi30^{+0.03}_{0}$	尺寸	5	超差全扣		
8			$Ra1.6$	2	超差全扣		

续表

准考证号				操作时间		300 min	
试题编号		1		系统类型			
序号	项目	检测内容		配分	评分标准	实测	得分
9	内螺纹	M24×2 中径		10	超差 0.01 扣 3 分		
10		退刀槽	$\varphi 26$	5	超差全扣		
11			$Ra3.2$	2	超差全扣		
12	外螺纹	M36×4（p2）中径		10	超差 0.01 扣 3 分，乱牙不得分		
13		$Ra1.6$		2	超差全扣		
14		退刀槽	$\varphi 30$	5	超差不得分		
15			$Ra3.2$	2	超差全扣		
16	球面	$SR8$		3	超差不得分		
17		$Ra1.6$		4	超差全扣		
18	椭圆面	尺寸		5	超差不得分		
19		$Ra1.6$		4	超差全扣		
20	倒角	5 处		10	少一处扣 2 分		
21	长度	100±0.05		5	超差不得分		
22		40±0.05		5	超差不得分		
23	文明生产	发生重大安全事故取消考试资格；按照有关规定每违反一项从总分中扣除 3 分					
24	其他项目	工件必须完整，工件局部无缺陷（如夹伤、划痕等）					
25	程序编制	程序中严重违反工艺规程的则取消考试资格；其他问题酌情扣分					

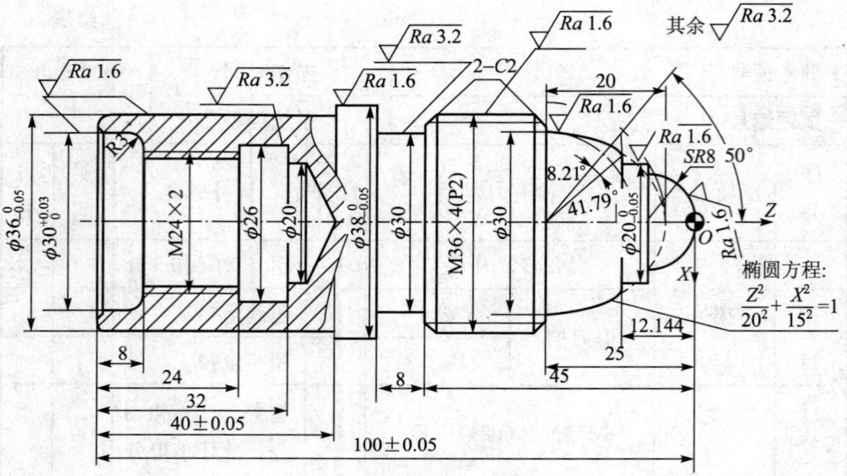

图 6-3　高级数控车工应会试题 3

四、高级数控车工应会试题 4

表 6-4　数控车床高级工操作题 4 评分标准

准考证号			操作时间		300 min		
试题编号	1		系统类型				
序号	项目	检测内容		配分	评分标准	实测	得分
1	外圆	$\phi60_{-0.02}^{\ 0}$	尺寸	10	超差不得分		
2			*Ra*1.6	4	超差不得分		
3		$\phi30_{-0.02}^{\ 0}$	尺寸	10	超差不得分		
4			*Ra*1.6	4	超差不得分		
5	内孔	$\phi30_{\ 0}^{+0.02}$	尺寸	10	超差不得分		
6			*Ra*1.6	4	超差不得分		
7	外螺纹	M30×2 中径		15	超差 0.01 扣 3 分		
8		*Ra*1.6		4	超差不得分		
9		退刀槽	5×2	5	超差不得分		
10			*Ra*3.2	4	超差不得分		

续表

准考证号			操作时间		300 min	
试题编号		1	系统类型			
序号	项目	检测内容	配分	评分标准	实测	得分
11	抛物线面	尺寸	15	超差不得分		
12		$Ra1.6$	4	超差不得分		
13	倒角	3 处	6	少一处扣 2 分		
14	圆角	$R5$	4	超差不得分		
15		$R5$	4	超差不得分		
16	长度	116.5	5	超差不得分		
17		27.5	5	超差不得分		
18		83	5	超差不得分		
19	曲线连接		2	有明显接痕不得分		
20	文明生产	发生重大安全事故取消考试资格；按照有关规定每违反一项从总分中扣除 3 分				
22	程序编制	程序中严重违反工艺规程的则取消考试资格				

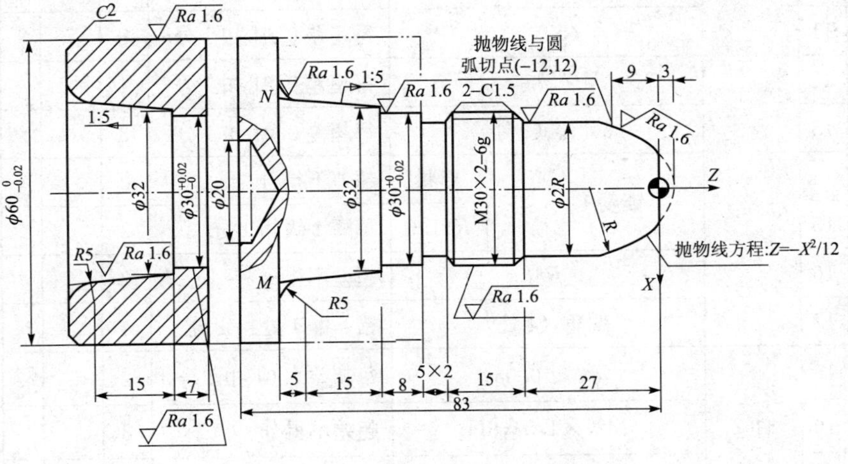

图 6-4　高级数控车工应会试题 4

五、高级数控车工应会试题 5

表 6-5　数控车床高级工操作题 5 评分标准

准考证号				操作时间	300 min		
试题编号		1		系统类型			
序号	考核项目	考核内容及要求		评分标准	配分	检测结果	得分
1	件 1	$\phi46_{-0.025}^{0}$	IT	每超差 0.01 扣 1 分	3		
2			*Ra*1.6	每降 1 级扣 1 分	2		
3		$\phi22_{-0.016}^{0}$	IT	每超差 0.01 扣 1 分	3		
4			*Ra*1.6	每降 1 级扣 1 分	2		
5		$\phi38_{-0.052}^{0}$	IT	每超差 0.01 扣 1 分	3		
6			*Ra*1.6	每降 1 级扣 1 分	2		
7		M27×1.5—6g		超差不得分	8		
8		95±0.05		每超差 0.01 扣 1 分	2		
9		$\phi22_{0}^{+0.033}$	IT	每超差 0.01 扣 1 分	3		
10			*Ra*1.6	每降 1 级扣 1 分	2		
11		$45_{-0.05}^{0}$		每超差 0.01 扣 1 分	8		
12		$7_{-0.05}^{0}$		每超差 0.01 扣 1 分	1		
13		$5_{-0.05}^{0}$（3 处）		每超差 0.01 扣 1 分	3		
14		锥度 1∶5	形状	超差不得分	2		
15			*Ra*1.6	每降 1 级扣 1 分	2		
16		*R*4		超差不得分	2		
17		倒角（4 处）		错、漏 1 处扣 1 分	4		
18	件 2	$\varphi46\pm0.05$		每超差 0.01 扣 1 分	2		
19		M27×1.5—6H		超差不得分	8		
20		44±0.05		每超差 0.01 扣 1 分	2		

续表

<table>
<tr><td colspan="2">准考证号</td><td colspan="3"></td><td colspan="2">操作时间</td><td>300 min</td></tr>
<tr><td colspan="2">试题编号</td><td colspan="2">1</td><td>系统类型</td><td colspan="3"></td></tr>
<tr><td>序号</td><td>考核项目</td><td colspan="2">考核内容及要求</td><td>评分标准</td><td>配分</td><td>检测结果</td><td>得分</td></tr>
<tr><td>21</td><td rowspan="6">件 2</td><td colspan="2">面轮廓度 0.04</td><td>每超差 0.01 扣 1 分</td><td>1</td><td></td><td></td></tr>
<tr><td>22</td><td rowspan="2">锥度 1∶5</td><td>形状</td><td>超差不得分</td><td>2</td><td></td><td></td></tr>
<tr><td>23</td><td>Ra1.6</td><td>每降 1 级扣 1 分</td><td>2</td><td></td><td></td></tr>
<tr><td>24</td><td rowspan="2">椭圆</td><td>形状</td><td>超差不得分</td><td>8</td><td></td><td></td></tr>
<tr><td>25</td><td>Ra1.6</td><td>每降 1 级扣 1 分</td><td>2</td><td></td><td></td></tr>
<tr><td>26</td><td colspan="2">倒角（2 处）</td><td>错、漏 1 处扣 1 分</td><td>2</td><td></td><td></td></tr>
<tr><td>27</td><td rowspan="2">配合</td><td colspan="2">螺纹配合</td><td>超差不得分</td><td>4</td><td></td><td></td></tr>
<tr><td>28</td><td colspan="2">锥面配合</td><td>超差不得分</td><td>4</td><td></td><td></td></tr>
<tr><td>29</td><td>安全文明生产</td><td colspan="2">1. 遵守机床安全操作规程；
2. 刀具、工具、量具放置规范；
3. 设备保养、场地整洁</td><td>酌情扣 1～5 分</td><td>3</td><td></td><td></td></tr>
<tr><td>30</td><td>工艺合理</td><td colspan="2">1. 工件定位、夹紧及刀具选择合理；
2. 加工顺序及刀具轨迹路线合理</td><td>酌情扣 1～5 分</td><td>3</td><td></td><td></td></tr>
<tr><td>31</td><td>程序编制</td><td colspan="2">1. 指令正确，程序完整；
2. 数值计算正确、程序编写表现出一定的技巧，简化计算和加工程序；
3. 刀具补偿功能运用正确、合理；
4. 切削参数、坐标系选择正确、合理</td><td>酌情扣 1～5 分</td><td>5</td><td></td><td></td></tr>
</table>

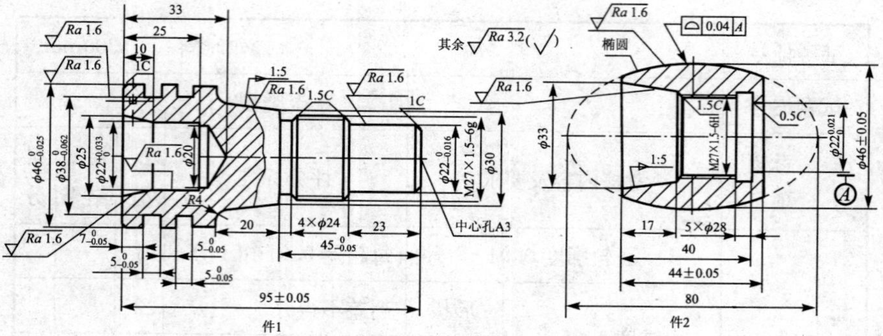

技术要求

1. 锐边倒角0.3*C*。
2. 涂色锥面接触面不小于50%。
3. 圆锥与圆弧过渡光滑。
4. 未注公差尺寸按IT12加工和检验。

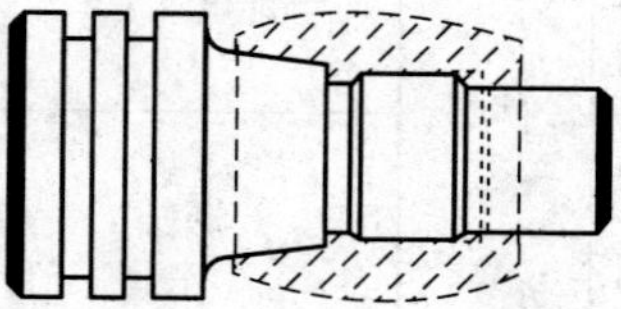

图 6－5　高级数控车工应会试题 5

六、高级数控车工应会试题 6

表 6－6　数控车床高级工操作题 6 评分标准

准考证号				操作时间	300 min		
试题编号		1		系统类型			
序号	考核项目	考核内容及要求		评分标准	配分	检测结果	得分
1	外形	$\phi80\pm0.02$	IT	每超差 0.01 扣 1 分	2		
2		$\phi58_{-0.019}^{0}$	IT	每超差 0.01 扣 1 分	2		
3			*Ra*1.6	每降 1 级扣 0.5 分	1		
4		$\phi50_{-0.016}^{0}$	IT	每超差 0.01 扣 1 分	2		
5			*Ra*1.6	每降 1 级扣 0.5 分	1		
6		$\phi45_{0}^{+0.019}$	IT	每超差 0.01 扣 1 分	2		
7		$\phi60_{-0.019}^{0}$	IT	每超差 0.01 扣 1 分	2		
8			*Ra*1.6	每降 1 级扣 0.5 分	1		

续表

准考证号				操作时间	300 min		
试题编号		1		系统类型			
序号	考核项目	考核内容及要求		评分标准	配分	检测结果	得分
9	外形	$\phi52_{-0.019}^{0}$	IT	每超差 0.01 扣 1 分	2		
10			$Ra1.6$	每降 1 级扣 0.5 分	1		
11		$\phi47_{-0.16}^{0}$	IT	每超差 0.01 扣 1 分	2		
12		$\phi42_{-0.16}^{0}$	IT	每超差 0.01 扣 1 分	2		
13		M46×1.5－6H		超差不得分	5		
14		$20_{0}^{+0.13}$	IT	每超差 0.01 扣 1 分	2		
15		8±0.03	IT	每超差 0.01 扣 1 分	2		
16		$5_{0}^{+0.018}$	IT	每超差 0.01 扣 1 分	2		
17		$14_{-0.11}^{0}$	IT	每超差 0.01 扣 1 分	2		
18		48±0.019	IT	每超差 0.01 扣 1 分	2		
19		87±0.027	IT	每超差 0.01 扣 1 分	2		
20		150±0.05	IT	每超差 0.01 扣 1 分	2		
21		$R6_{-0.018}^{0}$	IT	每超差 0.01 扣 1 分	2		
22		$R25\pm0.042$	IT	每超差 0.01 扣 1 分	2		
23			$Ra1.6$	每降 1 级扣 0.5 分	1		
24		垂直度（3 处）		超差不得分	1.5		
25		同轴度（4 处）		超差不得分	2		
26		平面度		超差不得分	0.5		
27		圆柱度		超差不得分	0.5		
28		全跳动（2 处）		超差不得分	1		
29		倒角（4 处）		错、漏 1 处扣 0.5 分	2		
30		端面 $Ra1.6$（3 处）		每降 1 级扣 1 分	1.5		

续表

<table>
<tr><td colspan="2">准考证号</td><td colspan="3"></td><td colspan="2">操作时间</td><td>300 min</td></tr>
<tr><td colspan="2">试题编号</td><td colspan="2">1</td><td colspan="2">系统类型</td><td colspan="2"></td></tr>
<tr><td>序号</td><td>考核项目</td><td colspan="2">考核内容及要求</td><td>评分标准</td><td>配分</td><td>检测结果</td><td>得分</td></tr>
<tr><td>31</td><td rowspan="19">内
形</td><td rowspan="2">$\phi32^{+0.025}_{0}$</td><td>IT</td><td>每超差 0.01 扣 1 分</td><td>2</td><td></td><td></td></tr>
<tr><td>32</td><td>$Ra1.6$</td><td>每降 1 级扣 0.5 分</td><td>1</td><td></td><td></td></tr>
<tr><td>33</td><td rowspan="2">$\phi28^{+0.025}_{0}$</td><td>IT</td><td>每超差 0.01 扣 1 分</td><td>2</td><td></td><td></td></tr>
<tr><td>34</td><td>$Ra1.6$</td><td>每降 1 级扣 0.5 分</td><td>1</td><td></td><td></td></tr>
<tr><td>35</td><td rowspan="2">$\phi25^{+0.025}_{0}$</td><td>IT</td><td>每超差 0.01 扣 1 分</td><td>2</td><td></td><td></td></tr>
<tr><td>36</td><td>$Ra1.6$</td><td>每降 1 级扣 0.5 分</td><td>1</td><td></td><td></td></tr>
<tr><td>37</td><td rowspan="2">$\phi28^{+0.025}_{0}$</td><td>IT</td><td>每超差 0.01 扣 1 分</td><td>2</td><td></td><td></td></tr>
<tr><td>38</td><td>$Ra1.6$</td><td>每降 1 级扣 0.5 分</td><td>1</td><td></td><td></td></tr>
<tr><td>39</td><td rowspan="2">$\phi32^{+0.025}_{0}$</td><td>IT</td><td>每超差 0.01 扣 1 分</td><td>2</td><td></td><td></td></tr>
<tr><td>40</td><td>$Ra1.6$</td><td>每降 1 级扣 0.5 分</td><td>1</td><td></td><td></td></tr>
<tr><td>41</td><td colspan="2">M40×1.5−6H</td><td>超差不得分</td><td>5</td><td></td><td></td></tr>
<tr><td>42</td><td>$50^{+0.05}_{0}$</td><td>IT</td><td>每超差 0.01 扣 1 分</td><td>2</td><td></td><td></td></tr>
<tr><td>43</td><td rowspan="2">$10°\pm2'$</td><td>IT</td><td>每超差 0.01 扣 1 分</td><td>2</td><td></td><td></td></tr>
<tr><td>44</td><td>$Ra1.6$</td><td>每降 1 级扣 0.5 分</td><td>1</td><td></td><td></td></tr>
<tr><td>45</td><td colspan="2">垂直度（2 处）</td><td>超差不得分</td><td>1</td><td></td><td></td></tr>
<tr><td>46</td><td colspan="2">同轴度（4 处）</td><td>超差不得分</td><td>2</td><td></td><td></td></tr>
<tr><td>47</td><td colspan="2">全跳动</td><td>超差不得分</td><td>0.5</td><td></td><td></td></tr>
<tr><td>48</td><td colspan="2">圆度</td><td>超差不得分</td><td>0.5</td><td></td><td></td></tr>
<tr><td>49</td><td colspan="2">倒角（2 处）</td><td>错、漏 1 处扣 0.5 分</td><td>1</td><td></td><td></td></tr>
<tr><td>50</td><td>安全文明生产</td><td colspan="2">1. 遵守机床安全操作规程；
2. 刀具、工具、量具放置规范；
3. 设备保养、场地整洁</td><td>酌情扣 1～5 分</td><td>5</td><td></td><td></td></tr>
<tr><td>51</td><td>工艺合理</td><td colspan="2">1. 工件定位、夹紧及刀具选择合理；
2. 加工顺序及刀具轨迹路线合理</td><td>酌情扣 1～5 分</td><td>5</td><td></td><td></td></tr>
</table>

续表

准考证号				操作时间	300 min	
试题编号		1	系统类型			
序号	考核项目	考核内容及要求	评分标准	配分	检测结果	得分
52	程序编制	1. 指令正确，程序完整； 2. 数值计算正确、程序编写表现出一定的技巧，简化计算和加工程序； 3. 刀具补偿功能运用正确、合理； 4. 切削参数、坐标系选择正确、合理	酌情扣1～5分	5		

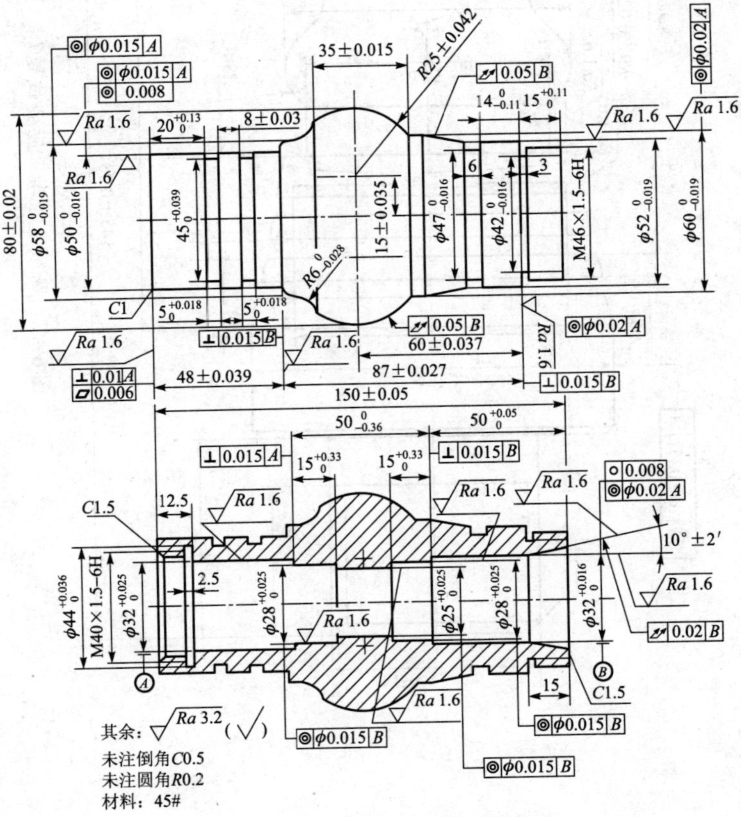

图 6-6 高级数控车工应会试题 6

七、高级数控车工应会试题 7

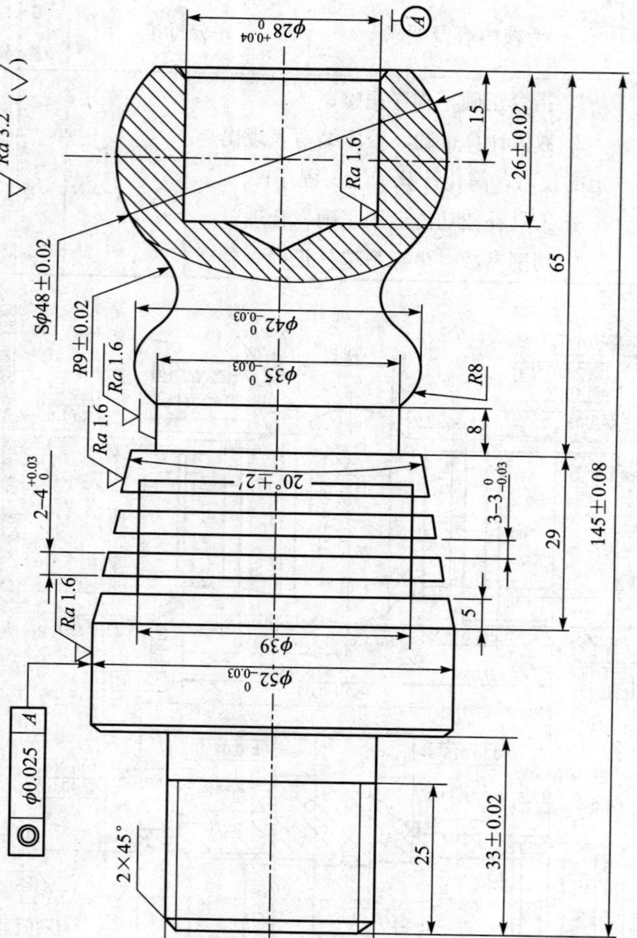

图 6-7　高级数控车工应会试题7

八、高级数控车工应会试题 8

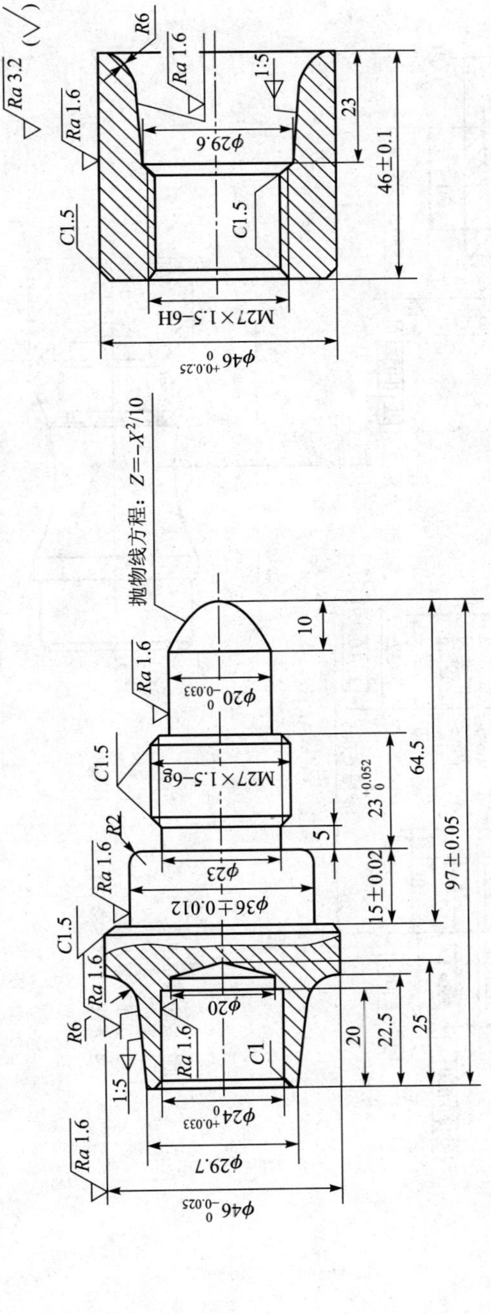

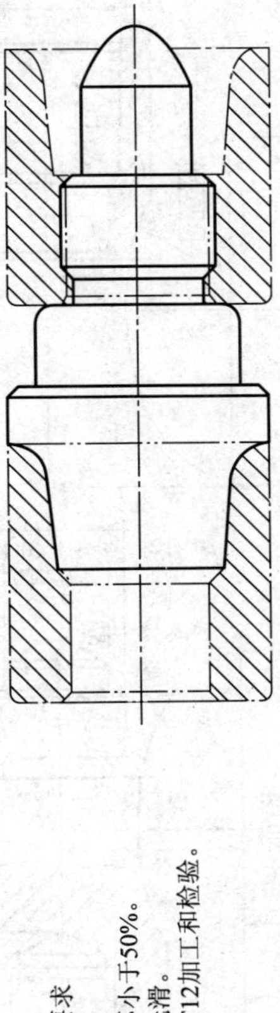

技术要求

1. 锐边倒角C0.3。
2. 涂色锥面接触面不小于50%。
3. 圆锥与圆弧过渡光滑。
4. 未注公差尺寸按IT12加工和检验。

图 6－8　高级数控车工应会试题 8

九、高级数控车工应会试题 9

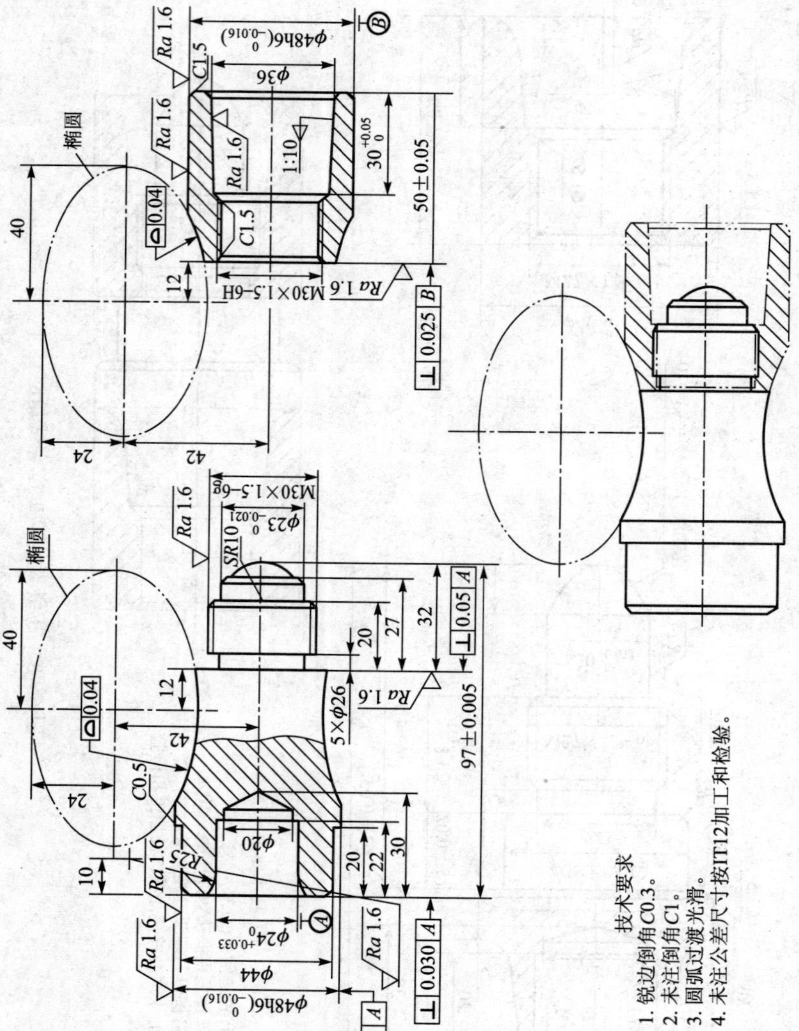

技术要求
1. 锐边倒角C0.3。
2. 未注倒角C1。
3. 圆弧过渡光滑。
4. 未注公差尺寸按IT12加工和检验。

图 6－9　高级数控车工应会试题9

十、高级数控车工应会试题 10

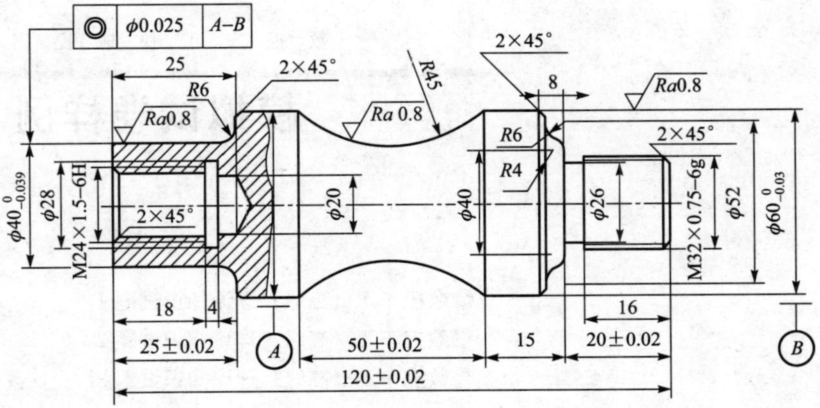

图 6-10　高级数控车工应会试题 10

十一、高级数控车工应会试题 11

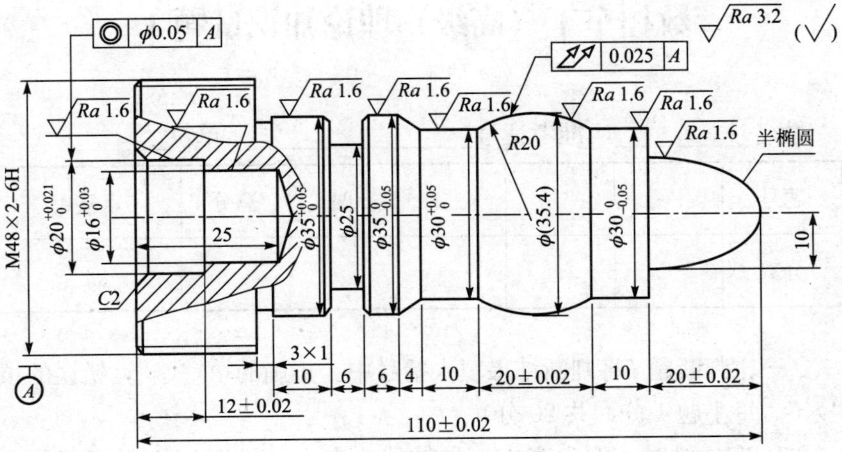

图 6-11　高级数控车工应会试题 11

模拟试卷样例

数控车工（高级）理论知识试题 1

姓名________ 准考证号______________ 单位_________

题号	一	二	三	四	总分	审核人
分数						

一、判断题（将判断结果填入括号中。正确的填“√”，错误的填“×”。每小题 1 分，共 20 分）

1. 车内锥时，刀尖高于工件轴线，车出的锥面用锥形塞规检验时，会显示两端显示剂被擦去的现象。（　）

2. 数控车床的运动量是由数控系统内的可编程控制器 PLC 控制的。（　）

3. 齿形链常用于高速或平稳性与运动精度要求较高的传动中。
( )

4. 须渗碳淬硬的主轴，上面的螺纹因淬硬后无法车削，因此，要车削好螺纹后，再进行淬火。 ( )

5. 全闭环的数控机床的定位精度主要取决于检测装置的精度。
( )

6. 在数控机床上也能精确测量刀具的长度。 ( )

7. 数控系统的参数是依靠电池维持的，一旦电池电压出现报警，就必须立即关机，更换电池。 ( )

8. 精加工时，进给量是按表面粗糙度的要求选择的，表面粗糙度小应选较小的进给量，因此表面粗糙度与进给量成正比。 ( )

9. 在四爪单动卡盘上装夹工件，卡盘夹紧力大，且容易找正。
( )

10. 车削螺纹时，螺距精度的超差，与车床丝杠的轴向窜动有关。
( )

11. 所有零件只要是对称几何形状的均可采用镜像加工功能。
( )

12. 机床参考点是数控机床上固有的机械原点，该点到机床坐标原点在进给坐标轴方向上的距离可以在机床出厂时设定。 ( )

13. 积屑瘤的产生在精加工时要设法避免，但对粗加工有一定的好处。 ( )

14. 钻孔直径≤5 mm 时，钻头应选较高的切削速度，较高的转速。 ( )

15. 机床有硬限位和软限位，但机床软限位在第一次手动返回参考点前是无效的。 ( )

16. 使用返回参考点指令 G27 或 G28 时，应取消刀具补偿功能，否则机床无法返回参考点。 ( )

17. 具有独立的定位作用且能限制工件的自由度的支承称为辅助支承。 ( )

18. 脉冲编码器一个能把机械转角变成脉冲的一种传感器。（　）

19. 互换性和优越性是显而易见的，但不一定“完全互换”就优于“不完全互换”，甚至不遵循互换性也未必不好。（　）

20. 高速细车是加工小型有色金属零件的主要方法。（　）

二、单项选择题（请将正确答案的字母代号填在题后的括号中，每题1分，共40分，多选错选不得分）

1. 薄壁套筒零件安装在车床三爪卡盘上，以外圆定位车内孔，加工后发现孔有较大圆度误差，其主要原因是（　）。

A. 零件夹紧变形　　B. 零件热变形

C. 刀具受力变形　　D. 刀具热变形

2. 数控车床主轴回转运动误差属于工艺系统（　）误差。

A. 制造　B. 受力变形　C. 热变形　D. 原始

3. 车削细长轴时，由于零件刚度不足造成在零件轴向截面上的形状是（　）。

A. 矩形　B. 梯形　C. 鼓形　D. 鞍形

4. 精车螺纹实验试样在任意（　）mm 测量长度上螺距积累误差的允差为 0.02 mm。

A. 40　B. 60　C. 80　D. 100

5. 常见实体造型方法有（　）。

A. 边界表示法　　B. 曲面造型法

C. 线框模型法　　D. 参数建模法

6. 车削外圆锥时，若车刀的刀尖没有对准工件中心，圆锥素线为（　）。

A. 直线　B. 凸双曲线　C. 凹双曲线

7. 圆度公差带是指（　）。

A. 半径为公差值的两同心圆之间的区域

B. 半径为公差值的两同心圆之间的区域

C. 在同一正截面上，半径为公差值的两同心圆之间的区域

D. 在同一正截面上，半径为公差值的两同心圆之间的区域

8. 轴类零件孔加工应安排在调质（　　）进行。

A. 以前　　B. 以后　　C. 同时　　D. 前或后

9.（　　）主要起冷却作用。

A. 水溶液　　B. 乳化液　　C. 切削油　　D. 防锈剂

10. 直接改变原材料、毛坯等生产对象的形状、尺寸和性能，使之变为成品或半成品的过程称（　　）。

A. 生产工艺　　B. 生产过程　　C. 工序　　D. 工艺过程

11. 麻花钻的两个螺旋槽表面就是（　　）。

A. 主后刀面　　B. 副后刀面　　C. 前刀面　　D. 切削平面

12. 数控车床的转塔刀架采用（　　）驱动，可进行重负荷切削。

A. 液压马达　　B. 液压泵　　C. 气动马达　　D. 气泵

13. 已知两圆的方程，需联立两圆的方程求两圆交点，如果判别式 $\Delta=0$，则说明两圆弧（　　）。

A. 有一个交点　B. 相切　　C. 没有交点　　D. 有两个交点

14. 切削速度的选择，主要取决于（　　）。

A. 工件余量　　B. 刀具材料　　C. 刀具耐用度　D. 工件材料

15. 车削轴类零件时，如果毛坯余量不均匀，切削过程中背吃刀量发生变化，工件会产生（　　）误差。

A. 圆柱度　　B. 尺寸　　C. 同轴度　　D. 圆度

16. 如果两半箱体的同轴度要求不高，可以在两被测孔中插入检验心棒，将百分表固定在其中一个心棒上，百分表测头触在另一孔的心棒上，百分表转动一周，（　　），就是同轴度误差。

A. 所得读数差的一半　　B. 所得读数的差

C. 所得读数差的二倍　　D. 以上均不对

17.（　　）在数控程序传输参数中，“9600　E　7　1”，分别代表什么意思？

A. 波特率、数据位、停止位、奇偶校验

B. 数据位、停止位、波特率、奇偶校验

C. 波特率、奇偶校验、数据位、停止位

D. 数据位、奇偶校验、波特率、停止位

18. 数控车床的刀架分为（　　）两大类。

A. 排式刀架和刀库式自动换刀装置

B. 直线式刀库和转塔式刀架

C. 排式刀架和直线式刀库

D. 排式刀架和转塔式刀架

19. 车床主轴长径比小于12的刚性轴是阶梯空心轴。分析工艺方案时先考虑车削方法，为了减少变形还要选择（　　）方法，之后确定加工基准等。

A. 装夹的　　B. 消除应力　　C. 加工顺序　　D. 热处理

20. 工作台定位精度测量时应使用（　　）。

A. 激光干涉仪　B. 百分表　　C. 千分尺　　D. 游标卡尺

21. 车床主轴轴线有轴向窜动时，对车削（　　）精度影响较大。

A. 外圆表面　　B. 丝杆螺距　　C. 内孔表面　　D. 外圆表面

22. 执行直线插补指令G01与（　　）无关。

A. 进给率　　　　　　B. 坐标平面的选择

C. 起点坐标　　　　　D. 机床位置

23. 关于固定循环编程，以下说法不正确的是（　　）。

A. 固定循环是预先设定好的一系列连续加工动作；

B. 利用固定循环编程，可大大缩短程序的长度，减少程序所占内存；

C. 利用固定循环编程，可以减少加工时的换刀次数，提高加工效率；

D. 固定循环编程，可分为单一形状与多重（复合）固定循环两种类型。

24. 在粗车外圆加工后，工件有残留毛坯表面，不可能的因素是：（　　）。

A. 加工余量不够　　　　B. 工件弯曲没有校直

C. 工件在卡盘上没有校正　　　D. 刀具安装不正确

25. 一般不宜采用的定位方式是：（　　）。

A. 以工件平面定位　　　　　B. 以工件螺纹孔定位

C. 以工件外圆定位　　　　　D. 以工件一面的两孔定位

26. 车床主轴锥孔中心线和尾座顶尖套锥孔中心线对拖板移动的不等高误差，允许（　　）。

A. 车床主轴高　　　　　　　B. 尾座高

C. 两端绝对一样高　　　　　D. 无特殊要求

27. 数控车床回转刀架转位后的精度，主要影响加工零件的（　　）。

A. 形状精度　B. 粗糙度　C. 尺寸精度　D. 圆柱度

28. 常用的夹紧装置有螺旋夹紧装置，模块夹紧装置和（　　）夹紧装置等。

A. 液压　B. 压板　C. 偏心　D. 气动

29. 交流、直流伺服电动机和普通交流、直流电动机的（　　）。

A. 工作原理及结构完全相同　B. 工作原理相同，但结构不同

C. 工作原理不同，但结构相同　D. 工作原理及结构完全不同

30. 加工坐标系在（　　）后不被破坏（再次开机后仍有效），并与刀具的当前位置无关，只要按选择的坐标系编程。

A. 工件重新安装　　　　　　B. 系统切断电源

C. 机床导轨维修　　　　　　D. 停机间隙调整

31. 数控机床的精度指标包括测量精度、（　　）、机床几何精度、定位稳定性、加工精度和轮廓跟随精度等。

A. 表面精度　B. 尺寸精度　C. 定位精度　D. 安装精度

32. 在使用（　　）灭火器时，要防止冻伤。

A. 二氧化碳　B. 化学　C. 机械泡沫　D. 干粉

33. 回转体零件车削后，端面产生垂直度误差主要原因是（　　）。

A. 主轴有轴向跳动　　　　　B. 主轴前后支承孔不同轴

C. 主轴支承轴颈有圆度误差

34. 基本偏差代号为J、K、M的孔与基本偏差代号为h的轴可以构成（　　）。

A. 间隙配合　　　　B. 间隙或过渡配合

C. 过渡配合　　　　D. 过盈配合

35. 在车床上钻深孔，由于钻头刚性不足，钻削后（　　）。

A. 孔径变大，孔中心线不弯曲 B. 孔径不变，孔中心线弯曲

C. 孔径变大，孔中心线平直　D. 孔径及孔中心线都不变

36. 钨钴类硬质合金的刚性，可磨削性和导热性较好，一般用于切削（　　）和有色金属及其合金。

A. 碳钢　　B. 工具钢　　C. 合金钢　　D. 铸铁

37. 码盘在数控机床中的作用是（　　）。

A. 测温　　B. 测压　　C. 测流量　　D. 测速度

38. 在金属切削机床加工中，下述运动中（　　）是主运动。

A. 铣削时工件的移动　　B. 钻削时转头直线运动

C. 磨削时砂轮的旋转运动　　D. 牛头刨床工作台的水平移动

39. 砂轮的硬度取决于（　　）。

A. 磨粒的硬度　　B. 结合剂的黏结强度

C. 磨粒粒度　　D. 磨粒率

40. 使用深度游标卡尺度量内孔深度，应量取其（　　）。

A. 最大读值　　B. 最小读值　　C. 图示值　　D. 偏差量

三、简答题（每小题5分，本题共20分；要求字迹工整）

1. 数控车床常用的对刀方式有几种？各有何特点？

2. 什么叫“刀位点”？试说明钻头、平底铣刀、球头铣刀的刀位点位置。

3. 什么是刀具的磨钝标准？磨钝标准通常有哪两种？

4. 提高数控机床加工精度的措施有哪些？

四、编程题（本题20分）

编写如图所示零件的数控车床加工程序，材料为45＃钢调质处

理，毛坯的直径为 50 mm，长度为 100 mm。要求：

1. 建立工件坐标系，算出图中点 A 的坐标值。

2. 列出所用加工刀具和加工顺序。

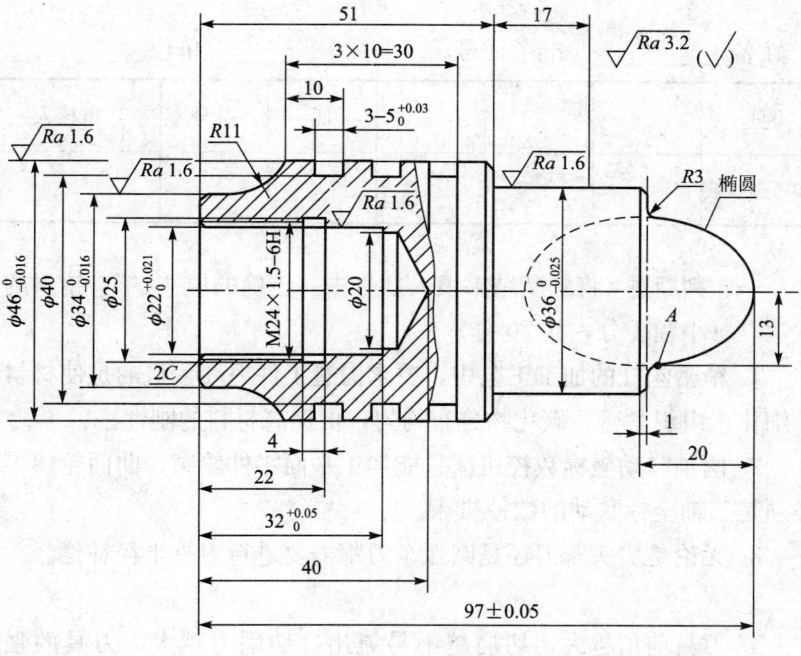

未注倒角$C1$

数控车工（高级）理论知识试题 2

姓名__________ 准考证号________________ 单位__________

题号	一	二	三	四	总分	审核人
分数						

一、判断题（将判断结果填入括号中。正确的填“√”，错误的填“×”。每小题 1 分，共 20 分）

1. 精密丝杠的加工工艺中，要求锻造工件毛坯，目的是使材料晶粒细化、组织紧密、碳化物分布均匀，可提高材料的刚性。（ ）

2. 两轴联动坐标数控机床只能加工平面零件轮廓，曲面轮廓零件必须是三轴坐标联动的数控机床。（ ）

3. 无论是尖头车刀还是圆弧车刀都需要进行刀具半径补偿。（ ）

4. 刀具前角越大，切屑越不易流出，切削力越大，刀具的强度越高。（ ）

5. 金属材料依次经过切离、挤裂、滑移（塑性变形）、挤压（弹性变形）四个阶段而形成了切屑。（ ）

6. 车削螺纹时，车刀的工作前角和后角发生变化是由于螺纹升角使切削平面和基准位置发生了变化。（ ）

7. 用键槽铣刀和立铣刀铣封闭式沟槽时，均不须事先钻好落刀孔。（ ）

8. 工件在夹具中与各定位元件接触，虽然没有夹紧尚可移动，但由于其已取得确定的位置，所以可以认为工件已定位。（ ）

9. 只要不影响工件的加工精度，部分定位是允许的。（ ）

10. 采用油脂润滑的主轴系统，润滑油脂用量要充足，这样有利

于降低主轴的温升。（ ）

11. 切削加工中的振动会影响已加工表面的质量。其中，低频振动会产生粗糙度；高频振动会产生波动。（ ）

12. 由存储单元在加工前存放最大允许加工范围，而当加工到约定尺寸时数控系统能够自动停止，这种功能称为软件形行程限位。（ ）

13. 在数控机床上加工零件，应尽量选用组合夹具和通用夹具装夹工件。避免采用专用夹具。（ ）

14. 车床主轴编码器的作用是防止切削螺纹时乱扣。（ ）

15. 当工艺基准与设计基准不重合时，加工中需要按尺寸链封闭环进行工艺尺寸换算。（ ）

16. 硬质合金是一种耐磨性好。耐热性高，抗弯强度和冲击韧性都是较高的一种刀具材料。（ ）

17. 切断空心工件时，工件壁厚应小于切断刀头长度。（ ）

18. 数控机床中 CCW 代表顺时针方向旋转，CW 代表逆时针方向旋转。（ ）

19. 量块通常可以用于测量零件的长度尺寸。（ ）

20. 一个完整尺寸包含的四要素为尺寸线、尺寸数字、尺寸公差和箭头。（ ）

二、单项选择题（请将正确答案的字母代号填在题中下划线处，每题 1 分，共 40 分，多选错选均不得分）

1. 车削蜗杆时，主轴的轴向窜动会使蜗杆（ ）产生误差。

A. 中径　　B. 齿形角　　C. 周节　　D. 粗糙度

2. 车削轴类零件时，（ ）不会在车削过程中引起振动，使工件表面粗糙度达不到要求。

A. 车床刚性差　　B. 传动零件不平衡

C. 导轨不直　　D. 滑板镶条太松

3. 将两半箱体通过定位部分或定位元件合为一体，用检验心棒插入基准孔和被测孔，如果检验心棒不能自由通过，则说明（ ）不符合要求。

A. 圆度　　B. 垂直度　　C. 平行度　　D. 同轴度

4. 切削金属材料时，在切削速度较低，切削厚度较大，刀具前角较小的条件下，容易形成（　　）。

A. 挤裂切屑　　B. 带状切屑　　C. 崩碎切屑

5. 轴类零件用双中心孔定位，能消除（　　）个自由度。

A. 六　　B. 五　　C. 四　　D. 三

6. 数控机床加工过程中，“恒线速切削控制”的目的是（　　）。

A. 保持主轴转速的恒定　　B. 保持进给速度的恒定

C. 保持切削速度的恒定　　D. 保持金属切除率的恒定

7. 液压系统常出现的下列四种故障现象中，只有（　　）不是因为液压系统的油液温升引起的。

A. 液压泵的吸油能力和容积效率降低

B. 系统工作不正常，压力、速度不稳定，动作不可靠

C. 活塞杆的爬行和蠕动

D. 液压元件内外泄漏增加，油液加速氧化变质

8. 提高滚珠导轨承载能力的最佳方法是（　　）。

A. 增大滚珠直径　　B. 增加滚珠数目

C. 增加导轨长度

9. 数控机床进给系统减少摩擦阻力和动静摩擦之差，是为了提高数控机床进给系统的（　　）。

A. 传动精度　　B. 运动精度和刚度

C. 快速响应性能和运动精度　　D. 传动精度和刚度

10. 在“机床锁定”（FEED HOLD）方式下，进行自动运行，（　　）功能被锁定。

A. 进给　　B. 刀架转位　　C. 主轴

11. 一面两销定位中所用的定位销为（　　）。

A. 圆柱销　　B. 圆锥销　　C. 菱形销

12. 几何形状误差包括宏观几何形状误差，微观几何形状误差和

（　　）。

A. 表面波度　　　　　　　B. 表面粗糙度

C. 表面不平度

13. 目前数控机床的加工精度和速度主要取决于（　　）。

A. CPU　　B. 机床导轨　C. 检测元件　D. 伺服系统

14. 决定某种定位方法属几点定位，主要根据（　　）。

A. 有几个支承点与工件接触　B. 工件被消除了几个自由度

C. 工件需要消除几个自由　　D. 夹具采用几个定位元件

15. 数控系统中将数字信号转化为电信号的部分位于（　　）。

A. 输入/输出装置　　　　B. 数控装置

C. 伺服系统　　　　　　D. 电器开关

16. 对长期不使用的数控机床保持经常性通电是为了（　　）。

A. 保持电路的通畅　　　B. 避免各元器件生锈

C. 检查电子元器件是否有故障 D. 驱走数控装置内的潮气

17. 以下（　）不是造成数控系统不能接通电源的原因。

A. RS232 接口损坏

B. 交流电源无输入或熔断丝烧毁

C. 直流电压电路负载短路

D. 电源输入单元烧损或开关接触不良

18. 用水平仪检验机床导轨的直线度时，若把水平仪放在导轨的右端；气泡向右偏 2 格；若把水平仪放在导轨的左端，气泡向左偏 2 格，则此导轨是（　　）状态。

A. 中间凸　　B. 中间凹　　C. 不凸不凹　　D. 扭曲

19. 数控系统的报警大体可以分为操作报警、程序错误报警、驱动报警及系统错误报警，某个程序在运行过程中出现“圆弧端点错误”，这属于（　　）。

A. 程序错误报警　　　　B. 操作报警

C. 驱动报警　　　　　　D. 系统错误报警

20. 操作不当和电磁干扰引起的故障属于（　　）。

A. 机械故障　B. 强电故障　C. 硬件故障　D. 软件故障

21. 麻花钻的横刃由于具有较大的（　），使得切削条件非常差，造成很大的轴向力。

A. 负前角　B. 后角　C. 主偏角　D. 副偏角

22. 分析切削层变形规律时划分的三个变形区中，消耗大部分功率并产生大量切削热的区域是（　）。

A. 第一变形区　B. 第二变形区

C. 第三变形区　D. 第二、第三变形区

23. 有一台三相步进电动机，转子上有 80 个齿。三相六拍运行，则其步距角为（　）。

A. 1.5°　B. 0.75°　C. 1°　D. 1.25°

24. 在 CNC 系统的以下各项误差中，（　）是不可以用软件进行误差补偿，提高定位精度的。

A. 由摩擦力变动引起的误差　B. 螺距累积误差

C. 机械传动间隙　D. 机械传动元件的制造误差

25. 交流、直流伺服电动机和普通交流、直流电动机的（　）。

A. 工作原理及结构完全相同　B. 工作原理相同，但结构不同

C. 工作原理不同，但结构相同　D. 工作原理及结构完全不同

26. 用刀具半径补偿功能时，如刀补设置为负值，刀具轨迹是（　）。

A. 左补　B. 右补

C. 不能补偿　D. 左补变右补，右补变左补

27. 小型液压传动系统中用得最为广泛的泵是（　）。

A. 柱塞泵　B. 转子泵　C. 叶片泵　D. 齿轮泵

28. 表达机件的断面形状结构，最好使用（　）图。

A. 局部放大　B. 剖视　C. 半剖视　D. 剖面

29. YG8 硬质合金，其中数字 8 表示（　）含量的百分数。

A. 碳化钨　B. 钴　C. 钛　D. 碳化钛

30. 数控机床的精度指标包括测量精度、（　）、机床几何精度、

定位稳定性、加工精度和轮廓跟随精度等。

A. 表面精度　B. 尺寸精度　C. 定位精度　D. 安装精度

31. 交流伺服电机正在旋转时，如果控制信号消失，则电机将会（　　）。

A. 立即停止转动　B. 以原转速继续转动

C. 转速逐渐加大　D. 转速逐渐减小

32. HNC－21T 数控系统接口中的 XS40～43 是（　　）。

A. 电源接口　B. 开关量接口

C. 网络接口　D. 串行接口

33. 数控机床进给传动系统中不能用链传动是因为（　　）。

A. 平均传动比不准确　B. 瞬时传动比是变化的

C. 噪声大　D. 运动有冲击

34. 在车床上钻深孔，由于钻头刚性不足，钻削后（　　）。

A. 孔径变大，孔中心线不弯曲　B. 孔径不变，孔中心线弯曲

C. 孔径变大，孔中心线平直　D. 孔径不变，孔中心线不变

35. 硬质合金中钴的含量越高，则材料的（　　）。

A. 强度和韧性越好　B. 硬度和耐磨性越好

C. 导热性越好

36. 修磨麻花钻横刃的目的是（　　）。

A. 减小横刃处前角　B. 增加横刃强度

C. 增大横刃处前角、后角　D. 缩短横刃，降低钻削力

37. 在增量式光电码盘测量系统中，使光栅板的两个夹缝距离比刻线盘两个夹缝之间的距离小 1/4 节距，使两个光敏元件的输出信号相差 1/2 相位，目的是（　　）。

A. 测量被检工作轴的回转角度　B. 测量被检工作轴的转速

C. 测量被检工作轴的旋转方向　D. 提高码盘的测量精度

38. GCr15SiMn 是（　　）。

A. 高速钢　B. 中碳钢　C. 轴承钢　D. 不锈钢

39. 有一普通螺纹的公称直径为 12 mm，螺距为 1 mm，单线，

中径公差代号为6g，顶径公差代号为6g，旋合长度为L，左旋。则正确标记为（　　）。

A. M12×1－66g－LH　　B. M12×1 LH－6g6g－L

C. M12×1－6g6g－L左　　D. M12×1左－6g6g－L

40. 梯形螺纹测量一般是用三针测量法测量螺纹的（　　）。

A. 大径　　B. 小径　　C. 底径　　D. 中径

三、简答题（每小题5分，本题共20分；要求字迹工整）

1. 应用可转位硬质合金铣刀片有哪些优点？

2. 简述数控机床常见的六种运行方式和功能。

3. 如何测量数控车床刀架回转的重复定位精度？

4. 简述车削加工内孔的减振措施。

四、编程题（本题20分）

编写如图所示零件的数控车床加工程序，材料为45号钢调质处理，毛坯的直径为50 mm，长度为100 mm。要求：

1. 建立工件坐标系，算出图中点A的坐标值。

2. 列出所用加工刀具和加工顺序。

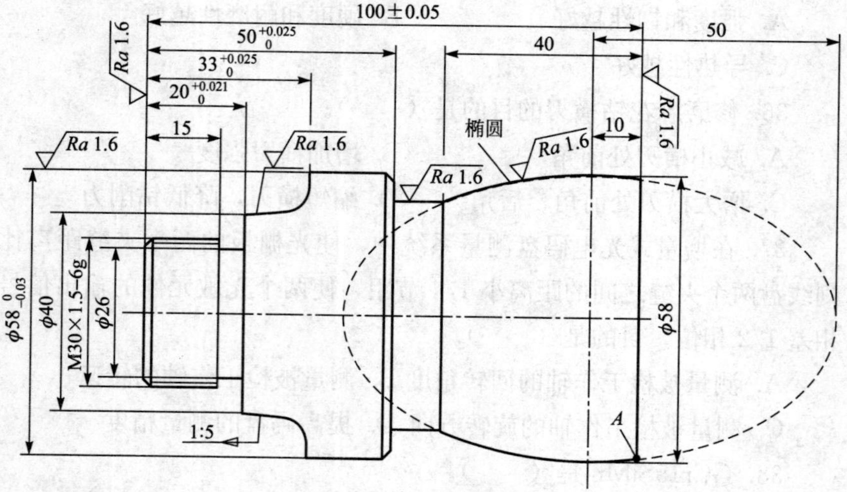

数控车工（高级）理论知识试题 3

姓名＿＿＿＿＿＿ 准考证号＿＿＿＿＿＿＿＿ 单位＿＿＿＿＿＿

题号	一	二	三	四	总分	审核人
分数						

一、判断题（正确的在括号内画“√”，错误的画“×”。每小题1分，共20分）

1. 影响切削速度的主要因素是加工零件的精度。（　）

2. 数控机床的加工精度取决于数控系统的最小分辨率。（　）

3. 数控机床开机“回零”的目的是为了建立工件坐标系。（　）

4. 中心孔是加工传动丝杠的基准，在每次热处理后都应进行修研、加工。（　）

5. 加工偏心件时，应保证偏心的中心与机床的回转中心重合。（　）

6. 宏程序的特点是可以使用变量，变量之间不能进行运算。（　）

7. 外圆车刀装得低于工件中心时，车刀的工作前角减小，工作后角增大。（　）

8. 辅助功能 M00 为无条件暂停，执行该程序指令后，所有运转部件停止运动，且所有模态信息全部丢失。（　）

9. 在编写圆弧插补程序时，若用 R 指定圆心位置，不能描述整圆。（　）

10. 数控车床具有运动传动链短，运动副的耐磨性好，摩擦损失小，润滑条件好，总体结构刚性好，抗震性好等结构特点。（　）

11. 通用刀具材料的硬度越高，耐磨性越好。（ ）

12. 对于没有刀具半径补偿功能的数控系统，编程时不需要计算刀具中心的运动轨迹，可按零件轮廓编程。（ ）

13. 在金属切削过程中，中等切削速度加工塑性材料时易产生积屑瘤，它对切削过程带来一定的影响。（ ）

14. 数控车床用恒线速度控制加工端面、圆锥面、圆弧面时，必须限制主轴的最高转速。（ ）

15. 只有当工件的六个自由度全部被限制，才能保证加工精度（ ）。

16. 数控机床加工时选择刀具的切削角度与普通机床加工时是不同的。（ ）

17. 数控机床的失动量不属于定位精度的范围。（ ）

18. 在 G71 粗加工循环过程中可以设定多种进给速度。（ ）

19. 宏程序中控制 WHILE 后必须指定一个条件表达式。（ ）

20. 机床精度调整时先要调整机床床身的水平。（ ）

二、选择题（将正确答案的序号填在括号内。每小题 2 分，共 40 分）

1. 数控车床与普通车床相比在结构上差别最大的部件是（ ）。

A. 主轴箱　B. 床身　C. 进给传动　D. 刀架

2. 数控机床中把脉冲信号转换成机床移动部件运动的组成部件称为（ ）。

A. 控制介质　B. 数控装置　C. 伺服系统　D. 机床主体

3. 切断刀切削刃太宽，切削时容易产生（ ）。

A. 弯曲　B. 扭转　C. 刀痕　D. 振动

4.（ ）的主要作用是减少后刀面与切削表面之间的摩擦。

A. 前角　B. 后角　C. 副偏角　D. 刃倾角

5. 闭环系统的精度取决于（ ）。

A. 伺服电机　B. 滚珠丝杠　C. CNC 装置　D. 检测装置

6. 产生加工硬化的主要原因是（ ）。

A. 前角太大　　B. 刀尖圆弧半径大
C. 工件材料硬　　D. 刃口圆弧半径磨损后增大

7. 插补运算程序可以实现数控机床的（　）
A. 点位控制　　B. 点位直线控制
C. 轮廓控制　　D. 转位换刀控制

8. 编程时设定在工件轮廓上的几何基准点称为（　）。
A. 机床原点　B. 机床参考点　C. 对刀点　D. 工件原点

9. 在其他切削正常的情况下，螺纹切削时螺距不正确的主要原因是（　）。
A. 机床进给倍率选择不正确　　B. 主轴编码器故障
C. 主轴转速设定错误　　D. 机床处于空运行状态

10. 机床导轨润滑不良，最先引起的故障现象为（　）。
A. 研伤　　B. 床身水平差
C. 压板和镶条松动　　D. 导轨直线度超差

11. 梯形螺纹测量一般是用三针测量螺纹的（　）。
A. 大径　B. 小径　C. 中径　D. 牙高

12. 数控机床常见的机械故障表现为（　）。
A. 传动噪声大　　B. 加工精度差
C. 运行主力大　　D. 刀具选择错

13. 允许间隙和过盈的变动量称为（　）。
A. 最大间隙　B. 最大过盈　C. 配合公差　D. 变动误差

14. 切削脆性金属材料时，在刀具前角较小、切削厚度较大的情况下，容易产生（　）。
A. 带状切屑　B. 节状切屑　C. 崩碎切屑　D. 粒状切屑

15. 在数控车床加工时，发现工件端面的平行度超差，则机床（　）误差影响最大。
A. 主轴轴线的垂直度
B. 主轴定心轴径的径向跳动
C. 溜板横向移动对主轴轴线的垂直度

D. 主轴轴肩支撑面的跳动

16. 影响切削力程度由大到小的顺序是（　　）。

A. 切削速度、切削深度、进给量

B. 进给量、切削速度、切削深度

C. 切削深度、切削速度、进给量

D. 切削深度、进给量、切削速度

17. 高速车削螺纹时，硬质合金车刀尖角应（　　）螺纹的牙形角。

A. 大于　　B. 小于　　C. 等于　　D. 不要求

18. 下列刀具材料中，最耐高温的是（　）。

A. 高速钢　　B. 硬质合金　　C. 立方氮化　　D. 金刚石

19. 限位开关在电路中起的作用是（　　）

A. 短路开关　　B. 过载保护　　C. 欠压保护　　D. 行程控制

20. 数控编程时，应先确定（　　）。

A. 机床原点　　B. 参考点

C. 机床坐标系　　D. 工件坐标系

三、简答题（每小题 4 分，共 20 分）

1. 数控加工工艺包括哪些内容?

2. 制定数控车削加工工艺方案时，应遵循哪些基本原则?

3. 简述减小工件表面粗糙度值的方法有哪些?

4. 什么是数控机床的定位精度？主要包括哪些方面？其各自的含义是什么?

5. 在车床上车削一直径为 $\phi60$ mm 的轴，一次进给车至直径为 $\phi52$ mm，选用切削速度 $V_c=80$ m/min，求被吃刀量 a_p 和主轴转速 n 各是多少?

四、编程题（共 20 分）

如图所示，毛坯 $\phi45$ mm×120 mm 的棒料，材料为 45＃钢编写加工程序，并对所选用刀具、切削用量等作简要工艺说明。

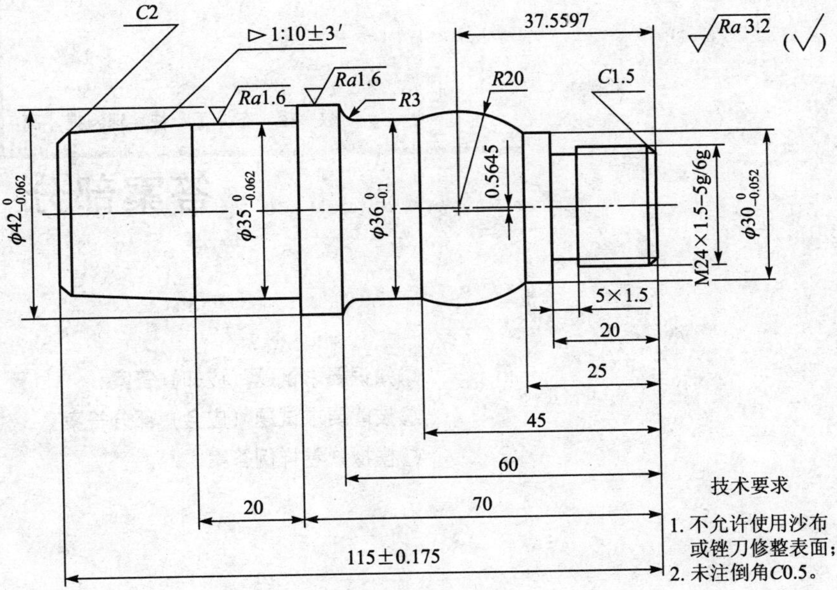

技术要求

1. 不允许使用沙布或锉刀修整表面；
2. 未注倒角*C*0.5。

答案部分

◎知识要求试题（应知）答案
◎技能要求试题（应会）部分答案
◎模拟试卷样例答案

知识要求试题（应知）答案

一、判断题

1. ×	2. √	3. ×	4. √	5. √	6. ×	7. √	8. ×
9. √	10. ×	11. ×	12. √	13. √	14. √	15. ×	16. ×
17. ×	18. √	19. ×	20. ×	21. ×	22. √	23. ×	24. ×
25. √	26. ×	27. ×	28. ×	29. ×	30. ×	31. √	32. ×
33. √	34. ×	35. ×	36. ×	37. ×	38. √	39. √	40. ×
41. ×	42. ×	43. ×	44. ×	45. √	46. √	47. ×	48. ×
49. ×	50. ×	51. ×	52. √	53. √	54. √	55. ×	56. √

续表

57. ×	58. ×	59. ×	60. ×	61. √	62. √	63. √	64. ×
65. ×	66. ×	67. ×	68. ×	69. ×	70. √	71. ×	72. ×
73. ×	74. ×	75. √	76. ×	77. ×	78. ×	79. √	80. √
81. √	82. ×	83. ×	84. √	85. ×	86. √	87. √	88. √
89. √	90. ×	91. ×	92. ×	93. ×	94. ×	95. √	96. √
97. √	98. ×	99. √	100. √	101. ×	102. √	103. ×	104. ×
105. ×	106. √	107. ×	108. ×	109. ×	110. √	111. √	112. √
113. √	114. √	115. √	116. √	117. √	118. √	119. ×	120. √
121. √	122. √	123. √	124. √	125. √	126. √	127. √	128. ×
129. ×	130. ×	131. ×	132. ×	133. √	134. ×	135. √	136. √
137. √	138. ×	139. ×	140. ×	141. √	142. ×	143. √	144. √
145. ×	146. ×	147. ×	148. √	149. √	150. √	151. ×	152. √
153. ×	154. √	155. √	156. ×	157. √	158. ×	159. √	160. √
161. √	162. √	163. ×	164. √	165. ×	166. √	167. ×	168. √
169. ×	170. √	171. ×	172. √	173. ×	174. √	175. ×	176. √
177. √	178. √	179. ×	180. √	181. √	182. √	183. √	184. √
185. ×	186. ×	187. ×	188. √	189. √	190. ×	191. √	192. √
193. √	194. √	195. √	196. ×	197. ×	198. √	199. ×	200. ×
201. √	202. √	203. ×	204. ×	205. ×	206. ×	207. ×	208. √
209. √	210. √	211. ×	212. √	213. ×	214. √	215. √	216. √
217. ×	218. ×	219. √	220. √	221. √	222. ×	223. √	224. √
225. √	226. √	227. ×	228. √	229. √	230. √	231. √	232. √
233. √	234. ×	235. √	236. ×	237. √	238. √	239. √	240. ×

续表

241. √	242. √	243. ×	244. √	245. √	246. √	247. ×	248. √
249. √	250. √	251. ×	252. √	253. √	254. √	255. √	256. √
257. ×	258. ×	259. √	260. √	261. √	262. ×	263. ×	264. ×
265. ×	266. √	267. √	268. √	269. √	270. √	271. ×	272. ×
273. ×	274. √	275. ×	276. √	277. √	278. ×	279. √	280. √
281. √	282. √	283. √	284. √	285. √	286. ×	287. √	288. √
289. √	290. √	291. √	292. √	293. ×	294. ×	295. √	296. ×
297. ×	298. √	299. ×	300. √	301. √	302. ×	303. √	304. √
305. √	306. ×	307. √	308. √	309. √	310. √	311. ×	312. √
313. √	314. ×	315. √	316. ×	317. √	318. √	319. √	320. √
321. √	322. ×	323. ×	324. ×	325. √	326. ×	327. ×	328. √
329. ×	330. ×	331. √	332. ×	333. √	334. ×	335. √	336. ×
337. ×	338. ×	339. ×	340. √	341. ×	342. √	343. ×	344. ×
345. ×	346. √	347. ×	348. ×	349. √	350. ×		

二、选择题

1. A	2. C	3. A	4. B	5. B	6. D	7. C	8. D
9. D	10. B	11. B	12. C	13. C	14. A	15. B	16. C
17. B	18. A	19. B	20. C	21. A	22. A	23. B	24. B
25. D	26. C	27. B	28. C	29. B	30. C	31. A	32. A
33. C	34. D	35. C	36. A	37. B	38. C	39. B	40. C
41. C	42. A	43. A	44. C	45. C	46. B	47. A	48. A
49. BD	50. B	51. B	52. A	53. B	54. B	55. C	56. C
57. A	58. A	59. A	60. C	61. C	62. A	63. A	64. D

续表

65. A	66. C	67. C	68. C	69. B	70. A	71. A	72. B
73. A	74. A	75. B	76. B	77. C	78. B	79. C	80. C
81. A	82. C	83. D	84. D	85. A	86. B	87. A	88. B
89. D	90. B	91. C	92. D	93. A	94. A	95. D	96. B
97. C	98. C	99. D	100. A	101. AD	102. C	103. A	104. D
105. B	106. C	107. A	108. A	109. B	110. B	111. A	112. B
113. A	114. B	115. D	116. A	117. A	118. C	119. B	120. D
121. C	122. B	123. C	124. B	125. D	126. B	127. C	128. B
129. B	130. B	131. A	132. C	133. B	134. A	135. B	136. A
137. C	138. C	139. C	140. B	141. A	142. A	143. C	144. C
145. A	146. A	147. D	148. B	149. C	150. D	151. B	152. B
153. A	154. C	155. A	156. D	157. C	158. B	159. D	160. B
161. A	162. D	163. B	164. B	165. B	166. C	167. C	168. C
169. A	170. B	171. A	172. C	173. C	174. B	175. B	176. B
177. A	178. C	179. B	180. C	181. C	182. A	183. B	184. A
185. A	186. B	187. C	188. A	189. C	190. D	191. A	192. BE
193. A	194. B	195. C	196. C	197. A	198. B	199. D	200. D
201. C	202. C	203. A	204. B	205. D	206. A	207. C	208. C
209. C	210. A	211. A	212. B	213. B	214. B	215. A	216. A
217. B	218. B	219. C	220. B	221. A	222. D	223. B	224. C
225. D	226. C	227. A	228. A	229. C	230. B	231. C	232. B
233. D	234. B	235. A	236. B	237. C	238. A	239. D	240. A

技能要求试题（应会）部分答案

高级数控车工应会试题 1 的答案

1. 刀具的选择：

1 号刀：93°菱形外圆车刀；2 号刀：60°外螺纹刀；3 号刀：外切槽刀（3 mm）；4 号刀：内孔镗刀；5 号刀：60°内螺纹刀；6 号刀：内切槽刀（2.5 mm）。

2. 切削参数的选择，各工序刀具的切削参数见表 6－7。

表 6－7　各工序刀具的切削参数

序号	工艺内容	刀号	刀具类型	主轴转速	进给速度
1	车外形	T1	93°菱形外圆车刀	粗 800，精 1 500	粗 150，精 80
2	车外螺纹	T2	60°外螺纹刀	1 000	150
3	切外槽	T3	3 mm 外切槽刀	600	30
4	镗内孔	T4	内孔镗刀	粗 800，精 1 200	粗 100，精 80
5	车内螺纹	T5	60°内螺纹刀	1 000	150
6	切内槽	T6	2.5 mm 内切槽刀	600	30

3. 参考程序：以 SIEMENS－802D 系统参考程序为例：

其零件的工艺路线为：

1）用 CYCLE95 粗加工件 2 左端，用调用子程序精加工件 2 左端，留 $\phi25\times30$ 工艺搭子。

2）调头夹 $\phi25\times30$ 工艺搭子，粗加工右端椭圆，留双边 1 mm 余量。

3）手工切断，保证长度 52 mm。

4）用 CYCLE95 粗加工件 1 左端，用调用子程序精加工 1 左端。

5）切 40°槽及椭圆左端槽。

6）调头夹 $\phi 36\times 28$，用 LCYC95 粗加工加工件 1 右端内孔部分，用调用子程序精加工件 1 右端内孔部分。

7）切 $4\times\phi 31$ 槽。

8）用 CYCLE97 螺纹复合循环加工 M30×1.5 内螺纹。

9）粗加工 1 右端外部椭圆，留双边 1 mm 余量。

10）将件 2 旋入件 1，精加工椭圆。

件 2 左端加工程序：

```
ZHZD2.MPF                     主程序名
G94G90;                       程序起始,定义初始状态,分进给、绝对编程
M3 S800;                      主轴正转,转速为 800 r/min
T1D1;                         换 1 号 93°菱形外圆车刀,导入刀具刀补
G0 X50 Z2;                    快进到外径粗车循环起刀点
CYCLE95("L200",1,0.05,0.2,,150,80,80,1,,,0.5);
                              纵向、外部、粗加工方式。
G74 X0Z0;                     回到换刀点
S1500F80                      主轴转速为 1 500 r/min,进给 80 mm/mim,精车
                              外轮廓
G0 X50 Z2;                    快进到外径粗车循环起刀点
L200;                         调用子程序进行轮廓精加工
G74 X0Z0;                     回到换刀点
T2D1;                         换 2 号 60°外螺纹刀,导入刀具刀补
S1000;                        主轴转速为 1 000 r/min
G0 G0X32Z- 25;                快速到达切螺纹起始点
CYCLE97(1.5,,- 30,- 40,30,30,5,2,0.975,0.05,0,0,6,0,1,1) ;
G74 X0Z0;                     回到换刀点
M30;                          程序结束

L200.SPF                      外径轮廓加工子程序名
G1X25Z0;
G1Z- 30;
X28;
X29.8Z- 31;                   倒角
```

```
Z- 46.5;
X34.98;
Z- 50;
X50;
RET;                       子程序结束并返回
```

件 2 右端加工程序：

```
ZHYD2.MPF                  主程序名
G94G90;                    程序起始,定义初始状态,分进给、绝对编程
M3 S800F150;               主轴正转,转速为 800 r/min, 进给 150 mm/mim
T1D1;                      换 1 号 93°菱形外圆车刀,导入刀具刀补
G0 X50 Z2;                 快进到起刀点
R20= 50;                   R 参数赋值,设置 X 轴偏移值
MA1:TRANS X= R20;          标记程序段,标记符 MA1,X 轴零点偏移 50
TY200;                     调用子程序加工椭圆
R20= R20- 4;               修改 X 轴零点偏移值,每次切深双边 4 mm
IF R20> = 1 GOTOB MA1;     条件跳转:若未完成粗加工,跳转返回 MA1
S1200 F80;                 主轴转速为 1 200 r/min,进给 80 mm/mim,精车
                           外轮廓
G0 X50 Z6;                 快进到起刀点
TY200;                     调用子程序加工椭圆
G74 X0Z0;                  回到换刀点
M30;                       程序结束
TY200.SPF                  外椭圆加工子程序名
R1= 40 R2= 24 R3= 40;      R1 为长半轴,R2 为短半轴,R3 为 Z 轴起始尺寸
MA2:R4= 24* SQRT(1- R3* R3/40/40);
                           标记程序段,以 Z 轴变量表示 X 轴变量
G1 X= 2* R4Z= R3- 40;      用直线拟合椭圆
R3= R3- 0.1;               函数中 Z 坐标每次减 0.1 mm
IF R3> = 8 GOTOB MA2;      条件跳转,若椭圆未加工完,返回 MA2
G91Z- 1;
G0X2;
G90Z2;                     退回起点
```

```
RET;                       子程序结束
```

件 1 左端加工程序：

```
ZHZD1.MPF                  主程序名
G94G90;                    程序起始,定义初始状态,分进给、绝对编程
S800M3;                    转速 800 r/mim
T1D1;                      换 1 号 93°菱形外圆车刀,导入刀具刀补
G0 X50 Z2;                 快进到外径粗车循环起刀点
CYCLE95("L100",1,0.05,0.2,,150,80,80,1,,,0.5);
                           纵向、外部、粗加工方式
G74 X0Z0;                  回到换刀点
S1500F80;                  主轴转速为 1 500 r/min,进给 80 mm/mim,精车
                           外轮廓
G0 X50 Z2;                 快进到外径粗车循环起刀点
L100;                      调用子程序进行轮廓精加工
G74 X0Z0;                  回到换刀点
S600F25;                   转速 600 r/mim,进给 25 mm/mim
T3D1;                      换 3 号切槽刀
G0X51Z- 38.86;             快进到切槽起点
G1X32.5;                   切槽
G0X51;                     退刀
G91Z- 1;                   进刀
G90G1X32.27;               切槽
G91Z1;                     精车槽底
G90G0X48;                  退刀
G1Z- 36;                   进到倒角起点
X32.27Z- 38.86;            倒角
G0X48;                     退刀
G1Z- 42.72;                进到倒角起点
X32.27Z- 39.86;            倒角
G0X48;                     退刀
Z- 51.58;                  进刀
G1X32.5;                   切槽
```

```
G0X48;                  退刀
Z- 55;                  进刀
G1X32.27;               切槽
Z- 51.58;               精车槽底
G0X48;                  退刀
Z- 48.72;               进到倒角起点
G1X32.27Z- 51.58;       倒角
G0X100;
G74 X0Z0;               回到换刀点
M30;                    程序结束

L100.SPF                外径轮廓加工子程序名
G0X0Z2;
G01Z0;
G3X35.99Z- 4.53CR= 38;
G1Z- 28;
X41.99;
Z- 33;
X47.99;
Z- 60;
RET;                    子程序结束并返回
```

件1右端加工程序：

```
ZHYD1.MPF               主程序名
G94G90;                 程序起始,定义初始状态,分进给、绝对编程
S800M3;                 转速 800 r/mim
T4D1;                   换4号内孔镗刀,导入刀具刀补
G0 X19.5Z2;             快进到内径粗车循环起刀点
CYCLE95("L110",1,0.05,0.2,,150,80,80,3,,,0.5);
                        纵向、内部、粗加工方式
G74 X0Z0;               回到换刀点
S1500F80                主轴转速为 1 500 r/min,进给 80 mm/mim,精车
                        内轮廓
```

```
G0 X19.5Z2;             快进到内径粗车循环起刀点
L110;                   调用子程序进行轮廓精加工
G0X25;                  X 向退刀
G0Z100;
G74 X0Z0;               回到换刀点
S600M3F25;              转速 600 r/mim,进给 25 mm/mim
T6D1;                   换 6 号内切槽刀
G0X26Z5;                快进
Z-23;                   快进到切槽起点
G1X31;                  切槽
X26;                    退刀
Z-24;                   进刀
X31;                    切槽
X26;                    退刀
G0Z100;
X50;                    退刀
G74 X0Z0;               回到换刀点
S1000;                  转速 1 000 r/mim
T5D1;                   换 5 号内螺纹刀
G0X26 Z3;               快进到内螺纹复合循环起刀点
CYCLE97(1.5,,-12,-24,28.5,28.5,5,2,0.975,0.05,0,0,6,0,2,1);
G74 X0Z0;               回到换刀点
M3 S800F150;            主轴正转,转速为 800 r/min,进给 150 mm/mim
T1D1;                   换 1 号 93°菱形外圆车刀,导入刀具刀补
G0 X50 Z2;              快进到起刀点
R20=50;                 R 参数赋值,设置 X 轴偏移值
MA1:TRANS X=R20;        标记程序段,标记符 MA1,X 轴零点偏移 50
TY100;                  调用子程序加工椭圆
R20=R20-3;              修改 X 轴零点偏移值,每次切深双边 3 mm
IF R20>=1 GOTOB MA1;    条件跳转:若未完成粗加工,跳转返回 MA1:
S1200 F80;              主轴转速为 1 200 r/min,进给 80 mm/mim,精车
                        外轮廓
```

```
G0 X50 Z2;                      快进到起刀点
TY100;                          调用子程序加工椭圆
G74 X0Z0;                       回到换刀点
M30;                            程序结束

TY100.SPF                       外椭圆加工子程序名
R1= 40 R2= 24 R3= 8;            R1为长半轴,R2为短半轴,R3为Z轴起始尺寸
MA2:R4= 24* SQRT(1- R3* R3/40/40);
                                标记程序段,以Z轴变量表示X轴变量
G1 X= 2* R4Z= R3- 8;            用直线拟合椭圆
R3= R3- 0.1;                    函数中Z坐标每次减0.1 mm
IF R3> = - 30 GOTOB MA2;条件跳转,若椭圆未加工完,返回MA2
G91Z- 1;
G0X2;
G90Z2;                          退回起点
RET;                            子程序结束
L110.SPF                        右端内轮廓加工子程序
G1X37Z2;                        进到内径循环起点
Z0;
X35 Z- 1;
Z- 6;
X31;
Z- 12;
X28.5Z- 13;
Z- 24;
X24;
RET;                            子程序结束并返回
```

FANUC －0i 数控车程序在此略。请读者对照前章节所讲，自行编写。

模拟试卷样例答案

数控车工（高级）理论知识试题 1 答案

一、判断题

1	2	3	4	5	6	7	8	9	10
×	×	√	×	√	√	×	√	×	√
11	12	13	14	15	16	17	18	19	20
×	√	√	×	√	√	×	√	√	×

二、单项选择题

1	2	3	4	5	6	7	8	9	10
A	A	C	B	A	C	D	A	A	B
11	12	13	14	15	16	17	18	19	20
C	A	A	C	A	A	C	D	B	A
21	22	23	24	25	26	27	28	29	30
B	B	C	D	A	B	C	C	B	A
31	32	33	34	35	36	37	38	39	40
C	A	A	C	C	D	D	C	B	B

三、简答题

1. 数控车床常用的对刀方式有几种？各有何特点？

答：对刀是数控加工中的主要操作，在加工程序执行前，调整每把刀的刀位点，使其尽量重合于某一理想基准点，这一过程称为对刀。

（1）一般对刀（手动对刀）。手动对刀是基本对刀方法，但它还是没跳出传统车床的“试切—测量—调整”的对刀模式，占用较多在机床上的时间。目前大多数经济型数控车床采用手动对刀其基本方法有以下几种：① 定位对刀法；② 光学对刀法；③ 试切对刀法。

（2）机外对刀仪对刀。机外对刀的本质是测量出刀具假想刀尖点到刀具台基准之间 X 及 Z 方向的距离。

（3）自动对刀。自动对刀是通过刀尖检测系统实现的，刀尖以设定的速度向接触式传感器接近，当刀尖与传感器接触并发出信号，数控系统立即记下该瞬间的坐标值，并自动修正刀具补偿值。

2. 简述数控加工中刀位点的正确含义，并指出钻头，平底铣刀，球头铣刀的刀位点的位置。

答：刀位点是指刀具上代表刀具位置的几何点，该点与刀具运动轨迹重合。

钻头的刀位点是指钻尖，平底铣刀的刀位点是指铣刀底平面与刀具轴线底交点，球头铣刀的刀位点是指球心点。

3. 什么是刀具的磨钝标准？磨钝标准通常有哪两种？

刀具磨损到一定程度后需要刃磨或更换新刀。对磨损程度规定一个合理的限度，即为刀具的磨钝标准。

磨钝标准有粗加工磨钝标准和精加工磨钝标准两种。

4. 提高数控机床加工精度的措施有哪些？

提高机床零部件的制造和装配精度；采用合理的布局和结构设计，提高动、静刚度；减少机床热变形；减少运动件的磨擦和消除传动间隙；提高测量精度；采用误差补偿；采用自动测量系统。

四、编程题

A 点坐标（25.565，－16.358）

数控车工（高级）理论知识试题 2 答案

一、判断题

1	2	3	4	5	6	7	8	9	10
×	×	×	×	×	√	×	√	√	×
11	12	13	14	15	16	17	18	19	20
×	√	√	√	√	×	√	×	×	×

二、单项选择题

1	2	3	4	5	6	7	8	9	10
C	C	C	A	B	C	C	B	C	A
11	12	13	14	15	16	17	18	19	20
C	A	D	B	A	D	A	B	A	D
21	22	23	24	25	26	27	28	29	30
A	A	B	D	B	D	D	D	B	C
31	32	33	34	35	36	37	38	39	40
A	D	B	C	A	D	C	C	B	D

三、简答题

1. 应用可转位硬质合金铣刀片有哪些优点?

答：有如下优点：

（1）由于刀片不经过焊接，并在使用过程中不需要刃磨，避免焊接刃磨所造成的内应力和裂纹，可提高刀具耐用度；

（2）刀体较长时间使用，不仅节约焊接刃接刃磨所赞成的内应力和裂纹，还可提高刀具耐用度；

（3）刀体可较长时间使用，不仅节约刀体材料，而且还可减少制造及刃磨所需的人工及设备；

(4) 铣刀用钝后，只要将刀片转位就可继续使用，因而缩短了换刀、对刀等辅助时间；

(5) 刀片用钝后回收方便，减少刀具材料消耗，降低成本。

2. 简述数控机床常见的六种运行方式和功能。

答：(1) 回参考点方式：实现手动返回参考点，建立机床坐标系。

(2) 手动方式：实现坐标轴的连续和快速进给。

(3) 自动方式：数控机床完成零件加工的主要工作方式。

(4) 编辑方式：实现程序的管理和编辑。

(5) 手动数据输入方式：完成数据的输入操作方式，按循环启动键可立即执行输入的指令功能。

(6) 手轮方式：利用手摇脉冲发生器可实现各坐标轴的微量进给。

3. 如何测量数控车床刀架回转的重复定位精度?

答：检验棒紧密装入刀架的工具孔或附具孔中，固定指示器，使其测头沿刀架回转切方向触及检验棒表面上，记下指示器读数，将刀架由测试位置移出转位 360°，再移至测试位置，记录读数，每个位置至少检验 7 次。

4. 简述车削加工内孔的减振措施。

答：选择高或低切削速度，选择较大的进给量和较小的背吃刀量，选择 90°主偏角刀具，适当减小刀具后角，磨消振棱，减小工件和刀具安装的悬伸长度，采用削扁镗杆等。

四、编程题

A 点坐标（56.828，0）

数控车工（高级）理论知识试题 3 答案（略）

参考文献

[1] 沈建峰，虞俊．数控车工（高级）[M]. 北京：机械工业出版社，2006.

[2] 王志平．数控编程与操作 [M]. 北京：高等教育出版社，2003.

[3] 袁锋．数控车床培训教程 [M]. 北京：机械工业出版社，2004.

[4] 吕小波．UG NX6 数控编程经典学习手册 [M]. 北京：兵器工业出版社，2009.

[5] 陈朝阳．数控车工快速入门 [M]. 北京：北京理工大学出版社，2008.